高等职业教育"十四五"规划畜牧兽医宠物大类新形态纸数融合教材

新形态教材

动物营养与饲料

DONG WU YING YANG YU SI LIAO

主　编　许　芳　邓希海　刘小飞

副主编　张苗苗　姜文博　李成贤　李进杰　范伟杰

编　者　(按姓氏笔画排序)

邓希海　达州职业技术学院
邓茗月　宜宾职业技术学院
师红萍　南充职业技术学院
刘小飞　湖南环境生物职业技术学院
许　芳　贵州农业职业学院
李成贤　宜宾职业技术学院
李进杰　河南农业职业学院
张　研　西安职业技术学院
张苗苗　湖北生物科技职业学院
张蓝艺　贵州农业职业学院
陈智梅　内蒙古农业大学职业技术学院
范伟杰　周口职业技术学院
姜文博　黑龙江农业工程职业学院
韩芳芳　安顺职业技术学院
温　倩　内江职业技术学院

華中科技大學出版社
http://press.hust.edu.cn
中国·武汉

内容简介

本书是高等职业教育“十四五”规划畜牧兽医宠物大类新形态纸数融合教材。

本书共五个项目，内容包括动物营养基础、饲料原料、饲料常规成分检测、饲料配方、配合饲料加工。本书以饲料配方设计、饲料生产过程和各个岗位任务为主线，以项目化形式来组织教学，每个项目由知识目标、能力目标、课程思想目标、思维导图组成；每个任务由任务目标、案例引导、学习内容、知识拓展、思考与练习组成。

本书适合高职院校畜牧兽医专业或动物生产类专业学生使用，也可作为饲料及畜牧生产企业技术人员的参考书。

图书在版编目(CIP)数据

动物营养与饲料/许芳，邓希海，刘小飞主编. —武汉：华中科技大学出版社，2023.1
ISBN 978-7-5680-8985-2

Ⅰ. ①动… Ⅱ. ①许… ②邓… ③刘… Ⅲ. ①动物营养-营养学-高等职业教育-教材 ②动物-饲料-高等职业教育-教材 Ⅳ. ①S816

中国版本图书馆 CIP 数据核字(2022)第 228354 号

动物营养与饲料
Dongwu Yingyang yu Siliao

许 芳 邓希海 刘小飞 主编

策划编辑：罗 伟
责任编辑：张 琴
封面设计：廖亚萍
责任校对：刘 竣
责任监印：周治超

出版发行：华中科技大学出版社(中国·武汉) 电话：(027)81321913
武汉市东湖新技术开发区华工科技园 邮编：430223

录 排：华中科技大学惠友文印中心
印 刷：武汉市洪林印务有限公司
开 本：889mm×1194mm 1/16
印 张：12.25
字 数：368 千字
版 次：2023 年 1 月第 1 版第 1 次印刷
定 价：49.80 元

高等职业教育“十四五”规划
畜牧兽医宠物大类新形态纸数融合教材

编审委员会

网络增值服务

使用说明

欢迎使用华中科技大学出版社医学资源网 yixue.hustp.com

1 教师使用流程

（1）登录网址：**http://yixue.hustp.com**（注册时请选择教师用户）

（2）审核通过后，您可以在网站使用以下功能：

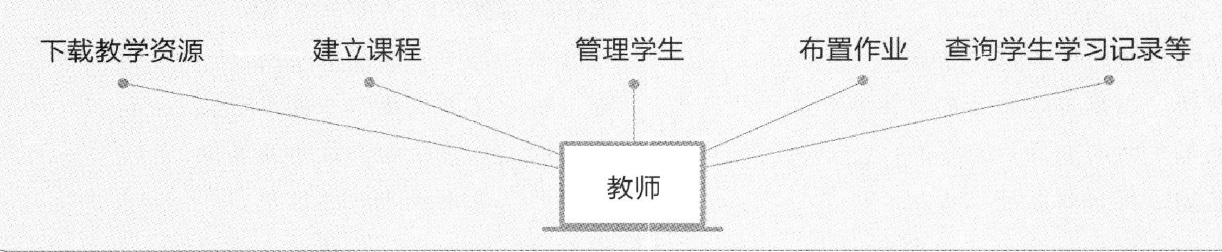

2 学员使用流程

（建议学员在PC端完成注册、登录、完善个人信息的操作）

（1）PC端操作步骤

① 登录网址：http://yixue.hustp.com（注册时请选择普通用户）

② 查看课程资源：（如有学习码，请在个人中心－学习码验证中先验证，再进行操作）

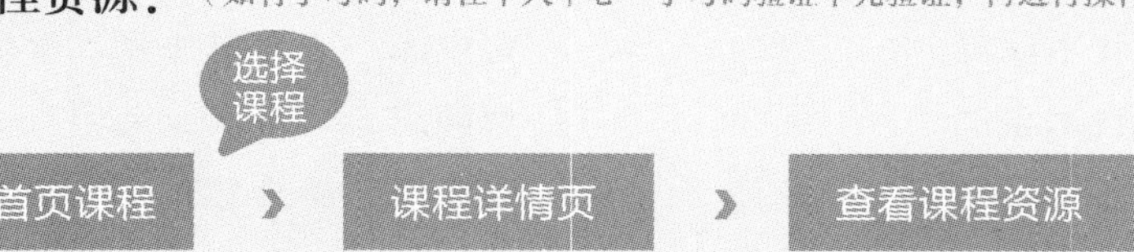

（2）手机端扫码操作步骤

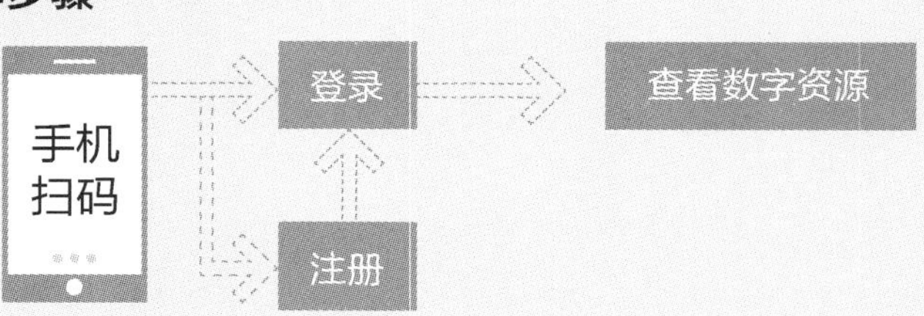

随着我国经济的持续发展和教育体系、结构的重大调整，尤其是2022年4月20日新修订的《中华人民共和国职业教育法》出台，高等职业教育成为与普通高等教育具有同等重要地位的教育类型，人们对职业教育的认识发生了本质性转变。作为高等职业教育重要组成部分的农林牧渔类高等职业教育也取得了长足的发展，为国家输送了大批“三农”发展所需要的高素质技术技能型人才。

为了贯彻落实《国家职业教育改革实施方案》《“十四五”职业教育规划教材建设实施方案》《高等学校课程思政建设指导纲要》和新修订的《中华人民共和国职业教育法》等文件精神，深化职业教育“三教”改革，培养适应行业企业需求的“知识、素养、能力、技术技能等级标准”四位一体的发展型实用人才，实践“双证融合、理实一体”的人才培养模式，切实做到专业设置与行业需求对接、课程内容与职业标准对接、教学过程与生产过程对接、毕业证书与职业资格证书对接、职业教育与终身学习对接，特组织全国多所高等职业院校教师编写了这套高等职业教育“十四五”规划畜牧兽医宠物大类新形态纸数融合教材。

本套教材充分体现新一轮数字化专业建设的特色，强调以就业为导向、以能力为本位、以岗位需求为标准的原则，本着高等职业教育培养学生职业技术技能这一重要核心，以满足对高层次技术技能型人才培养的需求，坚持“五性”和“三基”，同时以“符合人才培养需求，体现教育改革成果，确保教材质量，形式新颖创新”为指导思想，努力打造具有时代特色的多媒体纸数融合创新型教材。本教材具有以下特点。

(1)紧扣最新专业目录、专业简介、专业教学标准，科学、规范，具有鲜明的高等职业教育特色，体现教材的先进性，实施统编精品战略。

(2)密切结合最新高等职业教育畜牧兽医宠物大类专业课程标准，内容体系整体优化，注重相关教材内容的联系，紧密围绕执业资格标准和工作岗位需要，与执业资格考试相衔接。

(3)突出体现“理实一体”的人才培养模式，探索案例式教学方法，倡导主动学习，紧密联系教学标准、职业标准及职业技能等级标准的要求，展示课程建设与教学改革的最新成果。

(4)在教材内容上以工作过程为导向，以真实工作项目、典型工作任务、具体工作案例等为载体组织教学单元，注重吸收行业新技术、新工艺、新规范，突出实践性，重点体现“双证融合、理实一体”的教材编写模式，同时加强课程思政元素的深度挖掘，教材中有机融入思政教育内容，对学生进行价值引导与人文精神滋养。

(5)采用“互联网+”思维的教材编写理念，增加大量数字资源，构建信息量丰富、学习手段灵活、学习方式多元的新形态一体化教材，实现纸媒教材与富媒体资源的融合。

(6)编写团队权威，汇集了一线骨干专业教师、行业企业专家，打造一批内容设计科学严谨、深入浅出、图文并茂、生动活泼且多维、立体的新型活页式、工作手册式、“岗课赛证融通”的新形态纸数融合教材，以满足日新月异的教与学的需求。

本套教材得到了各相关院校、企业的大力支持和高度关注，它将为新时期农林牧渔类高等职业教育的发展做出贡献。我们衷心希望这套教材能在相关课程的教学中发挥积极作用，并得到读者的青睐。我们也相信这套教材在使用过程中，通过教学实践的检验和实践问题的解决，能不断得到改进、完善和提高。

高等职业教育“十四五”规划畜牧兽医宠物大类
新形态纸数融合教材编审委员会

前言

本教材依据《教育部办公厅关于印发〈“十四五”职业教育规划教材建设实施方案〉的通知》（教职成厅〔2021〕3号）、《全国大中小学教材建设规划（2019—2022年）》、《职业院校教材管理办法》等相关精神要求，紧扣“高素质技术技能型人才”的培养目标，遵循职业教育教学规律、技术技能型人才成长规律，依据职业教育国家教学标准体系，对接职业标准和岗位（群）能力要求，按照饲料行业和畜牧生产类岗位要求，校企合作共同开发教材，以项目化教学方式，使教学内容真实反映生产场景，贴合生产实际。

本教材以饲料配方设计、饲料生产过程和各个岗位任务为主线，以项目化形式来组织教学，每个项目有知识目标、能力目标、课程思想目标、思维导图；每个任务由任务目标、案例引导、学习内容、思考与练习组成，符合学生认知规律，由浅入深，注重适用性和可操作性，为学生下一步知识能力提升打下基础。教材附录有最新饲料及饲料添加剂卫生标准、最新动物饲养标准和饲料最新营养价值表，为培养学生从事饲料行业的职业能力和职业素养养成提供帮助。本教材适合高职院校畜牧兽医专业或动物生产类专业学生使用，也可作为饲料及畜牧生产企业技术人员的参考书。

本教材由许芳、邓希海、刘小飞任主编，其中内容简介、前言由许芳编写，项目一由邓茗月、姜文博、许芳、温倩编写，项目二由张苗苗、邓茗月、陈智梅、温倩、邓希海编写，项目三由许芳、李进杰、李成贤、范伟杰、刘小飞编写，项目四由韩芳芳编写，项目五由张蓝艺、韩芳芳编写。全书由许芳、张蓝艺统稿。成都旺江饲料有限公司技术总监李武对书稿提出宝贵意见和建议。

因编写时间仓促，编者的水平有限，书中难免有疏漏和不妥之处，敬请读者批评指正。

编　者

目录

项目一　动物营养基础

学习目标

▲知识目标

1. 了解营养物质的种类、概念及影响各营养物质消化率的因素。
2. 了解蛋白质、碳水化合物、脂肪的生理作用。
3. 理解蛋白质、碳水化合物、脂肪的消化吸收和代谢机制。
4. 掌握蛋白质、氨基酸的相关基本知识。
5. 掌握粗纤维的利用知识。

▲能力目标

1. 能够判断动物三大营养物质供给异常出现的典型症状并提出解决措施。
2. 能够判断动物微量物质供给异常出现的典型症状并提出解决措施。
3. 能够了解各类主要营养物质在动物体内的消化吸收过程。

▲课程思政目标

1. 根据动物六大营养成分供给的科学性，培养学生的辩证思维。
2. 通过动物营养代谢病诊断，培养学生刻苦钻研的工匠精神。
3. 通过了解各大营养物质在动物体内的消化吸收代谢过程，培养学生保护环境，减少污染的环保意识。

思维导图

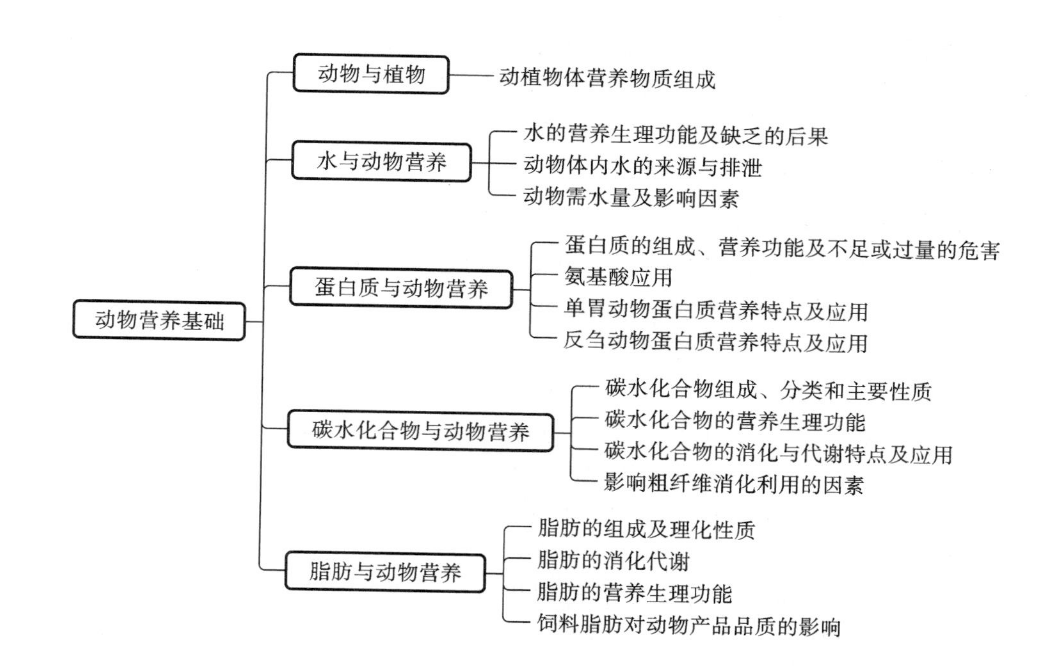

Note

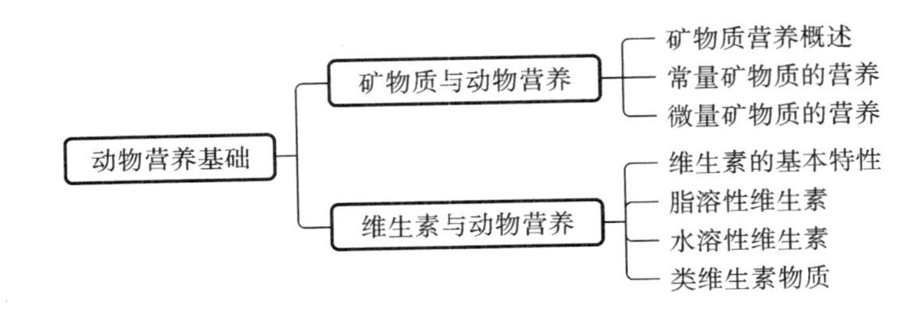

扫码学课件
1-1

任务一　动物与植物

任务目标

- 掌握动植物的基本营养物质组成。
- 掌握动植物体内营养物质的区别。
- 理解动物对饲料的消化吸收方式及相关特点。

案例引导

某奶牛场饲养员喂草料过程中，奶牛摄入过多的豆科牧草，引起瘤胃鼓气，通过兽医人员紧急处理，采取排气减压、制止发酵措施，奶牛瘤胃恢复正常生理功能。根据这个病例情况，我们需要了解不同的动物对饲料消化吸收的方式。

一、动物与植物的关系

动物为了维持自身的生命活动和生产，必须从外界摄入所需的各种营养物质，而饲料则是各种营养物质的载体，植物及其产品是动物饲料的主要来源。经人类长期驯化的家养动物，无论杂食动物、草食动物或肉食动物，都是不同食物链中的主要消费者。这种以营养为结构的生态系统，能量流与物质流不停地进行着，构成自然界的物质循环。动物与植物则是物质循环的两个主要方面。

在生产领域中，动物生产与植物生产是农业生产的两大支柱。植物生产除了为人类生存提供粮食外，也为动物生产提供饲料，特别是人类不能直接利用的作物秸秆，可以通过动物转化成优质的畜产品——肉、蛋、奶，供人类食用。而动物生产又为植物生产提供有机肥料，有利于农作物增产。因此，动物生产和植物生产相互依存、相互促进。

二、动植物体的化学组成

营养是指动物摄取、消化、吸收和利用食物中营养物质以维持生命、生产产品的整个过程。饲料中的营养物质，是动物生产的物质基础。一切能被动物采食、消化、利用并对动物无毒无害的物质统称为饲料。饲料中凡能被动物用以维持生命、生产产品，具有类似化学成分性质的物质，称为营养物质或营养素，简称养分。营养物质可以是简单的化学元素，如钙、磷、镁、钠、钾、氯、硫、铁、锌、锰、铜、碘、硒等，也可以是复杂的化合物，如蛋白质、脂肪、碳水化合物和各种维生素。饲料的适口性、食入量、可消化、可利用性、生产效率等是衡量饲料营养价值的重要指标。不同种类和不同来源的饲料，所含营养物质不同，被动物利用的程度也不一样，其营养价值亦不同。饲料营养价值愈高，用于动物生产的效果愈好。

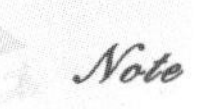
Note

动植物体内含有很多种化学元素。组成动物和植物体的化学元素中，以碳、氢、氧和氮含量最多，其总量可占到动、植物体干物质的 91%或 95%以上，它们主要以复杂的有机化合物形式存在。

其余的化学元素含量甚少，总量不足10%。按照含量多少将其分为两大类：在动植物体内所占比例大于等于0.01%，比如碳、氢、氧、氮、钙、磷、钾、钠、硫、镁、氯等，称为常量元素；在动植物体内所占比例小于0.01%，比如铁、铜、锌、锰、碘、氟、钴、硒等，称为微量元素。微量元素也是维持动植物生命所必需的化学元素，虽然动植物体内的含量很少，但是它对动植物所起的作用是不容忽视的。

按照动植物体营养成分分析可将其分为两大类：有机化合物和无机化合物。构成动植物体的化合物主要可分为水分、粗灰分、粗蛋白质、粗脂肪、碳水化合物和维生素这6大类营养物质(图1-1)。

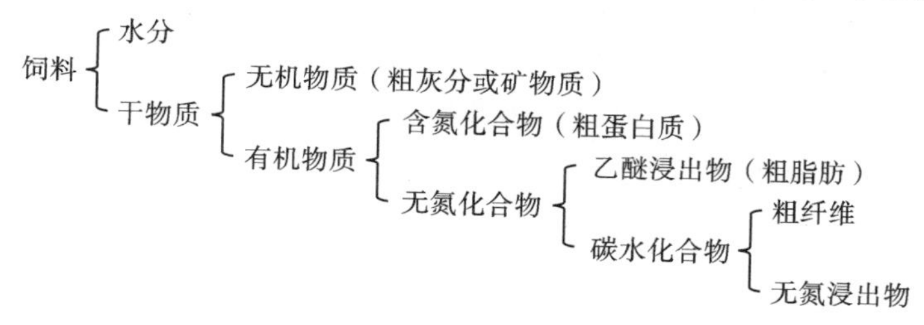

图1-1 营养成分与饲料组成之间的关系

1. 水分 人或动物都离不开水。水是生命的重要组成部分，动植物体新陈代谢的每一个环节都离不开水。动植物体内水的存在形式有两种，第一种被称作游离水，在细胞间，与细胞结合不紧密，在室温下易挥发；第二种被称作结合水，与细胞内成分紧密结合，难以挥发。动植物的种类不同，其水分含量也就不一样。

(1) 初水：游离水、自由水或原始水分。将新鲜饲料样品切细，放置于饲料盘中，在60～70 ℃烘箱中烘3～4 h，取出，在空气中冷却30 min，再烘干1 h(条件同前)，取出，待两次称重相差小于0.05 g时，所失质量即为初水质量。失去初水后的剩余物称为风干物，这种饲料称为风干(半干)饲料，这种状态称为风干基础。

(2) 吸附水：结合水或束缚水。将测定初水后的饲料、经自然风干的饲料或谷物饲料(一般含吸附水14%左右)，放入称量皿中，在100～105 ℃烘箱中烘2～3 h后取出，放入干燥器中冷却30 min，再重复烘干1 h，待两次称重相差小于0.002 g时，即为恒重，损失去的质量为吸附水的质量。其干物质称为全干(绝干)物质，其状态称为全干基础。

2. 粗灰分(ASH) 粗灰分是饲料完全燃烧后剩余的残渣，主要成分是矿物质氧化物及盐类等无机物，同时还会有一些泥沙。

3. 粗蛋白质(CP) 动植物体内一切含氮物质的总称，包括真蛋白质和非蛋白质含氮化合物(NPN)。动物营养学又把非蛋白质含氮化合物简称为氨化物或非蛋白氮，如游离氨基酸、小肽、胺、核酸、尿素、氨、无机含氮盐等。粗蛋白质的计算等于饲料中含氮量乘以6.25，但不同蛋白质的含氮量不全是16%。饲料粗蛋白质含量与饲料种类、部位及加工方式等有关。

4. 粗脂肪(EE) 粗脂肪是动植物体内脂溶性物质的总称。因为是用乙醚浸提样品得到的，所以又称乙醚浸出物。粗脂肪除中性脂肪外，还包括叶绿素、胡萝卜素、有机酸、树脂、脂溶性维生素等。饲料中粗脂肪含量与饲料种类、部位、选取阶段有关。

5. 粗纤维(CF) 粗饲料中粗纤维含量较高，粗纤维中的木质素对动物没有营养价值。饲料中的纤维性物质包括全部纤维素、半纤维素和木质素，而概略养分分析中的粗纤维是在强酸强碱条件(1.25%碱、1.25%酸、乙醇和高温处理)下测出的，其中，部分半纤维素、纤维素和木质素被溶解，测出的粗纤维含量低于实际纤维物质含量，同时增加了无氮浸出物的测量误差。在饲料利用率上，反刍动物能较好地利用粗纤维中的纤维素和半纤维素，非反刍动物借助大肠中盲肠里微生物的发酵作用，也可以利用部分纤维素和半纤维素。动物的种类不同，对粗纤维消化利用率也不同，由高到低依次是反刍动物(牛、羊)、单胃草食动物(马、兔)、单胃动物(猪、人)、禽类(鸡、鸭)。

6. 无氮浸出物(NFE) 无氮浸出物主要包含易被动物利用的淀粉、双糖、单糖等可溶性含糖物质，此外，还有水溶性维生素等物质。常用饲料中无氮浸出物的含量一般在50%以上，特别是植物籽实、块根、块茎中含量高达70%～85%，是动物能量的主要来源。动物性饲料中无氮浸出物含量较

少。其计算公式如下：

无氮浸出物含量(%)=100%−(水分含量+粗灰分含量+粗蛋白质含量+粗脂肪含量+粗纤维含量)

三、动植物体成分组成的差异

（一）元素比较

早在19世纪初，科学工作者利用化学方法对动植物体化学成分进行分析研究，并进行比较，发现二者所含化学元素种类基本相同，但含量有差异。植物因种类不同，元素含量差异大，而动物差异小。无论动物或植物，所含化学元素皆以氧最多，碳、氢次之，钙、磷较少。动物体内钙、磷、钠含量高于植物，而钾含量低于植物，其他微量元素的含量相对稳定。植物所含化学元素受土壤、肥料、气候条件和收割、贮存时间等因素影响而变异较大。

（二）化合物比较

动物摄入的饲料在体内经代谢形成多种化合物。这些化合物大致可分为三类：第一类是构成动物机体的成分，如蛋白质、脂肪、碳水化合物、水、矿物质；第二类是合成或分解产物（一类的代谢产物），如氨基酸、脂肪酸、甘油、氨、尿素、肌酸等；第三类是生物活性物质，如酶、激素、维生素和抗体等。通过比较这三类物质发现动物性饲料与植物性饲料化学成分之间有如下一些差异。

1. 水分 动物体内总水分含量随年龄和体重的增长而大幅度降低。以牛为例，牛在妊娠早期，其胚胎含水量高达95%，初生犊牛含水量为75%～80%，5月龄幼牛含水量降至66%～72%，成年牛体内含水量仅40%～45%。瘦阉牛体内含脂肪2%，含水分64%；肥阉牛体内含脂肪41%，含水分43%。又如猪从体重8 kg增长到100 kg，水分从73%下降到49%，脂肪从6%上升到36%。动物体内总水分含量随年龄增加而大幅度降低的主要原因，是体脂肪贮积的增加。就局部含水量而言，动物体不同器官和组织的机能不同，水分含量亦不同。血液含水90%～92%，肌肉含水72%～78%，骨骼组织含水约45%，动物牙齿珐琅质（牙釉质）含水仅5%。

植物体内含水量相差很大，多者可达95%，少者只有5%。一般幼嫩时含水较多，成熟后含水较少；枝叶含水较多，茎秆含水较少；牧草瓜藤含水较多，谷物籽实含水较少。

总体而言，动物体含水量变化差异小，主要影响因素有年龄、脂肪含量。植物体含水量变化差异较大，主要影响因素有种类、部位、收割期。

2. 脂肪 脂类是动物体内的贮能物质。动物体内有部分脂肪酸不能自身合成，必须从饲料中获取，称为必需脂肪酸。在动物体，脂肪的含量随动物年龄和体重的增加而增加，并受营养水平和采食量的影响。脂肪与水分含量呈显著负相关。一般来说，猪体脂肪贮量最高，牛、羊次之，鸡、兔、鱼等动物体脂肪贮量最少。动物生产中分割脂肪组织含脂肪30%～90%；肌肉组织含脂肪少，猪的肌肉组织含脂肪约20%，鸡的胸肌组织含脂肪不足2%，大理石状的牛腰肉含脂肪15%～20%。

在植物体，除油料植物外，其脂肪含量普遍不高，植物种子中的脂类主要是简单的甘油三酯，复合脂类是细胞中的结构物质，平均占细胞膜干物质的一半或一半以上。此外，还含有蜡质、色素等。总体而言，动物体内脂肪含量高于除油料植物外的植物体，是优质的脂肪来源。

3. 蛋白质 氨基酸是蛋白质的基本组成单位，动物体不能合成全部的氨基酸，一部分必须从饲料中获得，植物体则自身合成全部的氨基酸。蛋白质按照消化能力的不同分为真蛋白质和非蛋白氮。动物体内的蛋白质，是由各种氨基酸按一定次序排列构成的真蛋白质。此外，动物体内还含有游离氨基酸、激素和其他非蛋白氮，营养价值较高。植物体内除真蛋白质外，还有非蛋白氮。总之，动物体蛋白质含量高，品质优于植物蛋白。动物体内的蛋白质含量相对稳定，植物蛋白则因种类、部位和收获期的不同变异较大。

4. 碳水化合物 动物体内碳水化合物含量少于1%，主要以肝糖原和肌糖原的形式存在。肝糖原占肝鲜重的2%～8%，总糖原的15%。肌糖原占肌肉鲜重的0.5%～1%，总糖原的80%；其他组织中糖原占5%。碳水化合物在动物代谢过程中具有重要的生理功能，但是，一般情况下，动物体内

Note

碳水化合物的总含量低于1%。

结构性多糖主要分布于植物的根、茎、叶和种皮中，主要包括纤维素、半纤维素、木质素和果胶等，是植物细胞壁的主要组成物质。豆科籽实中棉籽糖、水苏糖含量较高，芸薹属植物根的液泡中葡萄糖含量较高，甘蔗、甜菜等茎中蔗糖含量较高，块茎和禾谷类籽实干物质中淀粉等营养性多糖含量超过80%，而一些木质化程度很高的茎叶、秕壳中，可溶性碳水化合物含量很低。动物体内完全不含纤维素、半纤维素、木质素这类物质。

5. 灰分 动物体的灰分主要由各种矿物质组成，其中钙、磷占65%～75%，90%以上的钙、80%以上的磷和70%以上的镁分布于动物骨骼和牙齿中，其余的钙、磷则分布于软组织和体液中。除钙、磷、镁、钠、钾、氯、硫等常量元素外，铜、铁、锌、锰、硒、碘、钴、钼、铬、镍、钒、锡、硅、氟、砷等微量元素。各种矿物质在动物体内含量(除钙、磷外)差异均较小，在植物体内含量差异较大，这主要取决于植物所处的土壤环境所含矿物质的多少。

6. 粗纤维 动物体内不含粗纤维。植物体内粗纤维含量随着成熟度的增加而增加，一般幼嫩植物粗纤维含量低，老的植物粗纤维含量较高。

四、各类营养物质的作用

1. 作为机体结构基础 饲料中的营养物质是动物机体组织、细胞的构成物质，可构成骨骼、肌肉、皮肤、结缔组织、牙齿、羽毛、角、爪等组织器官。营养物质是动物维持生命正常生产过程中不可缺少的物质。

2. 作为能源 动物在维持生命活动、维持体温、随意活动和生产产品过程中，所需的能量皆来自饲料中的营养物质。碳水化合物、脂肪、蛋白质是动物所需的三大物质基础，从供能的角度而言，碳水化合物是最经济的。脂肪除供能外，还是贮存能量的最好形式。

3. 作为生理及代谢调节物 营养物质中的维生素、矿物质以及某些氨基酸、脂肪等，在动物体内起着不可缺少的调节作用，如果缺乏，动物机体正常生理活动将出现紊乱，甚至死亡。

4. 生产产品 营养物质在动物体内经过一系列代谢过程后，可形成各种各样的产品，如肉、蛋、奶、毛等。

五、动物对饲料的消化吸收

无论是单胃动物还是反刍动物，其对饲料的消化都有三种方式，即物理性消化、化学性消化和微生物消化。

1. 物理性消化 主要靠牙齿和肌肉的活动将饲料磨碎、压扁，混合口腔内各种消化液，推动食糜进入胃的消化过程。口腔是猪、牛、羊等哺乳动物主要的物理性消化器官，对改变饲料的形态起着十分重要的作用。鸡、鸭、鹅等禽类对饲料的物理性消化，主要是通过肌胃收缩的压力和饲料中硬质物料的切磨，达到改变饲料形态的目的。物理性消化只改变饲料的物理性质，不改变饲料的化学结构，其主要作用是为化学性消化做铺垫，粉碎饲料使其充分与消化液混合。

2. 化学性消化 对单胃动物而言，化学性消化是整个消化过程中最重要的环节。经过物理性消化后的饲料在各种消化酶的作用下，大分子结构的物质被分解为小分子结构的物质，有利于被动物吸收利用。

单胃动物的胃和反刍动物的真胃是进行化学性消化的主要场所，分泌的胃液中含有盐酸、胃蛋白酶、胃脂肪酶和凝乳酶，主要将饲料中的蛋白质分解为氨基酸和多肽，脂肪分解为甘油和脂肪酸，碳水化合物分解为单糖，以利于小肠的吸收。动物的小肠是各种营养物质吸收的主要场所。

3. 微生物消化 微生物消化指通过消化道内微生物产生的各种消化酶对饲料进行进一步分解的过程。微生物的消化作用是靠其产生的酶在细胞外(胞外酶)或细胞内(胞内酶)对食物中的营养成分进行分解，其中对蛋白质的分解习惯上称为腐败作用，分解产物为肽类、氨基酸、氨、硫化氢、胺类等；对碳水化合物(包括纤维素、半纤维素、木质素)和脂肪的分解称为发酵作用，碳水化合物的分解产物为乳酸、挥发性脂肪酸(VFA)、CO_2、CH_4 等，脂肪的分解产物为脂肪酸、甘油、胆碱等。

(1) 反刍动物瘤胃内的微生物消化特点:反刍动物瘤胃内有大量微生物,主要是细菌、真菌和原生动物。细菌有两类,一类是可利用纤维素、淀粉、葡萄糖等营养物质的细菌,另一类是可发酵第一类细菌代谢产物的细菌。大多数原生动物如纤毛虫,可吞噬食物、细菌和细胞颗粒,也可利用纤维素。在瘤胃微生物消化中,细菌的数量最多,作用最大,近些年的研究表明真菌的数量虽然不如细菌大,但其对粗纤维的消化力较强,两者为协同互作的关系。

影响瘤胃内环境稳定的因素如下。

①食物稳定地进入瘤胃以不断提供微生物的作用底物。

②pH 6～7,通过唾液中的碳酸氢钠来维持。

③渗透压接近血浆水平,通过内容物与血液的离子交换完成。

④温度调节机制使瘤胃内的温度维持在 38～42 ℃。

(2) 大肠内的微生物消化特点:单胃草食动物大肠内的微生物消化特别重要,尤其是马属动物和兔等单胃动物,饲料中的纤维素等多糖物质的消化吸收全靠大肠内的微生物的作用。大肠的容积特别大,与反刍动物瘤胃相似,具备微生物繁殖和发酵的条件。消化纤维素的微生物与瘤胃微生物的区别主要是菌株类型之间比例不同。大肠微生物全是厌氧菌。

单胃杂食动物大肠内也具备与草食动物相似的微生物繁殖条件,但其消化作用不如反刍动物和单胃草食动物强,猪在饲喂植物性饲料条件下,主要是大肠内微生物起作用。禽类微生物消化的主要部位是盲肠,饲料中纤维素在盲肠中进行微生物的发酵分解,尤其是草食禽类。

大肠微生物能利用饲料中的粗纤维产生挥发性脂肪酸,还能分解饲料中的蛋白质和氨基酸,并能利用大肠中的微生物合成 B 族维生素和维生素 K,供机体利用。

(3) 营养物质在胃肠道的吸收大致可分为被动转运、主动转运、胞吞和胞吐。

①被动转运:单纯扩散是一种最简单的物质跨膜转运方式,是指脂溶性物质由膜的高浓度一侧向低浓度一侧的转运过程。单纯扩散是一种简单的物理过程,没有生物学转运机制的参与,不消耗细胞本身的能量,扩散时所需能量来自高浓度溶液本身所含的势能。

非脂溶性物质或脂溶性小的物质,在特殊膜蛋白质的帮助下,由高浓度一侧通过细胞膜向低浓度一侧转运的过程称为易化扩散。易化扩散的特点:a. 物质移动的动力来自高浓度溶液本身的势能,细胞不另行供能。b. 顺浓度梯度或电化学梯度移动。c. 需要特殊膜蛋白的参与。

综上所述,物质通过细胞膜的转运是一种普遍存在的重要功能。单纯扩散和易化扩散的共同点是细胞本身不消耗能量,将物质顺浓度梯度或电化学梯度转运,因此统称为被动转运。被动转运的最终平衡点是膜两侧该物质浓度差和电位差为零。

②主动转运:主动转运是指细胞通过本身的某种耗能过程,将某些物质的分子或离子逆浓度梯度或逆电位梯度进行的跨膜转运过程。主动转运是逆电化学梯度转运,细胞本身耗能,可形成和维持膜两侧的浓度梯度或电-化学势差,结果是浓度高的一侧浓度更高,而低的一侧更低,甚至可全部被转运到另一侧。

主动转运的特点:a. 物质转运过程中,细胞本身要消耗能量,能量来自细胞的代谢活动。b. 逆浓度梯度和电位梯度进行物质转运。c. 需要特殊膜蛋白的参与。主动转运按其利用能量形式的不同,又分为原发性主动转运和继发性主动转运。目前,主动转运中研究最多、最充分,对细胞生存和活动最为重要的是 Na^+ 和 K^+ 的主动跨膜转运过程。

③胞吞、胞吐:胞吐是通过分泌泡或其他膜泡与质膜融合而将膜泡内的物质运出细胞的过程,是细胞内大分子物质运输的方式,细胞通过胞吐向外分泌物质,胰腺细胞分泌酶原颗粒(蛋白质)就是一种胞吐,胞吐需要消耗能量。胞吞与胞吐相反,当细胞摄取大分子时,利用细胞膜的流动性,首先是大分子或颗粒附着在细胞膜表面,这部分细胞膜内陷形成小囊,包围着大分子。然后小囊从细胞膜上分离下来,形成囊泡,进入细胞内部,这种现象叫胞吞。在此过程中消耗由细胞呼吸作用产生的 ATP,若抑制线粒体活动,会对胞吞产生抑制作用。胞吞使一些不能穿过细胞的物质如食物颗粒、蛋白质大分子等,都能进入细胞之中,形成液体或固体小泡(食物泡)。

Note

知识拓展与链接

饲料概略养分分析

思考与练习

扫码看答案

一、填空题

1. 饲料概略养分分析，把饲料中的营养物质分为_________、_________、_________、_________、_________、_________。

2. 动物对饲料的消化方式有_________、_________、_________。

3. 根据动植物体内所含水分形式不同可将水分为_________、_________。

4. 常量元素有_________、_________。

5. 饲料中的蛋白质分为_________和_________。

二、选择题

1. 动物吸收营养物质的主要途径是(　　)。

A. 胞饮吸收　　B. 被动转运　　C. 主动转运　　D. 易化扩散

2. 下列动物对粗纤维消化能力最强的是(　　)。

A. 猪　　B. 鸡　　C. 兔　　D. 牛

3. 以下属于微量元素的是(　　)。

A. 钙　　B. 磷　　C. 氧　　D. 铁

4. 以下哪种物质不是有机物质？(　　)

A. 粗蛋白质　　B. 粗脂肪　　C. 无氮浸出物　　D. 粗灰分

三、问答题

1. 动植物体成分的差异有哪些？

2. 各类营养物质的作用有哪些？

任务二　水与动物营养

扫码学课件 1-2

任务目标

- 掌握水的营养生理功能及缺水的后果。
- 掌握动物体内水的来源与排泄。
- 掌握动物需水量及影响因素。

情景导入

地球上一切生物都起源于大海，海洋和河流中的水生动物与水的关系不言而喻。即使是占领了陆地的动物，也离不开水，因为水是所有动物生存的基本条件。你知道这是什么原因吗？让我们带着这个问题走进水与动物营养知识的学习。

情景分析

视频：水的营养功能

一、水的营养生理功能及缺乏的后果

水对动物来说极为重要，动物体内含水量为50%～80%。动物绝食期间，几乎消耗体内全部脂肪、半数蛋白质或失去40%的体重时，仍能生存。但是，动物体水分丧失10%就会引起代谢紊乱，失水20%时就会死亡。

（一）营养生理功能

水是动物体内重要的溶剂，各种营养物质的消化吸收、运输与利用及其代谢废物的排出均需溶解在水中后方可进行；水是各种生化反应的媒介，动物体内的所有生化反应都是在水中进行的，水也是多种生化反应的参与者，它参与动物体内的水解反应、氧化还原反应、有机物质的合成等；水参与体温调节，水的比热容大，导热性好，汽化热高，所以水能吸收动物体内产生的热能，并迅速传递热能和蒸发散失热能。动物可通过排汗、呼气，蒸发体内水分，排出多余体热，以维持体温的恒定。猪脂肪层厚，汗腺不发达，但它可通过人为冲凉或在水中翻滚，借助体表水分的蒸发来散失多余的体热。水起润滑作用，如泪液可防止眼球干燥，唾液可湿润饲料和咽部，便于吞咽，关节囊液润滑关节，使之活动自如并减少活动时的摩擦；水可保持组织器官的形态，动物体内的水大部分与亲水胶体相结合，成为结合水，直接参与活细胞和组织器官的构成，从而使各种组织器官有一定的形态、硬度及弹性，以利于完成各自的机能。

（二）缺乏的后果

动物短期缺水，则生产力下降，幼年动物生长受阻，肥育家畜增重缓慢，泌乳母畜产奶量急剧下降，母鸡产蛋量迅速减少，蛋重减轻，蛋壳变薄。动物长期缺水，会损害健康。动物体内水分减少1%～2%时，开始有口渴感，食欲减退，尿量减少；水分减少8%时，出现严重口渴感，食欲丧失，消化机能减弱，并因黏膜干燥，对疾病的抵抗力降低。严重缺水会危及动物的生命。长期缺水的动物，各组织器官缺水，血液浓稠，营养物质的代谢发生障碍，但组织中的脂肪和蛋白质分解加强，体温升高，常因组织内积蓄有毒的代谢产物而死亡。实际上，动物得不到水分比得不到饲料更难维持生命，尤其是高温季节。因此，必须保证供水。

二、动物体内水的来源与排泄

视频：水的来源与排泄

（一）水的来源

动物体内的水有三个来源，即饮水、饲料水和代谢水。饮水是动物体内水的主要来源。

1. 饮水　作为饮水，要求水质良好，无污染，符合饮水水质标准和卫生要求，总可溶性固形物浓度是检查水质的重要指标。

2. 饲料水　各种饲料中均含有水，但因种类不同，含水量差异很大，变动范围为5%～95%。如青绿多汁饲料含水量较高，可达75%～85%，而干粗饲料含水量较低，为5%～12%。

3. 代谢水　代谢水是三种有机物在体内氧化分解和合成过程中所产生的水。氧化每克碳水化合物、脂肪、蛋白质，分别产生0.6 mL、1.07 mL和0.41 mL的水。1分子葡萄糖参与糖原合成，产生1分子水。甘油和脂肪酸合成1分子脂肪时，可产生3分子水。n个分子氨基酸合成蛋白质时，产生$n-1$个分子水。代谢水只能满足动物需水量的5%～10%，代谢水对于冬眠动物和沙漠里的小啮齿动物的水平衡十分重要，它们有的靠采食干燥饲料为生而不饮水，冬眠过程中不摄食、不饮水仍能

Note

生存。

（二）水的排泄

动物不断地从饮水、饲料和代谢过程中获取水分，并须经常排出体外，以维持体内水分平衡。其排泄途径如下。

1. 通过粪便与尿排泄 一般动物随尿排出的水占总排水量的50%。动物的排尿量因饮水量、饲料性质、活动量以及环境温度等多种因素的不同而异。动物以粪便形式排出的水量，因动物种类不同而异，牛、马等动物排粪量大，粪中含水量又高，故排水量也多。绵羊、狗、猫等动物粪便较干，由粪便排出的水较少。

2. 通过皮肤和肺蒸发 由皮肤表面失水的方式有两种，一是由血管和皮肤的体液中简单地扩散到皮肤表面而蒸发，二是通过排汗失水。皮肤出汗和散发体热与调节体温密切相关。汗腺发达的动物，由汗排出大量的水分，如马的汗液中含水量约为94%，排汗量随气温上升及肌肉活动量的增强而增加。汗腺不发达的动物，则体内水的蒸发，多以水蒸气的形式经肺呼气排出。经肺呼出的水量，随环境温度的提高和动物活动量的增加而增加，无汗腺的母鸡，通过皮肤的扩散作用失水和肺呼出水蒸气的排水量占总排水量的17%～35%。

3. 经动物产品排泄 泌乳动物泌乳也是排水的重要途径。牛乳平均含水量高达87%，每产1 kg牛乳可排出0.87 kg水，产蛋家禽每产一枚60 g重的蛋可排出42 g以上的水。

动物摄入的水与排出的水保持一定的动态平衡。动物对水的摄入靠渴觉调节。渴觉主要由于动物失水而引起细胞外液渗透压的升高，刺激下丘脑前区的渗透压感受区而产生。动物体内水充足，渗透压正常时，动物没有渴感而不饮水。此外，也可以由传入神经直接传入中枢而引起渴感。动物对水的排出，主要靠肾脏通过排尿量调节。肾脏排尿量又受脑垂体后叶分泌的抗利尿激素控制，动物失水过多，血浆渗透压上升，刺激下丘脑渗透压感受器，反射性增强加压素的分泌。加压素促使水分在肾小管与收集管内的重吸收，使尿液浓缩，尿量减少，从而减少水由尿损失。相反，动物大量饮水后，血浆渗透压下降，加压素分泌减少，水分重吸收减弱，尿量增加。肾上腺皮质分泌的醛固酮激素在促进肾小管对Na^{+}重吸收的同时，也增加对水的重吸收。动物体内水的调节是一个综合生理过程，由调节水代谢的上述机制，共同维持体内的水量，使其保持正常水平。

三、动物需水量及影响因素

（一）动物需水量

视频：动物需水量

影响动物需水量的因素很多，所以很难估计出动物确切的需水量，生产实践中，动物需水量常以采食饲料干物质量来估计。每采食1 kg饲料干物质，牛和绵羊需水3～4 kg，猪、马和家禽需2～3 kg，猪在高温环境下需水量可增至4～4.5 kg。

（二）影响动物需水量的因素

1. 动物种类 动物种类不同，体内水的流失情况不同。哺乳动物经粪便、尿或汗液流失的水比鸟类多，需水量相对较多。

2. 年龄 幼龄动物比成年动物需水量大。因为前者体内含水量大于后者，前者又处于生长发育时期，代谢旺盛，需水量多。幼龄动物每千克体重的需水量比成年动物高1倍以上。

3. 生理状态 妊娠肉牛需水量比空怀肉牛高50%，泌乳期奶牛每天需水量为体重的1/7～1/6，而干奶期奶牛每天需水量仅为体重的1/14～1/13。产蛋母鸡需水量比休产母鸡多50%～70%。

4. 生产性能 生产性能是决定需水量的重要因素。高产奶牛、高产母鸡和重役马需水量比同类的低产动物多。

5. 饲料性质 饲喂含粗蛋白质、粗纤维及矿物质多的饲料时，需水量多，因为蛋白质的分解及尾产物的排出、粗纤维的酵解及未消化残渣的排出、矿物质的溶解吸收与排出均需要较多的水。饲料中含有毒素，或动物处于疾病状态时，需水量也增加。饲喂青绿饲料时，需水量少。

6. 气温条件 气温对动物需水量的影响显著。气温高于 30 ℃时，动物需水量明显增加。气温低于 10 ℃时，需水量明显减少。

知识拓展与链接

改善水源环境 助力生态养殖

思考与练习

扫码看答案

一、填空题

1. 当动物体内水分丧失__________时，会引起代谢紊乱。
2. 动物体内的水分来源于__________、__________、__________三个方面。
3. 日粮中含__________、__________、__________多时动物对水的需要量大。
4. 动物机体水的排泄可以通过__________、__________、__________三种方式。

二、选择题

1. 动物体内水分的主要来源是(   )。

A. 饲料水　　B. 饮水　　C. 自由水　　D. 代谢水

2. 当动物体内水分丧失(   )时，会死亡。

A. 5%　　B. 8%　　C. 10%　　D. 20%

三、问答题

1. 水有哪些营养作用？
2. 影响动物需水量的主要因素是什么？

扫码学课件

1-3

任务三　蛋白质与动物营养

任务目标

- 掌握蛋白质的营养生理功能。
- 掌握蛋白质不足或过量的危害。
- 掌握饲料中氨基酸的应用。
- 理解单胃动物对蛋白质的消化代谢特点。
- 理解反刍动物对非蛋白氮的利用。

案例引导

某肉鸡养殖场养殖 5000 只肉雏鸡，为降低饲养成本，自己配制饲料饲喂，所用原料为玉米、麦麸、豆粕、菜粕、碳酸钙、磷酸氢钙、食盐，肉鸡 1%添加剂(含微量元素、维生素和赖

氨酸等)。饲养过程中肉鸡出现严重的啄肛现象，因啄肛死亡412只，死亡率为8.24%。整个鸡群表现为生长缓慢，精神沮丧，无生气，羽毛蓬乱。后经专家建议在饲料中添加了0.1%的蛋氨酸，啄肛症状明显减轻，生长发育趋于正常，精神状态良好，羽毛变得有光泽。你知道这是什么原因吗？让我们带着这个问题走进蛋白质与动物营养知识的学习。

案例分析

“蛋白质”一词，源于希腊语“proteios”，其原意是“最初的”“第一重要的”。蛋白质是生命的物质基础。蛋白质是塑造一切细胞和组织结构的重要成分，在生命过程中起着重要的作用，涉及动物代谢的大部分与生命攸关的化学反应。不同种类动物都有自己特定的、多种不同的蛋白质。在器官、体液和其他组织中，没有两种蛋白质的生理功能是完全一样的。这些差异是由于组成蛋白质的氨基酸种类、数量和结合方式不同。

动物在组织器官的生长和更新过程中，必须从食物中不断获取蛋白质等含氮物质。因此，把食物中的含氮化合物转变为机体蛋白质是一个重要的营养过程。动物的种类、生长发育和生理状态等不同，对蛋白质的需要有着明显的不同。

一、蛋白质的组成、营养功能及不足或过量的危害

（一）蛋白质的组成

视频：蛋白质营养概述

1. 组成蛋白质的元素 蛋白质的主要组成元素是碳、氢、氧、氮，大多数的蛋白质还含有硫，少数含有磷、铁、铜和碘等元素。比较典型的蛋白质元素组成：碳51.0%～55.0%，氮15.5%～18.0%，氢6.5%～7.3%，硫0.5%～2.0%，氧21.5%～23.5%，磷0～1.5%。

各种蛋白质的含氮量虽然不完全相等，但差异不大。一般蛋白质的含氮量均按16%计算。动物组织和饲料中真蛋白质含氮量的测定比较困难，通常只测定其中的总含氮量，并以粗蛋白质表示。

2. 氨基酸 蛋白质是由氨基酸组成的。由一定数量的氨基酸通过肽键相连而组成的有机物称为肽。由4～10个氨基酸组成的肽叫作寡肽，其中由2～3个氨基酸组成的叫小肽，包括二肽和三肽。由10个以上氨基酸组成的肽叫作多肽。由于构成蛋白质的氨基酸的种类、数量和排列顺序不同而形成了各种各样的蛋白质。因此可以说蛋白质的营养实际上是氨基酸的营养。目前，各种生物体中发现的氨基酸已有180多种，但常见的构成动植物体蛋白质的氨基酸只有20种。植物能合成自己全部所需的氨基酸，动物蛋白虽然含有与植物蛋白相同的氨基酸，但动物不能自己全部合成。

氨基酸有L型和D型两种构型。除蛋氨酸外，L型的氨基酸生物学效价比D型高，而且大多数D型氨基酸不能被动物利用或利用率很低。天然饲料中仅含易被利用的L型氨基酸。微生物能合成L型和D型两种氨基酸。化学合成的氨基酸多为D型、L型混合物。

（二）蛋白质的营养功能

1. 蛋白质是构成动物体的结构物质 构成动物机体的所有细胞、组织和器官均以蛋白质为基本成分。例如，动物的体表组织（如毛、皮、羽、蹄、角等）基本由角蛋白所构成；动物的肌肉、皮肤、内脏、血液、神经、结缔组织等也以蛋白质为基本成分。同时蛋白质也是机体组织再生、修复、更新的必需物质。动物体内的蛋白质处于动态平衡状态，即通过新陈代谢作用而不断更新。实验表明，动物体蛋白质总量中每天通常有0.25%～0.30%进行更新。以此计算，则每经过12～14个月机体组织蛋白质即全部更新一遍，这就需要不断地从饲料中补充新的蛋白质。

2. 蛋白质是功能物质的主要成分 动物体内的体液、酶、激素和抗体等是动物生命活动所必需的调节因子。这些调节因子本身就是蛋白质。例如酶是具有催化活性的蛋白质，可促进细胞内生化反应的顺利进行；激素中有蛋白质或多肽类的激素，如生长激素、催产素等，在新陈代谢中起调节作用；具有免疫作用的抗体，本身也是蛋白质。另外，运输脂溶性维生素和脂肪代谢产物的脂蛋白，运输氧的血红蛋白，以及维持体内渗透压和水分正常分布的蛋白质都起着非常重要的作用。

3. 蛋白质是遗传物质的基础 动物的遗传物质DNA与组蛋白结合成为一种复合体——核蛋白。核蛋白存在于染色体上，DNA将本身所蕴藏的遗传信息，通过自身的复制过程遗传给下一代。

Note

DNA 复制过程涉及 30 多种酶和蛋白质的协同作用。

4. 蛋白质也可分解供能 蛋白质的主要营养作用不是氧化供能，但在分解过程中，其代谢尾产物可氧化产生部分能量。尤其是当食入劣质的蛋白质或过量的蛋白质时，多余的氨基酸经脱氨基作用后，将不含氮的部分氧化供能或转化为脂肪贮存起来，以备能量不足时动用。实践中应尽量避免蛋白质作为能源物质。正常条件下，鱼等水生动物体内亦有相当数量的蛋白质参与供能作用。

5. 蛋白质是动物产品的重要成分 蛋白质是形成乳、肉、蛋、皮、毛等畜产品的重要原料。食物蛋白质几乎是唯一可用以形成动物体蛋白质的氮来源。

（三）蛋白质不足或过量的危害

1. 不足的危害 饲料蛋白质不足，会影响消化道组织蛋白质的更新和消化液的正常分泌。动物会出现食欲下降，采食量减少，营养不良及慢性腹泻等现象；幼龄动物正处于皮肤、骨骼、肌肉等组织迅速生长和各种器官发育的旺盛时期，需要蛋白质多。若供应不足，体内就不能形成足够的血红蛋白而患贫血；因血液中免疫抗体的数量减少，动物抗病力减弱，容易感染各种疾病；公畜性欲降低，精液品质下降，精子数量减少，母畜不发情，性周期异常，受胎率低，受孕后胎儿发育不良，产弱胎、死胎或畸形胎儿；生长家畜增重缓慢，动物泌乳量下降，家畜产毛量下降，产蛋禽蛋重变小，产蛋量降低，生长禽生长缓慢，体重减轻，羽毛干枯，抵抗力下降。

2. 过量的危害 饲料中长期供应过量的蛋白质，不仅造成浪费，而且多余的氨基酸在肝脏中脱氨基，形成尿素由肾随尿排出体外，加重肝肾负担，严重时引起肝肾疾病，夏季还会加剧热应激。家禽会出现蛋白质中毒症（禽痛风），主要症状是排出大量白色稀粪，并出现死亡现象，解剖可见腹腔内沉积大量尿酸盐。过量氮排放还会导致水体富营养化，造成环境污染。

二、氨基酸应用

视频：

氨基酸营养

蛋白质的质量是指饲料蛋白质被消化吸收后，能满足动物新陈代谢和生产对氮和氨基酸需要的程度。饲料蛋白质愈能满足动物的需要，其质量就愈高。其实质是指氨基酸的组成比例和数量，特别是必需氨基酸的比例和数量（愈与动物所需一致，其质量愈高）。饲料蛋白质的质量好坏，取决于它所含各种氨基酸的平衡状况。构成蛋白质的氨基酸的种类有 20 种，对动物来说都是必不可少的，根据是否必须由饲料提供，通常将氨基酸分为必需氨基酸和非必需氨基酸两大类。

（一）必需氨基酸和半必需氨基酸

1. 必需氨基酸 必需氨基酸是指动物机体内不能合成，或合成的速度慢、数量少，不能满足动物需要而必须由饲料供给的氨基酸。各种动物所需必需氨基酸的种类大致相同，但因各自遗传特性的不同，也存在一定的差异。成年动物有 8 种，即赖氨酸、蛋氨酸、色氨酸、苯丙氨酸、亮氨酸、异亮氨酸、缬氨酸和苏氨酸。幼龄动物有 10 种，除上述 8 种外，还有精氨酸、组氨酸。雏鸡有 13 种，除上述 10 种外，还有甘氨酸、胱氨酸、酪氨酸。

2. 半必需氨基酸 半必需氨基酸是指在一定条件下能代替或节省部分必需氨基酸的氨基酸。半胱氨酸或胱氨酸、酪氨酸以及丝氨酸，在体内可分别由蛋氨酸、苯丙氨酸和甘氨酸转化而来，其需要可完全由蛋氨酸、苯丙氨酸及甘氨酸满足，但动物对蛋氨酸和苯丙氨酸的特定需要却不能由半胱氨酸或胱氨酸及酪氨酸满足，营养学上把这几种氨基酸称作半必需氨基酸。目前已证明，非反刍动物 30%～50%的蛋氨酸需要量可由胱氨酸或半胱氨酸替代，50%的苯丙氨酸需要量可由酪氨酸满足。

（二）非必需氨基酸

非必需氨基酸是指在动物体内能大量合成，并且合成的速度快、数量多，能满足动物需要，无需由饲料供给的氨基酸，如丙氨酸、谷氨酸、丝氨酸、天冬氨酸等。实际情况下，动物饲粮在提供必需氨基酸的同时，也提供了大量的非必需氨基酸，不足的部分才由体内合成，但一般都能满足需要。

反刍动物自身同样不能合成必需氨基酸，但瘤胃微生物能合成宿主所需的几乎全部的必需和非必需氨基酸。对于产奶量高或生长快速的反刍动物，瘤胃合成氨基酸的数量和质量则不能完全满足

Note

需要，必须以过瘤胃蛋白的形式由饲粮补充。

（三）限制性氨基酸

限制性氨基酸是指一定饲料或饲粮所含必需氨基酸的量与动物所需的必需氨基酸的量相比，比值偏低的氨基酸。由于这些氨基酸的不足，限制了动物对其他必需和非必需氨基酸的利用。其中比值最低的称第一限制性氨基酸，以后依次为第二、第三、第四……限制性氨基酸。非反刍动物饲料或饲粮中限制性氨基酸的顺序容易确定。反刍动物由于瘤胃微生物的作用，只有讨论瘤胃饲料蛋白质和微生物蛋白质混合物的限制性氨基酸才有意义。瘤胃微生物提供的蛋氨酸相对较少，此氨基酸可能是反刍动物的主要限制性氨基酸。不同的饲料，对不同的动物，限制性氨基酸的顺序不完全相同。

以饲粮所含可消化或可利用氨基酸的量与动物可消化或可利用的氨基酸的需要量相比，所确定的限制性氨基酸的顺序更准确，与生长实验的结果也更接近。在生产实践中，饲料或饲粮中限制性氨基酸的顺序可指导饲粮氨基酸的平衡和合成氨基酸的添加。常用禾本科籽实类及其他植物性饲料，对于猪来说，赖氨酸通常为第一限制性氨基酸；对于禽类，蛋氨酸通常为第一限制性氨基酸。

（四）理想蛋白质与饲粮的氨基酸平衡

尽管必需氨基酸对单胃动物十分重要，但还需在非必需氨基酸或合成非必需氨基酸所需氮源满足的条件下，才能发挥最大的作用。研究者提出，最好供给动物各种必需氨基酸之间以及必需氨基酸总量与非必需氨基酸总量之间具有最佳比例的"理想蛋白质"。理想蛋白质是以生长、妊娠、泌乳、产蛋等的氨基酸需要为理想比例的蛋白质，通常以赖氨酸作为100，用相对比例表示。有人建议必需氨基酸总量与非必需氨基酸总量之间的合适比例约为1∶1。动物对理想蛋白质的利用率应为100%。

理想蛋白质的构想源于20世纪40年代，但将理想蛋白质正式与单胃动物氨基酸需要量的确定及饲料蛋白质营养价值的评定联系起来，则是1981年ARC（英国农业研究委员会）《猪营养需要》。

理想蛋白质实质是将动物所需蛋白质氨基酸的组成和比例作为评定饲料蛋白质质量的标准，并将其用于评定动物对蛋白质和氨基酸的需要。按照理想蛋白质的定义，也只有可消化或可利用氨基酸才能真正与之相匹配。NRC（美国科学研究委员会）《猪营养需要》（2012）就是先确定维持、沉积及泌乳蛋白质的理想氨基酸模式，然后直接与饲料的回肠可消化氨基酸结合，确定动物的氨基酸需要，充分体现了理想蛋白质和可消化氨基酸的真正意义和实际价值。

运用理想蛋白质最核心的问题是以第一限制性氨基酸为标准，确定饲料蛋白质和氨基酸的水平。饲喂动物理想蛋白质可获得最佳生产性能。因为理想蛋白质可使饲粮中各种氨基酸保持平衡，即饲粮中各种氨基酸在数量和比例上同动物最佳生产水平的需要相平衡。生产实践中，常用饲料中的蛋白质及氨基酸含量和比例与动物的需要相比有时相差甚远。饲粮的氨基酸平衡十分重要。

平衡饲粮的氨基酸时，应重点考虑以下问题：一是氨基酸的缺乏；二是氨基酸失衡；三是氨基酸相互间的关系。氨基酸缺乏主要是量不足，一般在低蛋白质饲粮情况下，可能有一种或几种必需氨基酸含量不能满足动物的需要。氨基酸缺乏不完全等于蛋白质缺乏。氨基酸失衡是比例问题，是指饲粮氨基酸的比例与动物所需要氨基酸的比例不一致。一般不会出现饲粮中氨基酸的比例都超过需要的情况，往往是大部分氨基酸符合需要的比例，而个别氨基酸偏低。在实际生产中，饲粮的氨基酸不平衡一般都同时存在氨基酸的缺乏。氨基酸之间存在着相互转化与相互拮抗等复杂关系，这对饲粮氨基酸的平衡十分重要。试验表明，在畜禽饲粮中胱氨酸可代替部分蛋氨酸，丝氨酸可代替甘氨酸，酪氨酸可代替苯丙氨酸。另外，赖氨酸与精氨酸、苏氨酸与色氨酸、亮氨酸与异亮氨酸和缬氨酸、蛋氨酸与甘氨酸、苯丙氨酸与缬氨酸、苯丙氨酸与苏氨酸之间在代谢中都存在着一定的拮抗作用。拮抗作用只有在两种氨基酸的比例相差较大时影响才明显。拮抗往往伴随着氨基酸的不平衡。

氨基酸之间的相互转化与拮抗的程度与饲粮中氨基酸的平衡程度密切相关。调整饲粮中氨基酸平衡和供给足够的非必需氨基酸，实际上就保证了必需氨基酸的有效利用，以达到提高饲粮蛋白质转化率的目的。

Note

（五）氨基酸的互补

氨基酸的互补是指在配合饲粮时，利用各种饲料氨基酸含量和比例的不同，通过两种或两种以上饲料蛋白质配合，相互取长补短，弥补氨基酸的缺乏，使饲粮氨基酸比例达到较理想状态。这是生产实践中提高饲粮蛋白质品质和利用率的经济而有效的方法。

（六）氨基酸的中毒

在自然条件下几乎不存在氨基酸中毒，只有在使用合成氨基酸大量过量时才有可能发生。例如，在含酪蛋白正常的饲粮中加入5%的赖氨酸或蛋氨酸、色氨酸、亮氨酸、谷氨酸，都可导致动物采食量下降和严重的生长障碍。就过量氨基酸的不良影响而言，蛋氨酸的毒性大于其他氨基酸。

（七）提高饲料蛋白质转化效率的措施

1. 合理搭配日粮

（1）构成日粮的饲料种类尽量多样化。饲料种类不同，所含的氨基酸的种类、数量也不同，多种饲料搭配，能起到氨基酸的互补作用，从而提高饲料蛋白质的转化率。

（2）补饲氨基酸添加剂。向饲粮中直接添加所缺少的限制性氨基酸，力求氨基酸的平衡。通过添加合成氨基酸，可降低饲粮粗蛋白质水平，改善饲粮蛋白质的品质，提高其利用率，从而减少氮的排泄。当赖氨酸缺乏较严重时，仅添加合成赖氨酸就能使饲粮粗蛋白质水平降低3%～4%。当用菜籽饼作为育肥猪的主要蛋白质饲料时，一般需添加0.2%～0.3%的合成赖氨酸。合理地供给蛋白质营养，参照饲养标准，均衡地供给氨基酸平衡的蛋白质营养，有利于饲料的高效利用。

（3）保证日粮中蛋白质与能量有适当比例。日粮中能量不足时，会加大蛋白质的供能消耗，造成蛋白质的浪费，导致蛋白质的转化效率降低，因此必须合理配合日粮中蛋白质与能量之间的比例，以最大限度地减少蛋白质的供能部分。

（4）适当控制日粮中粗纤维的水平。单胃动物饲粮中粗纤维过多，会加快饲料通过消化道的速度，不仅使其本身消化率降低，而且影响蛋白质及其他营养物质的消化。因此要严格控制单胃动物饲粮中粗纤维水平。

2. 合理调制蛋白质饲料 生豆类及生豆饼类、棉籽饼粕类、菜籽饼粕类等均含抗营养因子，对蛋白质的利用有一定的影响，采取适当的方法进行脱毒处理，可破坏这些因子的活性，提高蛋白质的利用率。

三、单胃动物蛋白质营养特点及其应用

视频：
蛋白质在单
胃动物体内
的消化代谢

（一）消化代谢过程

以猪为例，蛋白质的消化由胃开始。首先，盐酸使之变性，蛋白质立体三维结构被分解，肽键暴露，在胃蛋白酶的作用下，蛋白质分子降解为含氨基酸数目不等的各种多肽。但因胃蛋白酶作用较弱，只有20%的饲料蛋白质在胃中消化。随着胃肠的蠕动，胃中的食糜进入小肠，在小肠中受到胰蛋白酶、糜蛋白酶、羧基肽酶及氨基肽酶等作用，最终被分解为氨基酸及部分寡肽。氨基酸和寡肽都可被小肠黏膜直接吸收。寡肽在肠黏膜细胞内经二肽酶等作用继续分解为氨基酸。被吸收的氨基酸进入门静脉到肝脏。小肠内未被消化吸收的蛋白质和氨化物进入大肠后，在腐败菌的作用下，被降解为吲哚、粪臭素、酚、甲酚等有毒物质，一部分经肝脏解毒后随尿排出，另一部分随粪便排出。在大肠中，部分蛋白质和氨化物还可在细菌酶的作用下，不同程度地降解为氨基酸和氨，其中部分可被细菌利用合成菌体蛋白，但合成的菌体蛋白绝大部分随粪便排出，而被再度降解为氨基酸后能由大肠吸收的为数甚少，吸收后也由血液输送到肝脏。最后，所有在消化道中未被消化吸收的蛋白质，随粪便排出体外。随粪便排出的蛋白质，除饲料中未消化吸收的蛋白质外，还包括肠脱落黏膜、肠道分泌物及残存的消化液等。后部分蛋白质被称为“代谢蛋白质”，可由饲喂不含氮日粮的动物测得。

Note

饲料蛋白质消化的终产物氨基酸并非全部被小肠吸收，各种氨基酸的吸收率也不尽相同。一般情况下，动物对苯丙氨酸、丝氨酸、谷氨酸、丙氨酸、脯氨酸、甘氨酸的吸收率较其他氨基酸高。小肠

对不同构型的同一氨基酸吸收率也不同，通常对 L 型氨基酸的吸收率比对 D 型氨基酸的吸收率高。

新生的幼猪、幼犬、犊牛及羔羊的血液内几乎不含 α-球蛋白，但在出生后 24～36 h 内可依赖肠黏膜上皮的胞饮作用，直接吸收初乳中的免疫球蛋白，以获取抗体得到免疫力。

进入肝脏中的氨基酸，一部分合成肝脏蛋白和血浆蛋白，大部分经过肝脏由体循环转送到各个组织细胞中，连同来源于体组织蛋白质分解产生的氨基酸和由碳水化合物等非蛋白质物质在体内合成的氨基酸一起进行代谢。代谢过程中，氨基酸可用于合成组织蛋白质，供机体组织的更新、生长及形成动物产品需要，氨基酸也可用来合成酶类和某些激素以及转化为核苷酸、胆碱等含氮的活性物质。没有被细胞利用的氨基酸，在肝脏中脱氨，脱掉的氨基生成氨气后转变为尿素，由肾脏以尿的形式排出体外。剩余的酮酸部分氧化供能或转化为糖原和脂肪作为能量贮备。氨基酸在肝脏中还可通过转氨基作用，合成新的氨基酸。

尿中排出的氮有一部分是体组织蛋白质的代谢产物，通常将这部分氮称为"内源尿氮"，可通过采食不含氮日粮测得。

（二）消化代谢特点

1. 猪 蛋白质消化的主要场所是小肠，并在酶的作用下，最终以大量氨基酸和少量寡肽的形式被机体吸收，进而被利用。而大肠的细菌虽然可利用少量氨化物合成菌体蛋白，但最终绝大部分还是随粪便排出。因此，猪能大量利用饲料中蛋白质，但不能大量利用氨化物。猪不能很好地改善饲料中蛋白质的品质。

2. 家禽、马属动物、家兔 家禽消化器官中的腺胃容积小，饲料停留时间短，消化作用不大，而肌胃是磨碎饲料的器官，因此家禽消化吸收蛋白质的主要场所也是小肠，其特点大致与猪相同。马属动物和家兔等单胃草食动物的盲肠与结肠相当发达，它们在蛋白质的消化过程中起着重要作用。以马为例，用干草作为唯一饲料时，由盲肠和结肠微生物酶消化的饲料蛋白质可占被消化蛋白质总量的 50%左右，这一部位消化蛋白质的过程类似反刍动物。而胃和小肠蛋白质的消化吸收过程与猪类似。因此，草食动物利用饲料中氨化物转化为菌体蛋白的能力比较强。

四、反刍动物蛋白质营养特点及应用

（一）反刍动物蛋白质消化与代谢

视频：蛋白质在反刍动物体内的消化与代谢

1. 消化与代谢的过程 反刍动物对饲料蛋白质的消化从瘤胃开始。饲料蛋白质被采食进入瘤胃后，在瘤胃微生物蛋白质水解酶的作用下，被分解为寡肽和氨基酸。二者可部分被微生物利用合成菌体蛋白。构成菌体蛋白的氨基酸种类较齐全，品质较好。部分氨基酸也可以在细菌脱氨基酶作用下，降解为挥发性脂肪酸、氨和二氧化碳。饲料中的氨化物也可在细菌脲酶作用下分解为氨和二氧化碳。瘤胃中的氨基酸和氨化物的降解产物产生的氨，也可被细菌利用合成菌体蛋白。其中菌体蛋白氮有 50%～80%来自瘤胃内氨态氮。20%～50%则来自肽类和氨基酸。纤毛虫不能利用氨态氮合成自身蛋白质。通常被瘤胃微生物降解的蛋白质称为瘤胃降解蛋白(RDP)。未被降解的蛋白质称为过瘤胃蛋白(RBPP)。未被降解的蛋白质和微生物蛋白(包括菌体蛋白和纤毛虫蛋白)一同随食糜的蠕动下行至真胃、小肠和大肠，其消化、吸收及利用过程与单胃动物基本相同。此过程中微生物蛋白经过二次合成、分解，能源被消耗，而过瘤胃蛋白能减少能量消耗。

2. 消化与代谢特点 反刍动物蛋白质消化的主要场所在瘤胃，依靠微生物的降解作用进行消化；其次在小肠，依靠消化酶进行消化。反刍动物可以大量利用饲料中的氨化物和蛋白质，体内的微生物能很好地改善饲料中粗蛋白质的品质。因此，在很大程度上，反刍动物的蛋白质营养实质上就是微生物蛋白的营养。

3. "瘤胃氮素循环"的含义及生理意义 饲料中的蛋白质和氨化物被瘤胃内的细菌降解生成的氨，除被合成菌体蛋白外，经瘤胃、真胃和小肠吸收后转送到肝脏合成尿素。其中部分尿素被运送到唾液腺随唾液返回到瘤胃，再次被利用，氨如此循环反复被利用的过程称为"瘤胃氮素循环"，简称氮素循环。

Note

据测定，瘤胃微生物蛋白质与动物产品蛋白质的氨基酸组成相似。瘤胃细菌蛋白生物学价值为85%～88%。瘤胃纤毛虫蛋白生物学价值为80%。微生物蛋白质的品质仅次于动物蛋白，与优质的植物蛋白如豆饼和苜蓿叶蛋白相当，而优于大多数的谷物蛋白。

其生理意义是可提高饲料中粗蛋白质的利用率，又可将食入的植物性粗蛋白质反复转化为菌体蛋白，供动物体利用，提高了饲料粗蛋白质的生物学价值，改善了粗蛋白质的品质。

（二）反刍动物对氨化物或非蛋白氮(NPN)的利用

1. 动植物体中的非蛋白氮(NPN) 动植物体中的NPN包括游离氨基酸、酰胺类、含氮的糖苷和脂肪、生物碱、铵盐、硝酸盐、甜菜碱、胆碱、嘧啶和嘌呤等。迅速生长的牧草、嫩干草中NPN含量约占总氮量的1/3。青贮饲料中50%的氮是NPN，原因是青贮过程中，大量蛋白质被水解为氨基酸。如新鲜的饲用玉米只含10%～20%的NPN，青贮后上升到50%。种子在成熟早期，NPN的含量也很高，成熟后不到5%。干草、籽实及加工副产物含NPN都较少。块根、块茎含NPN可高达50%。由于肽、氨基酸与真蛋白质的营养意义一致，所以有时不把它包括在NPN中。除氨基酸外，酰胺类也有较大的营养意义，天冬酰胺和谷氨酰胺在动物的代谢中都能被利用。嘌呤和嘧啶是遗传物质DNA和RNA的重要组成成分。

2. 反刍动物对NPN的利用机制 反刍动物瘤胃内的细菌能利用饲料中的尿素、双缩脲等NPN合成菌体蛋白。以尿素为例，其利用机制如下：

$$\text{尿素}\xrightarrow{\text{细菌脲酶}}\text{氨}+\text{二氧化碳}$$

$$\text{碳水化合物}\xrightarrow{\text{细菌酶}}\text{酮}+\text{挥发性脂肪酸}$$

$$\text{氨}+\text{酮酸}\xrightarrow{\text{细菌酶}}\text{氨基酸}\xrightarrow{\text{细菌酶}}\text{细菌蛋白}$$

$$\text{细菌蛋白}\xrightarrow{\text{真胃和小肠消化酶}}\text{氨基酸}$$

由上述反应过程可知，细菌可利用尿素作为氮源、利用碳水化合物作为碳架和能量来源，合成自身蛋白质。这种蛋白质同样可以在动物体内消化酶的作用下，被动物体消化利用。由此可见，利用尿素作氮源，可以满足反刍动物部分蛋白质的需要，生产实践也证明了这一点。国外报道，在奶牛蛋白质不足的日粮中加入1 kg尿素，可多产奶6～12 kg或多增重1～3 kg。国内也取得了每千克尿素换取3.6～4.6 kg奶的效果。

3. 影响尿素利用的因素

（1）碳水化合物的组成及性质：瘤胃细菌在利用氨化物合成菌体蛋白的过程中，需要同时供给可利用能量和碳架，后者主要由碳水化合物酵解供给。碳水化合物的性质直接影响尿素的利用效果。试验表明，牛羊日粮中单独用粗纤维作为能源时，尿素的利用率仅为22%，而供给适量的粗纤维和淀粉时，尿素的利用率可提高到60%以上。这是因为淀粉的降解速度与尿素分解速度相近。能源与氮源的释放速度趋于同步时，有利于菌体蛋白的合成。因此，以粗饲料为主的日粮中添加尿素时，应适当增加淀粉质的精料。

（2）蛋白质的水平：瘤胃细菌生长繁殖同样也需要蛋白质营养，它们不仅参与菌体蛋白的合成，还具有调节细菌代谢的作用，从而促进细菌对尿素的利用。试验证明，日粮中蛋白质水平在8%～13%之间，尿素的利用率较高。

（3）矿物质的供给：钴是维生素B_{12}的成分，而维生素B_{12}参与蛋白质的代谢，如果钴不足，则瘤胃内微生物合成维生素B_{12}受阻，会间接影响细菌对尿素的利用；硫是合成菌体蛋白中含硫氨基酸的原料。为提高尿素利用率，在保证硫供应的同时还要注意氮硫比和氮磷比，含尿素日粮的最佳氮硫比为(10～14)∶1，氮磷比为8∶1。此外，还应满足细菌生命活动所必需的钙、磷、镁、铁、铜、锌、锰及碘的供给。

4. 反刍动物日粮中尿素供给量、喂法及注意事项

（1）尿素供给量：可按牛体重的0.02%～0.05%供给；或按日粮干物质的1%供给；或按日粮粗

蛋白质的20%～30%供给；或按成年牛每天每头喂给60～100 g，成年羊6～12 g；或按浓缩饲料的3%～4%供给。出生后2～3个月的犊牛和羔羊因其瘤胃尚未发育完善而严禁喂尿素。如果日粮中含有氨化物较高的饲料，尿素的用量可减半。

(2) 尿素喂法：使用尿素时可将尿素均匀地搅拌到精料中混喂，最好用精料拌尿素后再与粗料拌匀；或将尿素加到青贮原料中一起青贮后饲喂。一般每吨玉米青贮原料可加入4 kg尿素和2 kg硫酸铵。

(3) 注意事项：饲喂尿素时，开始时少喂，之后逐渐增加供给量，使反刍动物有5～7天的适应期；每天尿素的供给量应按顿饲喂；用尿素提供氮源时，应补充硫、磷、铁、锰、钴等的不足，因尿素不含这些元素，且氮与硫之比以(10～14)：1为宜；禁止同含脲酶多的饲料(如生豆类、生豆饼类、苜蓿草籽、胡枝子等)混喂；严禁将尿素溶于水饮用，应在饲喂尿素后3～4 h饮水；喂奶牛时最好在挤奶后饲喂尿素，以防影响乳的品质；对饥饿或空腹的牛禁止喂尿素，以防尿素中毒；如果饲粮本身NPN含量较高，如使用青贮饲料，尿素用量则应酌减。

（三）反刍动物蛋白质营养需要特点

反刍动物同单胃动物一样，真正需要的不是蛋白质本身，而是蛋白质在真胃以后分解产生的氨基酸，因此，反刍动物蛋白质营养的实质是小肠的氨基酸的营养。通常情况下，反刍动物所需的必需氨基酸的50%～100%来自瘤胃微生物蛋白质，其余来自饲料。中等以下生产水平的反刍动物，仅微生物蛋白质和少量过瘤胃蛋白所提供的必需氨基酸足以满足需要；高产反刍动物，上述来源的氨基酸远不能满足需要。研究证明，蛋氨酸是反刍动物最主要的限制性氨基酸。随着生产性能的提高，所需的限制性氨基酸的种类也有所增加。生产实践中必须在饲料方面保证高产反刍动物对限制性氨基酸的需要，以充分发挥其高产潜力。

（四）过瘤胃蛋白的保护技术

对高品质蛋白质饲料进行过瘤胃保护，不仅可以满足高产反刍动物对必需氨基酸的需要，而且可避免瘤胃过度降解饲料真蛋白质所造成的能量和氮素浪费。在保证氨基酸利用率不受抑制的前提下，降低饲料蛋白质在瘤胃中的降解度，提高过瘤胃蛋白的数量是控制过瘤胃蛋白产生量的基本原则。常用的方法如下。

1. 物理处理法 加热处理饲料蛋白质，可使蛋白质变性，降低蛋白质的溶解度，提高过瘤胃蛋白的数量，是一种有效的保护方法。研究表明，在有糖分存在时，加热更能使蛋白质免受瘤胃微生物降解。加热时加入木糖80 g/kg，可显著降低蛋白质降解度。用热喷处理豆粕喂绵羊，可提高进入小肠的氨基酸总量和赖氨酸数量，增加氮沉积，显著增加日增重和羊毛长度。但加热的温度不能过高，加热的时间不宜过长，否则会降低蛋白质的消化率和利用率。

2. 化学处理法 利用化学药品，如甲醛、氢氧化钠、单宁等处理饲料，可对高品质蛋白质饲料进行保护。甲醛处理法的原理是甲醛可与蛋白质形成络合物，这种络合物在瘤胃内偏中性环境下非常稳定，可抵抗微生物的侵袭，而在真胃后被肠道的消化酶分解产生氨基酸而被吸收利用。用甲醛处理时，应严格控制甲醛剂量，若剂量过高，出现过度保护，将导致蛋白质在小肠的分解减弱而使粪氮排出增多。处理不同的饲料蛋白质，要求甲醛的剂量不同，一般甲醛占待处理饲料干物质的0.2%～0.4%，或占粗蛋白质的0.4%～0.8%。

3. 包埋方法 用某些富含抗降解蛋白质的物质或某些脂肪酸对饲料蛋白质进行包埋，以抵抗瘤胃的降解。如将全血撒到蛋白质饲料上，然后在100 ℃下干燥或用占豆饼重30%的猪全血包埋处理，均可使饲料蛋白质降解率下降。由于瘤胃内环境近中性，而小肠内环境近酸性，因此可选择在中性环境不易分解而在酸性环境易分解的材料进行包埋。一般含有12～22个碳原子的脂肪酸具有这一性质，可用作包埋基质。

有关过瘤胃蛋白的保护技术，有待于进一步研究。

Note

知识拓展与链接

毒奶粉喂猪事件

思考与练习

扫码看答案

一、填空题

1. 1 kg 大豆含氮 52 g,其粗蛋白质含量为__________%。

2. 反刍家畜蛋白质消化的部位为__________和__________,其吸收消化产物分别为__________和__________。

3. 在单胃动物的蛋白质消化过程中,起主要作用的消化酶是__________,而__________的作用则较小。

4. 在反刍动物的蛋白质消化过程中,经过瘤胃,而__________降解的饲料蛋白质称为__________。

5. 反刍动物__________和__________中蛋白质的消化和吸收与非反刍动物类似。

6. 一般必需氨基酸包括__________、蛋氨酸、色氨酸、精氨酸、组氨酸、亮氨酸、异亮氨酸、苯丙氨酸和缬氨酸。

7. 在日粮中添加过量的某种氨基酸时,造成降低生产率的不良影响,称为氨基酸“__________”。

二、选择题

1. 蛋白质的基本组成单位是(　　)。
A. 单糖　　B. 脂肪酸　　C. 氨基酸　　D. 甘油

2. 下列哪项不是生长猪所需的必需氨基酸?(　　)
A. 蛋氨酸　　B. 精氨酸　　C. 丝氨酸　　D. 苏氨酸

3. 下列哪项不是雏鸡所需的必需氨基酸?(　　)
A. 甘氨酸　　B. 胱氨酸　　C. 丝氨酸　　D. 赖氨酸

4. 对于蛋白质饲料和产蛋家禽来说,下列哪种氨基酸是限制性氨基酸?(　　)
A. 赖氨酸　　B. 蛋氨酸　　C. 色氨酸　　D. 缬氨酸

5. 蛋白质溶解度和二硫键含量影响蛋白质的消化吸收,下列说法正确的是(　　)。
A. 蛋白质的溶解度大,二硫键含量高,增强蛋白质的消化吸收
B. 蛋白质的溶解度大,二硫键含量低,增强蛋白质的消化吸收
C. 蛋白质的溶解度小,二硫键含量高,增强蛋白质的消化吸收
D. 蛋白质的溶解度小,二硫键含量低,增强蛋白质的消化吸收

6. 下列哪项不是影响蛋白质消化吸收的抗营养因子?(　　)
A. 胰蛋白酶抑制因子　　B. 单宁
C. 植酸酶　　D. 非淀粉多糖

7. 反刍动物中吸收氨基酸的主要部位是(　　)。
A. 肝脏　　B. 瘤胃　　C. 皱胃　　D. 小肠

Note

三、判断题

1. 通常对生长家畜而言，赖氨酸被称为第一限制性氨基酸。(　　)
2. 通常蛋氨酸被称为第一限制性氨基酸。(　　)
3. 反刍家畜不存在必需氨基酸问题，因为饲料蛋白质(氨基酸)都在瘤胃中分解成氨。(　　)
4. 蛋白质营养的实质是氨基酸营养。(　　)
5. 反刍动物的蛋白质营养特点是微生物蛋白质营养。(　　)
6. 非必需氨基酸对动物无任何作用。(　　)
7. 从营养角度考虑，必需氨基酸和非必需氨基酸均为动物所必需。(　　)
8. 同一种饲料对不同家畜，其蛋白质消化率不同。　(　　)
9. 在家畜体内蛋氨酸和胱氨酸可相互转变。(　　)
10. 赖氨酸和精氨酸之间存在拮抗关系。(　　)

四、问答题

1. 评定单胃动物饲料蛋白质营养价值的指标有哪些？
2. 试述反刍动物瘤胃—肝脏的氮素循环及其意义。
3. 简述成年反刍动物利用尿素的理论根据及条件。
4. 简述影响反刍家畜对非蛋白氮利用率的因素。

任务四　碳水化合物与动物营养

扫码学课件
1-4

任务目标

- 掌握碳水化合物的分类和性质。
- 掌握碳水化合物的营养生理功能。
- 理解单胃动物对碳水化合物的消化与代谢特点。
- 理解反刍动物对碳水化合物的消化与代谢特点。
- 理解影响粗纤维消化利用的因素。

案例引导

某养殖户养有一头青年黑白花奶牛，平常主要饲喂青草和干草，补饲少量玉米和豆粕。某日该奶牛正常分娩产下一头健康犊牛，在分娩的当天，为了增强母牛的营养，该养殖户特意为其增喂了大量玉米和豆粕，产犊后第二天早晨奶牛突然食欲减少，排粪减少，仅排少量稀薄酸臭粪便，最后卧地不起。经当地兽医诊断为生产瘫痪。静脉大剂量注射葡萄糖酸钙，不见疗效。你知道这是什么原因吗？让我们带着这个问题走进碳水化合物与动物营养知识的学习。

案例分析

碳水化合物是多羟基的醛、酮或其简单衍生物以及能水解产生上述产物的化合物的总称。这类营养物质在常规营养分析中包括无氮浸出物和粗纤维，是一类重要的营养物质，在动物饲粮中占一半以上，因其来源丰富、成本低而成为动物生产中的主要能源。碳水化合物广泛存在于植物性饲料中，一般占植物体干物质的50%～75%。各种谷实类饲料中都含有丰富的碳水化合物，特别是玉米，占干物质的90%以上。碳水化合物由碳、氢、氧三种元素组成，其中氢、氧原子数量比为2∶1，与水分子的组成相同，故称其为碳水化合物。本任务主要介绍碳水化合物的组成与分类、性质、营养生理

Note

作用、代谢利用过程和供能效率。

一、碳水化合物的组成、分类和主要性质

视频：
碳水化合物的
组成及分类

（一）碳水化合物的组成、分类

目前，在生物化学中常用糖类(saccharide)这个词作为碳水化合物的同义语。不过，习惯上，所谓的糖(sugar)通常只指水溶性的单糖和低聚糖，不包括多糖。畜禽营养中把木质素也归入粗纤维，和碳水化合物一并研究。

1. 按碳水化合物的性质分类

(1) 无氮浸出物：又称可溶性碳水化合物，主要包括淀粉。淀粉在淀粉酶的作用下可分解成葡萄糖而被吸收。

(2) 粗纤维：主要包括纤维素、半纤维素、木质素和果胶等，是饲料中最难消化的物质。畜禽本身不能消化粗纤维，而是通过肠道内微生物发酵把纤维素和半纤维素分解成单糖及挥发性脂肪酸后再利用。木质素并不是碳水化合物，畜禽体内的微生物也难分解。木质素与纤维素紧密结合，构成细胞壁的重要成分。

2. 按糖分子的组成及糖单位多少分类

(1) 单糖：包括丙糖、丁糖、戊糖、己糖、庚糖及衍生糖。动物通常吸收的是单糖。

(2) 低聚糖或寡糖(2～10个糖单位)：包括二糖(蔗糖、乳糖、麦芽糖、纤维二糖)、三糖(棉籽糖、蔗果三糖)、四糖(水苏糖)等。其中二糖需降解后吸收。

饲用甜菜、水果中均含有蔗糖，麦芽糖是淀粉和糖原水解过程的产物。纤维二糖不以游离状态存在，是纤维素的基本重复单位。糖用甜菜中含有少量棉籽糖。水苏糖普遍存于高等植物中，由四个单糖构成(2个半乳糖＋1个葡萄糖＋1个果糖)。

(3) 多聚糖(10个以上糖单位)：包括同质多糖和杂多糖。

同质多糖是由10个以上同一糖单位通过糖苷键连起来形成直链或支链的一类糖。包括糖原(葡萄糖聚合物)、淀粉(葡萄糖聚合物)、纤维素(葡萄糖聚合物)、木聚糖(木糖聚合物)、半乳聚糖(半乳糖聚合物)、甘露聚糖(甘露糖聚合物)。

杂多糖由10个以上不同糖单位组成，包括半纤维素(由葡萄糖、果糖、甘露糖、半乳糖、阿拉伯糖、木糖、鼠李糖、糖醛酸聚合而成)、阿拉伯树胶(由半乳糖、葡萄糖、鼠李糖、阿拉伯糖聚合而成)、菊糖(由葡萄糖、果糖聚合而成)、果胶(半乳糖醛酸的聚合物)、黏多糖(以N-乙酰氨基糖、糖醛酸为单位的聚合物)、透明质酸(以葡萄糖醛酸、N-乙酰氨基糖为单位的聚合物)。

淀粉是一种葡聚糖，是具有二种结构(直链和支链)的多糖，一般为混合物，哪种结构多取决于品种。谷物、马铃薯中的淀粉，直链结构占15%～30%，支链结构占70%～85%。可通过加碘的特有反应来估测，直链结构遇碘变深蓝色，支链结构遇碘变蓝紫色或紫色。直链结构是1,4-糖苷键，支链结构是1,6-糖苷键。

菊科、禾本科植物的根茎、叶中含果聚糖，如半乳聚糖和甘露聚糖，是植物细胞壁的多糖类，以养分的贮备形式存在，发芽后多糖类消失。

果胶质是紧密缔合的多糖，溶于热水，是高等植物细胞壁和细胞间质的主要成分。如甜菜渣、柑橘、水果皮中均有。

(4) 其他化合物：包括几丁质、硫酸软骨素、糖蛋白、糖脂、木质素等。

透明质酸和硫酸软骨素存在于皮肤、润滑液、脐带中。木质素来源于苯丙烷的三种衍生物(香豆醇、松柏醇、芥子醇)，通常与纤维素镶嵌在一起，影响动物消化利用。糖脂和糖蛋白属于复合碳水化合物，是单糖和单糖衍生物在水解过程中产生的物质。

（二）碳水化合物与畜禽营养有关的性质

淀粉分为直链淀粉和支链淀粉两类。直链淀粉呈线型，由250～300个葡萄糖单位以α-1,4糖苷键连结而成。支链淀粉则每隔24～30个葡萄糖单位出现一个分支，分支点以α-1,6-糖苷键相连，分

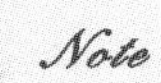

支链内则仍以 α-1,4-糖苷键相连。糖原则每隔 10～12 个葡萄糖单位出现一个分支,结构与支链淀粉相似。淀粉在其天然状态下呈不溶解的晶粒,对其消化性有一定影响,但在湿热条件下(60～80 ℃)淀粉颗粒易破裂和溶解,有助于消化。

麦芽糖由两分子 α-D-葡萄糖以 α-1,4-糖苷键连结而成。纤维二糖则由两分子 β-D-葡萄糖以β-1,4-糖苷键连结而成。纤维素和淀粉都是葡萄糖的聚合物,区别仅在于淀粉中的葡萄糖分子是以α-1,4-糖苷键和 α-1,6-糖苷键连结在一起,而在纤维素中则是以 β-1,4-糖苷键连结。动物胰腺分泌的α-淀粉酶只能水解 α-1,4 糖苷键,其产物包括麦芽糖和支链的低聚糖。支链的低聚糖在低聚 α-1,6 糖苷酶的催化下才能裂解产生麦芽糖和葡萄糖。动物淀粉酶不能分解 β-糖苷键,这是动物本身不能消化利用纤维素的根本原因。

半纤维素是木糖、阿拉伯糖、半乳糖和其他碳水化合物的聚合物,含大量 β-糖苷键,与木质素以共价键结合后很难溶于水。草食动物的唾液中含有大量的脯氨酸,脯氨酸与单宁结合可以减轻单宁对细胞壁纤维素及半纤维素消化的抑制作用。

纤维素、半纤维素、木质素和果胶是植物细胞壁的主要构成物质。木质素是植物生长成熟后才出现在细胞壁中的物质,含量为 5%～10%,是苯丙烷衍生物的聚合物,动物及其体内微生物所分泌的酶均不能使其降解。木质素通常与细胞壁中的多糖形成动物体内的酶难降解的复合物,从而限制动物对植物细胞壁物质的利用。果胶在植物细胞壁中占 1%～10%。植物细胞壁中果胶物质与纤维素、半纤维素结合形成不溶性的原果胶。原果胶经酸处理或在原果胶酶的作用下,可转变为可溶性果胶。

从营养生理角度考虑,多糖可分为营养性多糖和结构性多糖。淀粉、菊糖、糖原等属营养性多糖,其余多糖属结构性多糖。

近年来有人提出了非淀粉多糖(NSP)的概念,认为 NSP 主要由纤维素、半纤维素、果胶和抗性淀粉(阿拉伯木聚糖、β-葡聚糖、甘露聚糖、葡甘露聚糖等)组成。NSP 分为不溶性 NSP(如纤维素)和可溶性 NSP(如 β-葡聚糖和阿拉伯木聚糖)。可溶性 NSP 的抗营养作用日益受到关注。大麦中可溶性 NSP 主要是 β-葡聚糖,同时含部分阿拉伯木聚糖,猪、鸡消化道缺乏相应的内源酶而难以将其降解,它们与水分子直接作用以增加溶液的黏度,且溶液黏度随多糖浓度的增加而增加。多糖分子本身互相作用,缠绕成网状结构,这种作用过程能引起溶液黏度大大增加,甚至形成凝胶。因此,可溶性 NSP 在动物消化道内能使食糜变黏,进而阻止养分接近肠黏膜表面,最终降低养分消化率。

畜禽营养中碳水化合物的另一个重要特性是与蛋白质或氨基酸发生的美拉德反应。此反应起始于还原性糖的羰基与蛋白质或肽游离的氨基之间的缩合反应,产生褐色物质,生成动物自身分泌的消化酶不能降解的氨基-糖复合物,影响氨基酸的吸收利用,降低饲料营养价值。赖氨酸特别容易发生美拉德反应。温度对美拉德反应的速度有着十分显著的影响,70 ℃时的反应速度是 10 ℃时反应速度的 9000 倍。干草、青贮饲料调制过程中温度过高,出现的深褐色物质便是美拉德反应的表现。

动植物体内的碳水化合物在种类和数量上不尽相同,但植物体中有些碳水化合物在动物体内可转化为六碳糖被利用。碳水化合物的这种异构变化特性在营养中具有重要意义,这是动物消化吸收不同种类碳水化合物后能经共同代谢途径利用的基础,也是阐明动物能利用多种碳水化合物作为营养的理论根据。

二、碳水化合物的营养生理功能

(一) 碳水化合物是体组织的构成物质

碳水化合物是细胞的构成成分,参与多种生命过程,在组织生长的调节上起着重要作用。例如透明质酸在软骨中起结构支持作用;糖脂是神经细胞的成分,对传导突触刺激冲动,促进溶于水中的物质通过细胞膜有重要作用;糖蛋白是细胞膜的成分,并因其多糖部分的复杂结构而与多种生理功能有关。糖蛋白有携带具有信息识别能力的短链碳水化合物的作用,而机体内红细胞的寿命、机体

Note

的免疫反应、细胞分裂等都与糖识别链机制有关;碳水化合物的代谢产物可与氨基酸结合形成某些非必需氨基酸,例如α-酮戊二酸与氨基酸结合可形成谷氨酸。

(二) 碳水化合物是供给动物能量的主要来源

视频:碳水化合物的营养功能

动物维持生命活动和从事生产活动都需要从饲料中摄取能量,动物所需要的能量约有80%来自碳水化合物。碳水化合物,特别是葡萄糖是供给动物代谢活动和快速应变需能的最有效的营养素。葡萄糖是大脑神经系统、肌肉、脂肪组织、胎儿生长发育、乳腺等代谢的唯一能源。葡萄糖摄入不足,小动物出现低血糖症,牛产生酮症,妊娠母羊产生妊娠毒血症,严重时引起死亡。体内代谢活动需要的葡萄糖有两个来源:一是从胃肠道吸收,二是由体内生糖物质转化。非反刍动物主要靠前者,也是最经济、最有效的能量来源。反刍动物主要靠后者,其中肝是主要生糖器官,约占总生糖量的85%,其次是肾,约占15%。在所有可生糖物质中,最有效的是丙酸和生糖氨基酸,然后是乙酸、丁酸和其他生糖物质。核糖、柠檬酸等生糖化合物转变成葡萄糖的量较少。

(三) 碳水化合物是机体内能量贮备物质

碳水化合物在动物体内除供给能量外,多余的则可转化为糖原和脂肪,将能量贮备起来。胎儿在妊娠后期能贮积大量糖原和脂肪供出生后作为能源利用,但不同种类动物差异较大(表1-1)。

表1-1 妊娠后期胎儿体内贮能物质含量

(单位:%)

动物或人	总糖原	肝糖原(占总糖原)	总脂肪
猪	2	9	1.1
鼠	0.8	76	1.1
兔	0.5	54	5.8
羊	1.1	20	3.0
人	1.1	33	16.1

值得注意的是小猪总糖原含量高,而肝糖原含量低,所以小猪出生后几天会因为能量供给不足出现低血糖症,抵抗应激能力极差。

(四) 碳水化合物在动物产品形成中的作用

泌乳母畜在泌乳期间,碳水化合物是合成乳脂肪和乳糖的原料。试验证明,乳脂肪中60%~70%是以碳水化合物为原料合成的。高产奶牛平均每天大约需要1.2 kg葡萄糖供给乳腺合成乳糖。产双羔的绵羊每天约需200 g葡萄糖合成乳糖。反刍动物产奶期体内50%~85%的葡萄糖用于合成乳糖。基于乳成分的相对稳定性,血糖进入乳腺中的量明显是奶产量的限制因素。葡萄糖也参与部分羊奶蛋白质非必需氨基酸的形成。碳水化合物进入非反刍动物乳腺主要用于合成奶中必要的脂肪酸,葡萄糖也可作为合成部分非必需氨基酸的原料。

(五) 粗纤维的主要生理功能

粗纤维是各种动物,尤其是反刍动物日粮中不可缺少的成分,是反刍动物的主要能源物质。粗纤维所提供的能量可满足反刍动物的维持能量消耗;粗纤维能维持反刍动物瘤胃的正常功能和动物的健康,若饲粮中粗纤维水平过低,淀粉迅速发酵,大量产酸,降低瘤胃液粗pH值,抑制粗纤维分解菌活性,严重时可导致酸中毒。研究表明,适宜的饲粮粗纤维水平对消除大量进食精料所引起的采食量下降、粗纤维消化率降低和防止酸中毒、瘤胃黏膜溃疡、蹄病是绝对不可缺乏的。粗纤维能刺激瘤胃壁,促进瘤胃蠕动和正常反刍,使牛每天有7~8 h的反刍时间。通过反刍,牛瘤胃内重新进入的食团中混入了大量碱性唾液,每咀嚼1 kg粗纤维可产生10~14 L唾液。唾液中含有碳酸氢钠,可调节瘤胃食糜的酸度,使瘤胃环境pH 6~7,保证瘤胃内细菌正常繁殖和发酵,保持乳脂率不下降。饲粮粗纤维低于或高于适宜范围,不利于能量利用。NRC推荐泌乳牛饲粮含19%~21%的酸性洗涤纤维(ADF)或25%~28%的中性洗涤纤维(NDF),并且饲粮中NDF总量的75%必须由粗饲料提

Note

供。粗纤维体积大，吸水性强，可充填胃肠容积，使动物食后有饱腹感；粗纤维可刺激消化道黏膜，促进胃肠蠕动及消化液的分泌和粪便的排出；粗纤维可改善胴体品质。例如，猪在肥育后期增加饲粮粗纤维，可减少脂肪沉积，提高胴体瘦肉率。粗纤维可刺激单胃动物胃肠道发育。研究表明，饲喂高水平苜蓿草粉饲粮的育成猪，其胃、肝、心、小肠、盲肠和结肠的重量均显著提高。在现代畜牧业生产中，常用粗纤维含量高的优质粗饲料稀释日粮的营养浓度，以保证种用畜禽胃肠道的充分发育，以满足日后高产的采食量需要。

（六）寡聚糖的特殊作用

研究表明，寡聚糖可作为有益菌的基质，改变肠道菌群，建立健康的肠道微生物区系；寡聚糖可消除消化道内病原菌，激活机体免疫系统；寡聚糖可增强机体免疫力，提高动物成活率、日增重及饲料转化率。寡聚糖作为一种稳定、安全、环保性良好的抗生素替代物，在畜牧业生产中有着广阔的发展前景。

三、碳水化合物的消化与代谢特点及应用

（一）单胃动物碳水化合物的消化与代谢

1. 碳水化合物的消化与代谢过程 以猪为例，饲料中的碳水化合物被猪食入口腔后，在口腔唾液淀粉酶的作用下，少部分淀粉在微碱性条件下被分解为麦芽糖和糊精。兔、灵长目等哺乳动物的唾液中均含有 α-淀粉酶，但饲料在口腔的时间短，消化很不彻底。

视频：碳水化合物在反刍动物体内的消化与代谢

胃中缺少消化碳水化合物的酶类，只有少量来自口腔中的淀粉酶。但猪胃内大部分区域为酸性环境，淀粉酶易失活，只是在胃的贲门和盲囊区内（无腺区），不呈酸性，故只有一部分淀粉被来自口腔中唾液淀粉酶分解为麦芽糖。

十二指肠是碳水化合物消化和吸收的主要部位。猪的小肠内含有大量消化碳水化合物的多种酶类，如肠淀粉酶、胰淀粉酶、蔗糖酶、乳糖酶、麦芽糖酶等。这些酶将饲料中的大部分无氮浸出物最终分解为各种单糖，并大部分由小肠壁吸收，经血液输送至肝脏。小肠吸收的单糖主要是葡萄糖和少量的果糖和半乳糖。果糖在肠黏膜细胞内可转化为葡萄糖，葡萄糖吸收入血后，供全身组织细胞利用。

在肝脏中，其他单糖首先转变为葡萄糖，然后所有葡萄糖中大部分经体循环输送至身体各组织，参加三羧酸循环，氧化释放能量供动物需要。一部分葡萄糖在肝脏合成肝糖原，一部分通过血液输送至肌肉中形成肌糖原，剩余的葡萄糖则被输送至动物脂肪组织及细胞中合成体脂肪作为贮备能源。

由于胃和小肠内缺少粗纤维分解酶，故饲料中的粗纤维不能被酶解，随着食糜下行到大肠。在小肠上段，未被消化分解的碳水化合物主要靠结肠和盲肠中的细菌发酵，将其酵解产生乙酸、丙酸、丁酸等挥发性脂肪酸和甲烷、氢气、二氧化碳等气体。其中部分挥发性脂肪酸可被肠壁吸收，经血液循环输送至肝脏，进而被动物利用，而气体则排出体外。

在消化道中没有被消化吸收的碳水化合物，最终由粪便排出体外。

2. 消化与代谢特点 单胃动物的主要消化场所在小肠，靠酶的作用进行；能大量利用无氮浸出物，而不能大量利用粗纤维；以葡萄糖代谢为主，以挥发性脂肪酸代谢为辅。

3. 马属动物、禽类与猪比较 马属动物（如马、驴、骡等）对碳水化合物的消化代谢过程与猪基本相同。单胃草食动物虽然没有瘤胃，但盲肠、结肠发达，其中细菌对纤维素和半纤维素具有较强的消化能力。因此，它们对粗纤维的消化能力比猪强，但不如反刍动物。

禽类对碳水化合物的消化与代谢特点与猪相似，但缺少乳糖酶，故乳糖不能在家禽消化道中水解，而粗纤维的消化只在盲肠。尽管盲肠内微生物区系较发达，但因禽类消化道短，食物通过的时间快，因此，禽类利用粗纤维的能力比猪还低。

（二）反刍动物碳水化合物的消化与代谢

1. 碳水化合物的消化与代谢过程 以牛为例，饲料中的碳水化合物被牛食入口腔后，由于牛口

腔中的唾液淀粉酶的活性较猪的差，故饲料中的淀粉几乎没有什么变化。反刍动物的瘤胃是消化碳水化合物的主要器官。随着吞咽进入瘤胃的饲料中大部分淀粉、粗纤维等均可被瘤胃内的细菌降解为挥发性脂肪酸（乙酸、丙酸、丁酸）和气体，挥发性脂肪酸被瘤胃壁吸收，参加机体代谢，气体被排出体外。未被降解的部分进入小肠，在小肠的消化与猪等单胃动物相同。到达结肠和盲肠后的部分未被消化的粗纤维和无氮浸出物又可被细菌降解为挥发性脂肪酸及气体，挥发性脂肪酸可被肠壁吸收参加机体代谢，气体则排出体外。

视频：碳水化合物在反刍动物体内的消化代谢

被吸收后的单糖和挥发性脂肪酸由血液输送至肝脏。在肝脏中，被吸收的葡萄糖的代谢途径同单胃动物。而挥发性脂肪酸中丙酸转变为葡萄糖，参与葡萄糖代谢；丁酸转变为乙酸，随体循环到各组织中参加三羧酸循环，氧化释放能量供给动物体需要，同时也产生二氧化碳和水；还有部分乙酸被输送到乳腺，用以合成乳脂肪。

2. 消化与代谢特点 反刍动物主要消化场所在瘤胃，靠微生物酶的作用进行。其次在小肠，靠消化酶进行；既可以大量利用无氮浸出物，也可以大量利用粗纤维；以挥发性脂肪酸代谢为主，以葡萄糖代谢为辅。

3. 影响瘤胃内挥发性脂肪酸浓度变化的因素 瘤胃发酵产生的各种挥发性脂肪酸，因日粮组成、微生物区系等因素而异。对于肉牛，提高饲粮中精料比例或将粗料磨成粉碎状饲喂，则瘤胃中产生的乙酸减少，丙酸增多，有利于合成体脂肪，提高日增重和改善肉质。对于奶牛，增加饲粮中优质粗饲料的供给量，则形成的乙酸多，有利于形成乳脂肪，提高乳脂率。

4. 瘤胃碳水化合物发酵的利弊 瘤胃内碳水化合物发酵的好处：一是对宿主动物有显著的供能作用，微生物发酵产生的挥发性脂肪酸总量中，65%～80%由碳水化合物产生；二是植物细胞壁经微生物分解后，不但纤维物质变得可用，而且植物细胞内利用价值高的营养素能得到充分利用。但发酵过程中存在碳水化合物损失，宿主体内代谢需要的葡萄糖大部分由发酵产品经糖原异生供给，使碳水化合物供给葡萄糖的效率显著低于非反刍动物。

（三）碳水化合物的应用

猪、禽类对粗纤维的消化能力差，故日粮中粗纤维含量不宜过多，一般在猪日粮中为4%～8%，鸡日粮中为3%～5%。猪、禽类的日粮中粗纤维含量过高会影响日粮中有机物的消化率，从而影响整个日粮的利用。

马属动物在碳水化合物的消化代谢过程中，既可以进行挥发性脂肪酸代谢，又能进行葡萄糖代谢。马属动物在使役时需要较多的能量，日粮中应增加含淀粉多的精料，休闲时可多供给富含粗纤维的秸秆类饲料。

反刍动物对粗纤维的利用程度大，影响消化道内微生物活性的所有因素均影响粗纤维的利用。粗纤维是反刍动物的一种必需的营养素，正常情况下，粗纤维除具有发酵产生挥发性脂肪酸的营养作用外，对保证消化道的正常功能，维持宿主健康和调节微生物群落都具有重要作用，所以粗饲料应该是反刍动物日粮的主体，一般应占整个日粮干物质的50%以上。奶牛粗饲料供给不足或粉碎过细，轻者影响产奶量，降低乳脂率，重者引起奶牛蹄叶炎、酸中毒、瘤胃不完全角化症、皱胃移位等疾病。日粮中粗纤维水平低于适宜范围时，不利于对能量的利用，并会对动物产生不良影响。奶牛日粮中按干物质计，粗纤维含量约17%或酸性纤维约21%，才能预防因粗纤维摄入不足引起的不良影响。

四、影响粗纤维消化利用的因素

1. 动物种类和年龄 动物种类不同，对粗纤维的消化场所和消化能力也不同。反刍动物消化粗纤维的场所在瘤胃和大肠，马在盲肠和结肠，兔、猪、鸡均在盲肠。反刍动物消化粗纤维的能力最强，高达90%，其次是马、兔、猪，鸡对粗纤维的消化能力最差。同一种动物在不同年龄阶段对粗纤维的消化能力也不同，一般成年动物比幼龄动物消化能力强。不同动物对同一种饲料或同一种动物对不同饲料的粗纤维的消化率也不同。生产实践中，应根据饲料资源情况，将一些含粗纤维多的饲料

喂给草食动物，而猪、禽只能适当喂给优质粗饲料。

2. 饲料种类 同一种动物对不同饲料的消化率不同。如家兔对胡萝卜的消化率为65.3%，对甘蓝叶为75%，对秸秆为22.75%。单一饲料与混合饲料相比，粗纤维的消化率要更低。

3. 日粮蛋白质水平 反刍动物日粮中粗蛋白质的水平是改善瘤胃对粗纤维消化能力的重要因素。如用劣质干草喂羊，粗纤维的消化率为43%，若加10 g缩二脲，粗纤维的消化率可达55.8%。因此，以秸秆类等粗蛋白质含量较少的饲料作为反刍动物主要饲料时，应注意蛋白质营养的供给。

4. 日粮粗纤维和淀粉含量 日粮中粗纤维的含量越高，其本身和日粮中其他有机物的消化率越低。原因是日粮中粗纤维能刺激胃肠蠕动，使食糜在肠道内停留时间缩短，并妨碍消化酶对营养物质的接触，因此可影响饲料中有机物的消化。另外，粗纤维消化率与日粮中淀粉含量有关。一般日粮中粗纤维和淀粉的含量不同，并在一定范围内，随着日粮中粗纤维含量的减少，淀粉含量的增加，日粮中各种有机物的消化率有上升的趋势。

5. 日粮中的矿物质 在反刍动物日粮中，添加适量的矿物质如钙、磷、硫等，可促进瘤胃内微生物的繁殖，从而提高粗纤维的消化率。

6. 粗饲料的加工调制 对含粗纤维多的饲料在饲喂前进行适当加工，可提高粗纤维的消化率。比较常用的方法有秸秆类饲料的碱处理、氨处理。目前最有效的方法是氨化和微生物发酵法。

知识拓展与链接

中国碳水化合物动物营养研究中心

思考与练习

一、填空题

扫码看答案

1. 饲料有机物质中的无氮物质除去__________及__________外，总称为无氮浸出物。

2. 饲料中粗纤维包括纤维素、__________及__________等，是饲料中最难消化的营养物质。

3. 总的来看，猪、禽对碳水化合物的消化和吸收特点，是以淀粉形成__________为主，以__________形成挥发性脂肪酸为辅。

4. 总的来看，反刍动物对碳水化合物的消化和吸收是以形成__________为主，形成__________为辅。

5. 饲料粗纤维在牛瘤胃中经微生物作用可产生__________、__________及丁酸三种挥发性脂肪酸。

6. 饲料中的纤维性物质在进入猪__________不发生变化，转移至__________，经细菌发酵，纤维素被分解成__________。

二、选择题

1. 马、兔对碳水化合物的消化部位是以(　　)为主，(　　)为辅。利用是以(　　)为主，而以(　　)为辅。(　　)

A. 盲结肠，小肠，淀粉形成葡萄糖，CF形成的挥发性脂肪酸

B. 盲结肠，小肠，CF形成的挥发性脂肪酸，淀粉形成葡萄糖

C. 小肠，盲结肠，淀粉形成葡萄糖，CF形成的挥发性脂肪酸

D. 小肠，盲结肠，CF形成的挥发性脂肪酸，淀粉形成葡萄糖

2. 下列哪种物质不属于无氮浸出物？（　　）

A. 半乳糖　　B. 淀粉　　C. 木质素　　D. 蔗糖

3. 不溶于72%硫酸的物质是（　　）。

A. 纤维素　　B. 木质素　　C. 半纤维素　　D. 木聚糖

4. 单胃家畜（禽）消化道内淀粉消化的最终产物和吸收的主要形式是（　　）。

A. 葡萄糖　　B. 乙酸　　C. 丙酸　　D. 丙三醇

5. 单胃动物对饲料中碳水化合物的消化是从（　　）开始的。

A. 大肠　　B. 小肠　　C. 胃　　D. 口腔

6. 反刍动物对碳水化合物的消化主要在瘤胃内进行，对碳水化合物的消化吸收以最终形成（　　）为主。

A. 葡萄糖　　B. 氨基酸　　C. 二氧化碳　　D. 挥发性脂肪酸

三、判断题

1. 反刍家畜淀粉消化的主要部位是在小肠，消化的终产物是葡萄糖。（　　）

2. 瘤胃分泌纤维素酶，因而瘤胃是反刍家畜消化纤维素的场所。（　　）

3. 猪采食饲料后，在胃中进行着淀粉的消化。（　　）

4. 饲料中粗纤维含量升高，营养物质消化率降低。（　　）

5. 粗纤维中所有成分动物都不能利用。（　　）

四、问答题

1. 简述反刍家畜对淀粉的利用特点。

2. 简述粗纤维在动物饲养中的作用。

3. 简述反刍家畜对粗纤维的利用特点。

任务五　脂肪与动物营养

扫码学课件

1-5

任务目标

- 掌握脂肪的营养生理功能。
- 掌握脂肪的消化吸收和代谢。
- 掌握饲料脂肪对动物产品脂肪的影响。

情景导入

情景分析

当我们肚子饿了，又来不及吃东西的时候，是什么提供给我们能量让我们不至于出现低血糖，造成身体各部分缺乏能量而昏倒？还有，冬眠动物在整个冬季不吃不喝，为什么能保持正常生命？脂肪是如何分解供能的？让我们带着这样一些问题走进脂肪与动物营养知识的学习。

脂肪广泛存在于动、植物的组织中，不溶于水，但可溶于非极性有机溶剂（如苯、乙醚等）。它是动物营养中的一类重要的营养素。在常规饲料分析中，它属于乙醚浸出物，包括真脂肪和类脂肪，统称为粗脂肪。

一、脂肪的组成及理化性质

（一）脂肪的组成

脂肪除少数复杂的外，均由碳、氢、氧三种元素组成。据其结构的不同，一般可分为真脂肪和类脂肪两大类。真脂肪是由 1 分子甘油和 3 分子脂肪酸组成的酯类化合物，又称为甘油三酯。其化学通式见图 1-2。

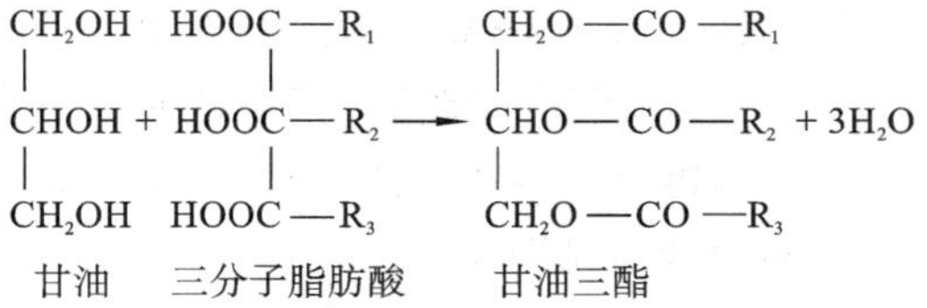

$$
\begin{array}{l}
CH_2OH \\
| \\
CHOH \\
| \\
CH_2OH
\end{array}
+
\begin{array}{l}
HOOC-R_1 \\
| \\
HOOC-R_2 \\
| \\
HOOC-R_3
\end{array}
\longrightarrow
\begin{array}{l}
CH_2O-CO-R_1 \\
| \\
CHO-CO-R_2 \\
| \\
CH_2O-CO-R_3
\end{array}
+3H_2O
$$

甘油　三分子脂肪酸　甘油三酯

图 1-2　甘油三酯化学通式

其中 3 分子脂肪酸有的相同，称为同酸甘油酯；有的不同，称为异酸甘油酯。

构成脂肪的脂肪酸种类很多，自然界已发现有 100 多种，绝大多数是偶数碳原子的直链脂肪酸，包括饱和脂肪酸和不饱和脂肪酸。

脂肪酸分子结构中两个碳原子以单键（—C—C—）相接，就是饱和脂肪酸，如果两个碳原子以双键（—C═C—）结合，就是不饱和脂肪酸。脂肪酸结构通式用 Cx∶y 来表示，x 代表碳原子数目，y 代表不饱和双键数目。例：幼龄动物所需的必需脂肪酸中，亚油酸为 C 18∶2，亚麻酸为 C 18∶3，花生四烯酸为 C 20∶4 等。

常温下，脂肪在形态上有固体和液体两种，脂肪含不饱和脂肪酸越多，硬度越小，熔点越低，在常温下呈液体，大多数植物脂肪均属此类，例如玉米油、花生油等。而动物脂肪因含不饱和脂肪酸少，故呈固体状态。

类脂肪由甘油、脂肪酸、磷酸、糖或其他含氮物质结合而成。它不是真脂肪，但其结构或性质与真脂肪接近，主要包括磷脂、糖脂、固醇及蜡。

磷脂是一种复合脂肪，结构上含有磷酸、甘油和脂肪酸，还有含氮的有机碱。它是动植物细胞的重要组成成分，其中以卵磷脂、脑磷脂和神经磷脂最为重要。

糖脂是一类含糖的脂肪，其分子不含磷酸，但含有脂肪酸、半乳糖及神经氨基醇。主要存在于动物外周神经和中枢神经。

蜡是由高级脂肪酸与高级一元醇所生成的酯。一般为固体，不易水解，无营养价值。主要存在于动物的毛、羽中而具有一定的防水性。

固醇是一类高分子一元醇，在动植物中分布很广，其中最重要的有胆固醇和麦角固醇。

（二）脂肪的理化性质

脂肪中不饱和脂肪酸易氧化，在高温、有阳光、潮湿的环境及有氧化剂条件下极易酸败，在饲料贮存及动物产品加工过程中应注意此情况。不饱和脂肪酸氢化后变为饱和脂肪酸，硬度增加。

一般情况下，脂肪有如下性质。

1. 脂肪的水解作用　脂肪在酸或碱的作用下水解为甘油和脂肪酸。动植物体内的脂肪在脂肪酶催化下发生水解，这类水解所产生的脂肪酸大多数无臭无味，对脂肪营养价值无影响，但有些水解产生的低级脂肪酸，如丁酸和乙酸有特殊异味和酸败味，影响动物适口性。

脂肪水解时，如有碱类存在，则脂肪酸皂化而形成肥皂。脂肪酸皂化时所需的碱量，称为皂化价。见图 1-3。

2. 脂肪的氧化酸败　脂肪如暴露在空气中，经光、热、湿和空气的作用，或经微生物氧化生成过氧化物，再继续分解产生低级的醛、酮、酸等化合物，同时释放出令人不快的气味和味道，称为脂肪氧化酸败。

脂肪氧化酸败不但产生不良气味，影响动物适口性，而且在氧化过程中产生的中间产物过氧化

$$
\begin{array}{l}
CH_2-O-CO-R \\
\quad | \\
CO-O-CO-R \\
\quad | \\
CH_2-O-CO-R
\end{array}
+3KOH \longrightarrow
\begin{array}{l}
CH_2OH \\
\quad | \\
CHOH \\
\quad | \\
CH_2OH
\end{array}
+3R-COOK
$$

脂肪　　　　　　　　甘油　　　肥皂

图 1-3　脂肪的皂化

$$
\begin{array}{l}
CH_3 \\
| \\
(CH_2)_7 \\
| \\
CH \\
\| \\
CH \\
| \\
(CH_2)_7 \\
| \\
COOH
\end{array}
+
\begin{array}{c}
H \\
| \\
H
\end{array}
\longrightarrow
\begin{array}{l}
CH_3 \\
| \\
(CH_2)_{16} \\
| \\
COOH
\end{array}
$$

油酸　　　　　　硬脂酸

图 1-4　脂肪氢化作用

物还会破坏脂溶性维生素，降低脂肪和饲料的营养价值。

3. 脂肪的氢化作用　在催化剂或酶的作用下，不饱和脂肪酸的双键与氢发生加成反应，变成单键，则由不饱和脂肪酸变为饱和脂肪酸。见图 1-4。

脂肪发生氢化作用后硬度增加，有利于贮存，不易氧化酸败，但会损失必需脂肪酸。不饱和脂肪酸与碘原子加成反应，1 个不饱和双键结合 2 mol 碘原子，100 g 脂肪所能吸收碘的克数为碘价。碘价越高，脂肪的不饱和程度越高。

二、脂肪的消化代谢

脂类物质是非极性的，不溶于水。其消化代谢可简单概括为：脂类水解→水解产物形成可溶的微粒→小肠黏膜摄取微粒→小肠黏膜细胞中重新合成甘油三酯→甘油三酯进入血液循环。

（一）非反刍动物

1. 消化　非反刍动物对脂肪的消化主要是在小肠，在脂肪酶的作用下进行。胃黏膜也能分泌少量脂肪酶，但因脂肪必需先经乳化才能水解，且胃中酸性环境也不利于脂肪的乳化，故脂肪在胃中不易消化。饲料脂肪进入小肠后与大量胰液、胆汁、肠液混合，在肠蠕动作用下，脂肪乳化，与胰脂肪酶在水-油交界面上充分接触，脂肪水解为游离脂肪酸和甘油一酯；磷脂由磷脂酶水解为溶血性卵磷脂；胆固醇由固醇酯酶水解为胆酸和脂肪酸。甘油一酯、脂肪酸、胆酸三者可聚合在一起形成水溶性适于吸收的混合乳糜微粒。

2. 吸收　在小肠内形成的混合乳糜微粒，到达十二指肠和空肠等主要吸收部位，并与肠绒毛膜接触时破裂，其中胆盐滞留于肠道中，而游离脂肪酸、甘油一酯、溶血性卵磷脂、胆酸等透过细胞膜而被吸收，并在黏膜上皮细胞内重新合成甘油三酯、磷脂、固醇等。胆盐吸收情况各有不同，例如猪等哺乳动物主要在回肠以主动方式吸收，胆酸在空肠以被动方式吸收；禽整个小肠能主动吸收胆盐，但回肠吸收较少。各种动物吸收的胆汁，经门静脉血到肝脏再分泌重新进入十二指肠，形成胆汁肠肝循环。

饲料脂肪在消化道后段的消化与瘤胃相似，但作用小。

3. 代谢　黏膜上皮细胞内合成的甘油三酯、磷脂、固醇与特定蛋白质结合，形成直径 0.1～0.6 μm 的乳糜微粒和极低密度脂蛋白，并通过淋巴系统进入血液循环，沉积于脂肪组织或动物产品中。

4. 特点　猪消化吸收脂肪的主要部位是空肠，通过胆汁、胰脂肪酶、肠脂肪酶的作用，脂肪水解为游离脂肪酸、甘油一酯、溶血性卵磷脂、胆酸等。家禽主要在肝脏合成脂肪，家畜主要在脂肪组织（皮下和腹腔）中或肌纤维间合成。饲料中脂肪性质直接影响到猪禽的体脂肪品质，例如在猪的催肥期，饲喂含不饱和脂肪酸的植物性饲料（如玉米），可使体内的不饱和脂肪酸含量显著提高，导致猪的体脂变软，得到的猪肉易酸败，肉品质下降。故在猪催肥期多喂麦类、薯类等富含淀粉的饲料，既可保证猪肉品质，又可降低饲养成本。

马、兔消化道后段也有与瘤胃相似的细菌，但作用小。因饲料脂肪在进入消化道后段之前，大部分已在小肠消化吸收，所以马、兔体脂肪品质也受饲料脂肪性质的影响。

（二）反刍动物

一般情况，幼龄反刍动物（断奶前）对乳脂的消化吸收与单胃动物相似，随着瘤胃不断发育成熟，

脂肪消化吸收与非反刍动物不同。

1. 消化 反刍动物的饲料中的脂肪主要以粗饲料和谷物中的甘油三酯、半乳糖甘油酯和磷脂这类含量较多的不饱和脂肪酸为主。当这类饲料进入瘤胃后，在瘤胃微生物作用下水解成游离脂肪酸、甘油和半乳糖，还可进一步经微生物发酵生成挥发性脂肪酸（乙酸、丙酸、异丁酸、戊酸等）；又因瘤胃中微生物对饲料脂肪进行氢化作用，大部分不饱和脂肪酸可变为饱和脂肪酸。所以饲料脂肪性质对反刍动物的体脂品质影响不大。

饲料脂肪经过瓣胃和网胃时，基本不发生变化；在皱胃时，还未消化的饲料脂肪与微生物、胃液混合，其消化与非反刍动物相似；如还有未消化的饲料脂肪进入盲肠、结肠，消化与瘤胃相似。

饲料脂肪进入十二指肠后，胰脂肪酶将甘油三酯水解为游离脂肪酸和甘油一酯；半乳糖甘油酯先水解成半乳糖、脂肪酸和甘油，甘油再转化为挥发性脂肪酸。成年反刍动物小肠中混合微粒与单胃动物小肠中混合微粒不同，反刍动物小肠中混合微粒由溶血性卵磷脂、脂肪酸及胆酸构成。

2. 吸收 瘤胃中产生的短链脂肪酸主要通过胃壁吸收。小肠中产生的混合微粒中长链脂肪酸主要在呈酸性环境的空肠前段被吸收，混合微粒中的其他脂肪酸主要在空肠中后段被吸收。

3. 代谢 通过瘤胃壁吸收的挥发性脂肪酸代谢与碳水化合物代谢相同；通过小肠吸收的游离脂肪酸、甘油一酯、溶血性卵磷脂、胆酸等的代谢与非反刍动物脂肪代谢一致。

4. 特点 反刍动物采食不饱和脂肪酸含量高的饲料后，不饱和脂肪酸在瘤胃被微生物氢化形成饱和脂肪酸，最终以饱和脂肪酸形态沉积为体脂，这样其体脂具有硬度大、熔点高、饱和脂肪酸含量高的特点。故反刍动物的体脂性质受饲料脂肪性质影响小，但饲料脂肪对乳脂合成有重要影响，饲料脂肪一定程度上可直接进入乳腺，不经变化而形成乳脂肪。因此，饲料脂肪性质与乳脂品质密切相关。例如：以大豆饲喂奶牛时，黄油质地较软；如饲喂大麦粉、豌豆粉等时，黄油质地坚实。

三、脂肪的营养生理功能

（一）脂肪是动物供给能量和贮存能量的最好形式

脂肪主要给动物机体供给热能，含能值高，1 g 脂肪在体内分解成二氧化碳和水并产生 38 kJ（9 kcal）能量，比 1 g 碳水化合物或蛋白质产能高 2.25 倍。

动物摄入有机物质过多时，可转化成体脂形式贮存起来，而且体脂以较小体积贮藏较多的能量，是动物贮存能量的最佳方式，对于放牧动物安全越冬具有非常重要的作用。

（二）脂肪是构成动物体组织的重要成分且是构成动物产品的成分

动物各种组织器官，例如皮肤、肌肉、神经、血液及内脏器官都含有脂肪，主要是固醇类和磷脂等。

动物产品如肉、蛋、奶及毛发、羽绒等都含有脂肪。饲料中缺乏脂肪会影响动物产品的形成和品质。

（三）脂肪是脂溶性维生素的溶剂

脂溶性维生素（维生素 A、维生素 D、维生素 E、维生素 K），在动物体内必须溶于脂肪，才能被消化吸收利用。日粮中脂肪不足，造成脂溶性维生素不能被消化吸收利用，最终可能导致动物脂溶性维生素的缺乏。

（四）脂肪为动物提供必需脂肪酸

必需脂肪酸是指对动物体内不能合成，但维持动物机体功能不可缺少，必须由饲料供给的脂肪酸。通常包括亚油酸、亚麻酸和花生四烯酸，它们对于幼龄动物具有重要作用。亚油酸必须由日粮提供，亚麻酸和花生四烯酸可通过日粮提供，也可通过足量的亚油酸在体内转化而成。故在动物日粮配方中主要考虑亚油酸的含量就能满足必需脂肪酸需要。日粮中亚油酸含量达 1%即能满足禽类的需要，各阶段猪需要 0.1%亚油酸，一般日粮中玉米（玉米含 0.2%亚油酸）用量达 50%以上就可满足各阶段猪对亚油酸的需要。

（五）脂肪对动物具有保护作用

脂肪不传热，皮下脂肪能防止热量的散失，在寒冷季节有利于动物维持体温的恒定和抵御寒冷；另外，脂肪充填于脏器周围，具有固定和保护器官以及缓冲外力冲击的作用。

四、饲料脂肪对动物产品品质的影响

（一）饲料脂肪对肉脂肪的影响

1. 单胃动物 单胃动物因无瘤胃，不能把不饱和脂肪酸通过氢化作用转化为饱和脂肪酸。故它所采食饲料中脂肪性质直接影响体脂肪品质，例如在猪的催肥阶段，喂给含不饱和脂肪酸多的脂肪（例如玉米）饲料，则猪体脂肪变软，所得猪肉易于酸败，影响猪体品质；所以猪催肥期间应多喂富含淀粉的饲料，则猪体脂肪变硬，品质好。饲料脂肪对鸡体脂肪的影响与猪相似。

马属动物的盲肠虽然具有与瘤胃一样的微生物消化作用，能将饲料中不饱和脂肪酸经氢化转为饱和脂肪酸，但饲料中脂肪在进入盲肠之前，大部分已经在小肠消化吸收形成体脂（未经氢化），故饲料脂肪对马属动物体脂肪影响与猪大部分相似。

2. 反刍动物 因反刍动物的瘤胃微生物能将饲料中不饱和脂肪酸氢化为饱和脂肪酸，所以反刍动物体脂肪中饱和脂肪酸含量高，较坚硬，品质较好。即反刍动物体脂肪受饲料脂肪影响较小。

（二）饲料脂肪对乳脂肪的影响

因饲料脂肪在一定程度上可直接进入乳腺，一些成分可不经变化而形成乳脂肪。故饲料脂肪性质与乳脂肪品质直接相关。

（三）饲料脂肪对蛋黄脂肪的影响

在卵黄发育过程中有一半的蛋黄脂肪，摄取经肝脏的血液中的脂肪而合成，故蛋黄脂肪品质受饲料脂肪影响大。例如硬脂酸形成的蛋黄中脂肪会产生不适宜气味，影响蛋黄品质。

知识拓展与链接

反刍动物日粮中添加脂类的作用

思考与练习

扫码看答案

一、填空题

1. 脂肪一般由________、________、________三种元素组成，可分为________、________两大类。

2. 脂肪的性质包括________、________、________。

3. 必需脂肪酸主要有________、________、________三种。

二、选择题

1. 幼龄动物的必需脂肪酸包括（　　）。（多选）

A. 油酸　　B. 亚油酸　　C. 亚麻酸　　D. 花生四烯酸

2. 脂肪理化性质中不利于脂肪贮存的是（　　），有利于脂肪贮存的是（　　）。（多选）

A. 水解作用　　B. 加成作用　　C. 氢化作用　　D. 酸败作用

Note

三、分析题

根据猪对脂肪的消化代谢特点，考虑到猪肉品质和成本，催肥期猪的日粮中能量饲料如何供给？

任务六　矿物质与动物营养

扫码学课件
1-6

任务目标

- 掌握矿物质的营养生理功能。
- 能判别各种矿物质的缺乏症。

案例引导

某猪场仔猪在5日龄出现食欲不振、皮肤和黏膜苍白、皮毛粗糙、虚弱、瘦弱的情况，饲养人员给仔猪及时补铁后症状有所缓解。由实际生产中的案例可见，矿物质缺乏会严重影响畜禽正常生长发育。由此，我们必须认识到矿物质的重要营养生理功能，会判别不同矿物质缺乏症，在生产中满足畜禽对矿物质的营养需要。

一、矿物质营养概述

矿物质是一类无机营养物质，存在于动物体的各种组织器官中，与动物生存和生产联系密切，广泛参与机体各种代谢。除碳、氢、氧、氮四种元素主要以有机化合物的形式存在外，其余各种元素无论含量多少，统称为矿物质或矿物质元素。

（一）动物体内矿物质含量

动物体内矿物质含量约为4%，其中5/6存在于骨骼和牙齿中，其余1/6分布于身体的各个部位。

动物体内矿物质的含量分布特点：①按无脂空体重基础表示，每个元素在各种动物体内的含量相近，常量元素近似程度更大；②体内电解质类元素（钠、钾、氯）含量从胚胎期到发育成熟，各个阶段都比较稳定；③不同组织器官中元素，依其功能不同而含量不同。例如钙、磷是骨骼的主要组成成分，因此，骨中钙、磷含量丰富。铁主要存在于红细胞中。动物肝中微量元素含量普遍比其他器官高。

矿物质按在动物体内含量或需要不同分为以下两类。

1. 常量元素　一般指在动物体内含量≥0.01%的元素。主要包括钙、磷、钠、钾、氯、镁、硫7种元素。

2. 微量元素　一般指在动物体内含量<0.01%的元素。目前查明的必需微量元素有铁、铜、锰、锌、碘、硒、钴、钼、氟、铬、硼。铝、钒、镍、锡、砷、铅、锂、溴8种元素在动物体内的含量非常低，在实际生产中基本上不出现缺乏症。

（二）矿物质的营养生理功能

（1）参与体组织构成，如钙、磷、镁以其相应盐的形式存在，是骨和牙齿的主要组成部分。

（2）维持膜通透性、神经肌肉兴奋性。

（3）维持体内电解质平衡和酸碱平衡，如Na^+、K^+、Cl^-等。

（4）作为酶的组成成分（如锌、锰、铜、硒等）和激活剂参与体内物质代谢。

（5）作为激素组成，参与体内的代谢调节，如碘。

（三）矿物质的营养特性

1. 剂量反应曲线 矿物质具有两面性：营养作用与毒害作用，取决于剂量。其低限为最低需要量，高限为最大耐受量。当矿物质缺乏到一定低限后，会出现临床症状或亚临床症状，超过最大耐受量则会出现中毒症状。

2. 化学食物链 动物的矿物质营养与环境之间存在着密切关系。岩石、土壤、大气、水、植物和动物、人之间构成一个不可分割的整体的食物链，而气候、季节、施肥与田间管理、耕作、制作和环境污染等则间接地影响动物矿物质营养。因此，动物矿物质有关疾病及矿物质本身都带有明显的地区性，有些还有季节性。

（四）矿物质代谢

矿物质在体内以离子形式被吸收，主要吸收部位是小肠和大肠前段，反刍动物瘤胃可吸收一部分。矿物质元素排出方式随动物种类和饲料组成而异，反刍动物主要通过粪便排出钙、磷，而单胃动物主要通过尿排出钙、磷。动物生产也是排泄矿物质的主要途径之一。

二、常量元素的营养

（一）钙和磷(Ca 和 P)

1. 含量与分布 钙和磷是体内含量最多的矿物质，占体重的1%～2%，99%的钙和80%的磷存在于骨骼和牙齿中，其余存在于软组织和体液中。骨骼中含水45%，蛋白质20%，脂肪10%，灰分25%，灰分中钙占36%，磷占18%。

2. 营养生理功能

(1) 钙：构成骨骼与牙齿，维持神经肌肉兴奋性，维持膜的完整性。

(2) 磷：构成骨骼与牙齿，参与核酸代谢与能量代谢，维持膜的完整性，参与蛋白质代谢。

3. 缺乏与过量

(1) 缺乏。动物典型的钙和磷缺乏症为骨骼病变，有佝偻病、骨质疏松症和产后瘫痪。磷缺乏时，出现异嗜癖。

①佝偻病：幼龄生长动物钙、磷缺乏所表现出的一种典型营养缺乏症。表现：骨端粗大，关节肿大，四肢弯曲，呈“X”形或“O”形，肋骨有“念珠状”突起。幼猪多呈犬坐姿势，严重时后肢瘫痪。犊牛四肢畸形、弓背。幼年动物在冬季舍饲期喂钙少磷多的精料，又很少接触阳光时最易出现这种症状。

②骨软症：成年动物钙、磷缺乏所表现出的一种典型营养缺乏症。此症发生于妊娠后期与产后母畜、高产奶牛和产蛋鸡。饲粮中缺少钙、磷或比例不当，为供给胎儿生长或产奶、产蛋的需要，动物过多地动用骨骼中的贮备，造成骨质疏松、多孔呈海绵状，骨壁变薄，容易在骨盆骨、股骨和腰间部椎骨处发生骨折。母牛、母猪常于分娩前后瘫痪。母鸡胸骨变软，翼和足易折断，严重时引起死亡。

③骨质疏松症：成年动物的另一种钙、磷营养代谢性疾病。患骨质疏松症的动物，骨中矿物质含量均正常，只是骨中的绝对总量减少而造成的功能不正常。动物生产中出现骨质疏松症的情况很少见。在实际生产中，对成年动物钙、磷营养缺乏症往往不严格区别骨软症和骨质疏松症，两种叫法可互换。

④产后瘫痪：又名产乳热，是高产奶牛因缺钙引起内分泌功能异常而产生的一种营养缺乏症。在分娩后，产奶对钙的需要量突然增加，甲状旁腺素、降钙素的分泌不能适应这种突然变化，在缺钙时则引起产后瘫痪。

(2) 过量。动物对钙、磷有一定的耐受力。在一般情况下，由于过量直接造成中毒是少见的，但超过一定限度，可降低生产力。过量的钙与其他营养素之间的相互作用可造成有害影响。高钙与磷、镁、铁、碘、锌、锰等相互作用可导致这些元素缺乏而出现缺乏症，如高钙低锌可导致缺锌，出现皮肤不完全角化症。高磷与高钙类似，长期摄入高于正常需要量2～3倍的磷会引起钙代谢变化或其他继发性机能异常。如高磷使血钙降低，继而刺激副甲状腺分泌量增加(为了调节血钙)，引起副甲状腺机能亢进。

4. 来源与供应 植物饲料钙少磷多，但磷有一半左右为植酸磷，饲料总磷利用率一般较低，猪为 20%～60%，鸡为 30%，反刍动物可较好利用植酸磷。动物性饲料和矿物质饲料中钙含量较高。钙、磷的常用补充料有骨粉、磷酸氢钙、磷酸钙、碳酸钙、石粉等。

维生素 D 是保证钙、磷有效吸收的基础，供给充足的维生素 D 可降低动物对钙磷比的严格要求，保证钙、磷吸收和利用。长期舍饲的动物，特别是高产奶牛和蛋鸡，因钙、磷需要量大，维生素 D 的供给显得更重要。

（二）镁(Mg)

1. 含量与分布 动物体内含镁约 0.05%，其中 60%～70%存在于骨中，镁占骨灰分的 0.5%～1.0%，其余 30%～40%存在于软组织中。

2. 营养生理功能 构成骨骼与牙齿；作为酶的活化因子或直接参与酶组成，如磷酸酶、氧化酶、激酶、肽酶和精氨酸酶等；参与核酸和蛋白质代谢；调节神经肌肉兴奋性；维持心肌正常功能和结构。

3. 缺乏与过量

(1) 缺乏。非反刍动物需镁量低，约占日粮的 0.05%，一般饲料均能满足需要；反刍动物需镁量高于单胃动物，易出现镁缺乏症。反刍动物镁缺乏症主要分为两种类型：一种是主要发生于土壤中缺镁地区的犊牛和羔羊，主要症状为痉挛，故也称为“缺镁痉挛症”；另一种是早春放牧的反刍动物，由于采食含镁量低、吸收率又低的青牧草而发生的缺镁症，称为“草痉挛”，主要表现为神经过敏、肌肉痉挛、呼吸弱、抽搐甚至死亡。犊牛在食用低镁人工乳时，也会引起低镁血症，其临床症状与草痉挛相似。

(2) 过量。镁过量可使动物中毒。主要表现为昏睡、运动失调、拉稀、采食量下降、生产力降低，严重时死亡。鸡日粮含镁量高于 1%时，表现为生长缓慢、产蛋率下降、蛋壳变薄。

4. 来源与供应 常用饲料含镁丰富，不易缺乏，糠麸、饼粕和青绿饲料中含镁丰富，块根和谷实饲料也含较多镁。缺镁时，可用硫酸镁、氯化镁、碳酸镁补饲。

（三）钠、钾、氯(Na、K、Cl)

1. 含量与分布 高等哺乳动物体内钠、钾、氯含量按无脂干物质计算，含钠 0.15%，钾 0.30%，氯 0.1%～0.15%。钾主要存在于细胞内，钠、氯主要存在于体液中。

2. 营养生理功能 为体内主要电解质，参与维持细胞内外渗透压，调节体内酸碱平衡和控制水盐代谢；与其他离子协同维持神经肌肉兴奋性；在养分的消化吸收中具有重要作用，如钠参与瘤胃酸的缓冲作用，钾参与碳水化合物代谢，氯参与胃酸形成；提供酶发挥正常活性的必要条件或作为酶的活化因子，发挥广泛的生理作用。

3. 缺乏与过量

(1) 缺乏。钠易缺乏，钾不易缺乏。缺乏 NaCl 时出现异嗜癖，长期缺乏出现神经肌肉(心肌)病变。奶牛缺钠初期有严重的异食癖，对食盐特别有食欲，随缺钠时间的延长则出现厌食，被毛粗糙，体重减轻，同时出现产奶量、乳脂率、奶钠下降等。猪缺钠可导致相互咬尾或同类相残。产蛋鸡缺钠易形成啄癖。重役动物由汗液排出大量钠和氯，缺少食盐时，可发生急性食盐缺乏症，表现为神经肌肉活动失常、心脏功能紊乱，甚至死亡。

(2) 过量。动物在饮水受限，食盐摄入过量时可引起中毒。猪和鸡对食盐过量较为敏感，容易发生食盐中毒。食盐中毒时会引起腹泻、口渴，产生类似脑膜炎的神经症状。钾过量，会干扰镁的吸收和代谢，出现低镁性痉挛。

4. 来源与供应 除鱼粉、酱油渣等含盐饲料外，多数饲料中均缺乏钠和氯，通常不能满足动物的需要，特别是钠。食盐是供给动物钠和氯的最好来源。钾在植物性饲料中含量高，尤其是幼嫩植物中含钾丰富，玉米酒糟、甜菜渣含钾少。

（四）硫(S)

1. 含量与分布 动物体内约含 0.15%的硫，大部分以有机硫形式存在于肌肉组织、骨骼和牙齿

中,少量以硫酸盐形式存在于血液中。有些蛋白质如毛、羽中含硫量高达4%。

2. 营养生理功能 硫以含硫氨基酸形式参与被毛、羽毛、蹄爪等角蛋白合成;硫是硫胺素、生物素和胰岛素的成分,参与碳水化合物代谢;硫以黏多糖的成分参与胶原蛋白和结缔组织代谢。

3. 缺乏与过量

(1) 缺乏。硫不易缺乏,只在反刍动物大量利用非蛋白氮时可能不足。缺硫时会出现采食量下降,消瘦,毛蹄生长不良,纤维素利用率下降,非蛋白氮利用率下降。日粮氮硫比大于10∶1(奶牛12∶1)时,会出现缺乏症。

(2) 过量。硫过量很少发生,无机硫添加剂用量高于0.3%~0.5%时会导致厌食、体重下降、便秘、腹泻等症状,严重时可导致死亡。

4. 来源与供应 蛋白质饲料中硫含量较高,鱼粉、肉粉、血糖含硫量为0.35%~0.85%,饼粕0.25%~0.40%,禾谷类及糠麸为0.15%~0.25%,块根、块茎作物较缺乏,不足时可用硫酸盐或硫化物补充。

三、微量元素的营养

(一) 铁(Fe)

1. 含量与分布 动物体内含铁30~70 mg/kg,其中60%~70%存在于血红蛋白中,3%存在于肌球蛋白中,不足1%为铁转运化合物,其余为贮备铁,主要以铁蛋白形式贮存于肝脏、脾脏和骨髓。

2. 营养生理功能 铁是合成血红蛋白和肌红蛋白的原料;Fe^{2+}或Fe^{3+}是酶的活化因子,参与机体内的物质代谢及生物氧化过程,催化各种生化反应;铁与免疫机制有关,具有生理防卫功能,可预防机体感染疾病。

3. 缺乏与过量

(1) 缺乏。成年动物不易缺铁。哺乳幼畜,尤其是仔猪容易发生缺铁症。铁的典型缺乏症为贫血,表现为食欲不良,虚弱,皮肤和黏膜苍白,皮毛粗糙,生长慢,严重者3~4周龄死亡。雏鸡严重缺铁时心肌肥大。铁不足时,直接损伤淋巴细胞的生成,影响机体内含铁球蛋白类的免疫性能。

(2) 过量。各种动物对铁过量的耐受能力都较强,因此,生产中因铁摄入过量所致中毒相当少见。过量铁(>400毫克/头)会引起仔猪死亡。反刍动物对过量铁更敏感,饲料铁达400 mg/kg时,肥育牛增重量减少。铁耐受量一般为猪3000 mg/kg、牛和禽1000 mg/kg、绵羊500 mg/kg。

4. 来源与供应 青草、干草及糠麸、动物性饲料(奶除外)均含铁,但利用率低,仔猪常在3日龄左右补铁。常用的补铁原料为$FeCl_2$、$FeSO_4$、葡聚糖铁。

(二) 铜(Cu)

1. 含量与分布 动物体内平均含铜量为2~3 mg/kg,绝大部分存在于肌肉和骨骼,20%存在于肝脏,5%~10%存在于血液。肝是主要的贮铜器官,一般将肝铜含量作为评估铜状况指标。

2. 营养生理功能

(1) 作为金属酶的组成部分直接参与体内多种代谢途径。

(2) 与机体的造血过程密切相关。铜主要通过影响铁的吸收、转运、释放和利用来影响造血,促进血红蛋白的合成和红细胞的成熟。

(3) 参与骨骼的形成。铜是形成骨细胞、胶原蛋白和弹性蛋白不可缺少的元素。

(4) 影响动物被毛生长、色素沉着。

(5) 铜与动物的繁殖活动和免疫反应都有着密切的关系。铜对维持动物的妊娠过程、繁殖率及种蛋的孵化率均有影响。

3. 缺乏与过量

(1) 缺乏。放牧牛、羊容易缺铜,猪、禽等基本上不出现。缺乏时主要表现出与缺铁相似的贫血,补铁不能消除。缺铜的猪、禽骨骼异常,易发生骨折或骨畸形,但牛、羊少见。猪、禽、牛缺铜,导致心血管弹性蛋白弹性下降,严重的可引起血管破裂而死亡。一些地区性缺铜会出现神经症状,羔

Note

羊表现为共济失调，初生瘫痪。动物缺铜（猪除外）表现出被毛，特别是黑色和灰色毛脱色，绵羊缺铜使毛的弯曲度降低或消失。缺铜还可能出现繁殖性能降低与腹泻。

（2）过量。铜过量可引起中毒，猪对铜中毒耐受力和牛相当，羊最差。中毒症状是由于肝铜积聚，铜从肝释放入血，使红细胞溶解，动物出现尿血和黄疸症状，组织坏死，甚至死亡。近年，在生长猪饲粮中补饲大剂量的铜（150～250 mg/kg），可以起到促进生长和增重，改善肉质，提高饲料转化率的作用，此作用类似抗生素，且高铜与抗生素之间有协同作用。但高铜对猪以外的动物没有明显效果，对反刍动物甚至有害。

4. 来源与供应 牧草、谷实糠麸和饼粕饲料含铜量较高，玉米和秸秆含铜量低，但与土壤铜、钼状况有关，缺铜地区可施硫酸铜肥，或直接给家畜补饲硫酸铜。

（三）锰（Mn）

1. 含量与分布 动物体内含锰量比其他元素低，总量 0.2～0.5 mg/kg，主要集中在肝、骨骼、肾、胰腺及脑垂体。

2. 营养生理功能 锰参与硫酸软骨素的合成，保证骨骼的发育；锰参与性激素前体胆固醇的合成，与动物繁殖相关；锰是多种酶的激活剂，参与蛋白质、碳水化合物、脂肪及核酸代谢；锰与造血机能密切相关，并维持大脑的正常功能。

3. 缺乏与过量

（1）缺乏。动物缺锰可导致采食量下降、生产力和饲料利用率降低、骨异常、繁殖机能下降、神经受损和共济失调等。主要影响骨骼发育和繁殖功能。禽类典型缺乏症是滑腱症（骨短粗症）和软骨营养障碍。种母鸡缺锰导致鸡胚营养性软骨营养障碍，症状类似滑腱症，蛋壳强度下降。猪缺锰时腿部骨骼异常。

（2）过量。锰过量导致生长受阻、贫血和胃肠道损害，禽耐受力最强，猪最差。

4. 来源与供应 植物性饲料特别是牧草、糠麸含锰丰富，动物性饲料含锰少。一般情况无需补充，幼年动物常用硫酸锰补充。

（四）锌（Zn）

1. 含量与分布 动物体平均含锌 30 mg/kg，其中 50%～60%在骨中，其余广泛分布于身体各部位。

2. 营养生理功能

（1）参与体内酶组成。体内有 200 多种酶含锌，如乳酸脱氢酶、苹果酸脱氢酶、谷氨酸脱氢酶、碱性磷酸酶、羧肽酶、核酸酶，这些酶主要参与蛋白质代谢和细胞分裂。

（2）维持上皮组织和被毛健康，从而使上皮细胞角质化和脱毛。

（3）维持激素正常作用。锌是胰岛素的成分，参与碳水化合物代谢；锌对其他激素的形成、贮存、分泌有影响。

（4）维持生物膜正常结构与功能。

（5）锌与免疫功能有关。

3. 缺乏与过量

（1）缺乏。缺锌动物因食欲低、采食量下降而生产性能降低，出现皮肤和被毛受损、雄性生殖器官发育不良和精子生成停止、母畜繁殖性能降低和骨骼异常等症状。

典型缺乏症是皮肤不完全角化症，以 2～3 月龄仔猪发病率最高，表现为皮肤出现红斑，上覆皮屑，皮肤皱褶粗糙，结痂，伤口难愈合，同时生长不良，骨骼发育异常，种畜繁殖性能下降。一般从四肢内侧、眼、嘴周围和阴囊开始延展至全身。小牛缺锌，多见其口鼻部、颈、耳、阴囊和后肢出现皮肤不完全角化症，还可出现脱毛、关节僵硬和踝关节肿大。羔羊缺锌表现为眼周围和蹄上部出现皮肤不完全角化症，有角羊角环消失，踝关节肿大。生长鸡缺锌表现出严重的皮炎，爪特别明显。

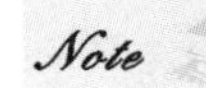

（2）过量。各种动物对过量锌有较强耐受力。反刍动物敏感，锌过量时干扰铁的吸收，出现贫

血、生长不良和厌食。

4. 来源与供应 植物性饲料均含锌，玉米和高粱含锌量较低，块根、块茎最缺乏。动物性饲料锌含量丰富，其他饲料的锌含量一般均超过实际需要量。含锌化合物有硫酸锌、碳酸锌、氧化锌等。

（五）碘(I)

1. 含量与分布 动物体内平均含碘量为 0.2～0.3 mg/kg，其中 70%～80%存在于甲状腺中，血中碘以甲状腺素形式存在，甲状腺素是唯一含无机元素的激素。

2. 营养生理功能 作为甲状腺素成分，参与调节体内代谢和维持体内热平衡，对繁殖、生长发育、红细胞生成和血糖等起调控作用。体内一些特殊蛋白质(如皮毛角质蛋白)的代谢和胡萝卜素转变成维生素 A 都离不开甲状腺素。

3. 缺乏与过量

(1) 缺乏。碘缺乏症多见于幼龄动物，表现为生长缓慢，骨架小，出现“侏儒症”。初生犊牛和羔羊表现为甲状腺肿大；初生仔猪表现为无毛、皮厚与颈粗；妊娠动物缺碘时，胎儿发育受阻，产生弱胎、死胎，或新生胎儿无毛、体弱、成活率低；母牛缺碘时发情无规律，甚至不孕；雄性动物缺碘时，精液品质下降，影响繁殖。

甲状腺肿大是缺碘地区人畜共患的一种常见病，但甲状腺肿不全是缺碘。硫氰酸根离子或高氯酸根离子，可抑制甲状腺的碘化物浓度，造成类似缺碘的后果。

(2) 过量。不同动物对碘的耐受力不同。生长猪可耐受 400 mg/kg，禽 300 mg/kg，牛羊 50 mg/kg。碘过量时，猪出现血红蛋白水平下降，鸡产蛋量下降，奶牛产奶量降低。

4. 来源与供应 具明显的地区性。沿海地区植物中含碘量高于内陆地区，各种饲料均含碘，一般不易缺乏，但妊娠和泌乳动物可能不足。缺碘时可用碘化食盐补饲，或补 KI、KIO_3。

（六）硒(Se)

1. 含量与分布 动物体内含硒 0.05～0.2 mg/kg，主要集中在肝、肾及肌肉中，体内硒一般与蛋白质结合存在。

2. 营养生理功能 作为谷胱甘肽过氧化物酶的组成成分，具抗氧化作用，可保护细胞膜结构和功能的完整性；为胰腺结构和功能必需成分；保证肠道脂酶活性，促进乳糜微粒形成，进而促进脂类及脂溶性维生素的消化吸收。

3. 缺乏与过量

(1) 缺乏。硒缺乏具有明显的地区性。一般是缺硒的土壤引起人畜缺硒。动物缺硒与维生素 E 不足的许多症状相似，其主要症状如下。

①肝坏死：多发生于猪、兔和鼠。仔猪在 3～15 周龄易发生，死亡率高。

②白肌病：各种动物均可发生，多见于幼龄动物，尤以羔羊的发病率较高。牛、羊缺硒主要表现为肌肉营养不良或白肌病。

③渗出性素质病和胰腺纤维变性：鸡缺硒主要表现为渗出性素质病，因体液渗出毛细管积于皮下引起水肿，特别是腹部皮下可见蓝绿色体液积蓄。患病鸡生长慢、死亡率高。胰腺纤维变性是严重缺硒引起胰腺萎缩的病理表现，1 周龄小鸡最易出现，患此病的鸡胰腺分泌的消化液明显减少。

④硒缺乏明显影响繁殖性能。母猪产仔数减少，种鸡产蛋量下降，母羊不育，母牛产后胎衣不下。

(2) 过量。硒的毒性较强，各种动物若长期摄入 5～10 mg/kg 硒可产生慢性中毒，其表现是消瘦、贫血、关节强直、脱蹄、脱毛和影响繁殖等。一次摄入 500～1000 mg/kg 硒可出现急性或亚急性中毒，轻者瞎眼、蹒跚，重者死亡。急性中毒时，动物呼出气体带有蒜味。

4. 来源与供应 饲料含硒量取决于土壤 pH 值，碱性土壤中生长的饲料含硒量高，家畜采食后易中毒，酸性土壤地区的家畜易患缺乏症。缺硒时用 Na_2SeO_3 补充。

（七）钴(Co)

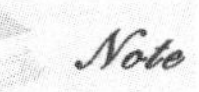

1. 含量与分布 钴在体内分布较均匀。各种动物不存在组织器官集中分布的情况。

2. 营养生理功能 钴的营养生理功能是合成维生素 B_{12}。反刍动物维生素 B_{12} 参与丙酸的降解。维生素 B_{12} 也是某些氮代谢的重要因素。

3. 缺乏与过量

(1) 缺乏。钴缺乏症实际是维生素 B_{12} 缺乏症，表现为食欲差，生长慢，体重下降，消瘦，异食癖，贫血。

(2) 过量。动物对钴耐受力较强，超过需要量 300 倍才导致中毒。非反刍动物的表现是红细胞增多，反刍动物的表现是肝钴含量增高，采食量与体重下降，消瘦，贫血。

知识拓展与链接

其他微量元素简介

思考与练习

扫码看答案

一、填空题

1. 占体重__________以上的矿物质为常量元素，占体重__________以下的矿物质为微量元素。

2. 畜禽日粮缺乏硒，引起__________、__________、__________、__________和__________。

3. 畜禽日粮缺碘，可出现的缺乏症为__________，为避免此缺乏症的发生，在日粮中添加碘化__________。

4. “草痉挛”是由于奶牛在采食大量生长旺盛的青草后导致缺__________。

5. 在猪、鸡微量元素预混物中应含有微量元素铁、__________、__________、__________、碘、硒等。

二、选择题

1. 生长鸡缺锰易患(　　)。

A. 滑腱症　　B. 白肌病　　C. 皮肤不全角化症　　D. 佝偻症

2. 全价日粮中钙与磷的比例应该是(　　)。

A. (0.5～0.8)∶1　　B. (1～2)∶1　　C. (2～3)∶1　　D. (3～4)∶1

3. 缺乏微量元素(　　)时，猪出现皮肤不全角化症，毛、羽发育不良，食欲丧失，生长停滞。

A. 铁　　B. 铜　　C. 锌　　D. 碘

4. 引起贫血的主要元素是(　　)。

A. 钙、磷、铁　　B. 铁、铜、钴　　C. 锰、铜、锌　　D. 镁、硫、铁

5. 碘作为必需微量元素，最主要的功能是参与(　　)的合成，从而调节基础代谢。

A. 肾上腺素　　B. 甲状腺素　　C. 胰岛素　　D. 皮质激素

6. 幼龄动物缺钙易患(　　)。

A. 佝偻病　　B. 骨质疏松症　　C. 钙痉挛　　D. 异嗜癖

7. 微量元素(　　)是微生物合成维生素 B_{12} 的原料，需在反刍家畜日粮中添加。

A. 铁　　B. 锌　　C. 钴　　D. 铜

三、判断题

1. 微量元素硒或维生素 E 缺乏，会导致白肌病。(　　)

Note

2. 动物日粮中钙适量，磷过量时，会造成钙的不足。(　　)
3. 单胃动物可以很好地利用植物性饲料中的磷。(　　)
4. 硒是一种剧毒元素，须慎重使用。(　　)
5. 钙、磷等常量元素是构成动物骨骼的主要元素。(　　)
6. 雏鸡缺少硒和维生素 E 时，可致使大量渗出液在皮下积蓄，患渗出性素质病。(　　)
7. 矿物质不能为机体提供能量。(　　)

四、简答题

1. 为什么仔猪容易发生缺铁性贫血？怎样预防？
2. 综合分析佝偻症与软骨症发生的原因，并结合现场实践提出解决办法。

扫码学课件
1-7

任务七　维生素与动物营养

任务目标

- 了解脂溶性维生素与水溶性维生素的区别。
- 掌握维生素的功能及缺乏症。
- 了解维生素在动物机体内的代谢形式。

案例引导

某鸡场，更换饲料 3 周后，小鸡出现胸脯、腿、翅、腹腔大量出血；同期场内种蛋孵化死胚明显增多，且表现为出血。兽医人员通过对饲料进行检测及对尸体病变进行解剖得出鸡群缺乏维生素。根据以上情况，同学们思考一下，维生素是什么？有什么作用？它们是如何代谢吸收的？

一、维生素的基本特性

维生素是动物所必需的微量营养成分，对维持动物生命活动起着重要的营养生理作用。维生素是动物代谢所必需的一类微量低分子有机化合物。它们不是形成机体各种组织器官的原料，也不是能源物质。它们主要以辅酶和催化剂的形式广泛参与体内代谢的多种化学反应，从而保证机体组织器官的细胞结构和功能的正常，以维持动物健康和各种生产活动。缺乏可引起机体代谢紊乱，影响动物健康和生产性能。

不同种类动物对维生素的需要量有差异。同种动物因其年龄、健康状况、营养状况和生产目的等不同也有差异。反刍动物和单胃动物肠道微生物也能合成部分维生素，但也必须由饲料供给。家禽消化道短，合成量有限。研究表明高产奶牛由于产奶量高，对维生素的需要量比干乳期奶牛和低产奶牛要高。种母鸡要维持高的孵化率，其日粮中的维生素 A 和维生素 E 水平比快速生长的肉仔鸡高。维生素的需要受其来源、饲料结构与成分、饲料加工方式、贮藏时间、饲养方式(如集约化饲养)等多种因素的影响。

已确定的维生素有 14 种，按其溶解性可分为脂溶性维生素和水溶性维生素两大类。脂溶性维生素 4 种，即维生素 A、维生素 D、维生素 E、维生素 K。水溶性维生素 10 种，即硫胺素(维生素 B_1)、核黄素(维生素 B_2)、尼克酸(维生素 B_3)、胆碱(维生素 B_4)、泛酸(维生素 B_5)、维生素 B_6、生物素、叶酸(维生素 B_9)、维生素 B_{12}、维生素 C。

二、脂溶性维生素

脂溶性维生素包括维生素 A、维生素 D、维生素 E、维生素 K，可以从脂溶性食物中提取，含有碳、氢、氧三种元素。脂溶性维生素在消化道随脂肪一同被吸收，吸收的机制与脂肪相同，当外界条件不利于脂肪吸收时，脂溶性维生素的吸收也受到影响。当日粮中含有脂质时，脂溶性维生素被小肠（主要在空肠中）高效吸收。吸收的维生素在肠上皮细胞被组装成乳糜微粒（维生素 A、维生素 D、维生素 E 和维生素 K）和极低密度脂蛋白（VLDL），通过基底外侧膜进入肠淋巴管（哺乳动物和鱼）或门静脉（鸟和爬行动物）。像其他疏水性脂质一样，脂溶性维生素在血液中以与蛋白质结合的形式运输，主要通过胆汁从粪便排出体外。

脂溶性维生素在体内有相当的贮存量，主要贮存在肝脏。机体具备贮存多余的脂溶性维生素的能力，摄入过量的脂溶性维生素可引起中毒、代谢和生长障碍，它们的毒性风险为维生素 A＞维生素 D＞维生素 K＞维生素 E。脂溶性维生素的缺乏症一般可与它们的功能相联系。除维生素 K 可由消化道微生物合成足够的量外，所有动物都必须由日粮获取其他的脂溶性维生素。

1. 维生素 A

（1）理化性质：维生素 A 是淡黄色的结晶固体，不溶于水，但溶于脂肪和各种脂肪溶剂，暴露在空气和光下易被氧化破坏。维生素 A 是重要的脂溶性维生素之一，含有 β-白芷酮环的不饱和一元醇，有视黄醇、视黄醛和视黄酸三种衍生物，每种衍生物都有顺、反两种构型，其中以反式视黄醇效价最高。其相对分子质量为 286.5，熔点为 62～64 ℃，最大吸收波长在 324～325 nm 处。维生素 A 和胡萝卜素易被氧化破坏，尤其是在湿热、与微量元素及酸败脂肪接触条件下，易氧化而失效，在无氧黑暗处较稳定，在 0℃以下的暗容器内可无限期地保存。与维生素 A 相似的一类化合物是类胡萝卜素，如 α-胡萝卜素、β-胡萝卜素和 γ-胡萝卜素。

（2）来源。

①动物性来源：一般存在于鱼类、鸟类和哺乳动物的肝脏中，主要存在于鱼肝油中，多以脂的形式存在。多种动物的肝脏中维生素 A 的浓度（μg/g 肝脏）如下：猪 30，奶牛 45，大鼠 75，人 90，羊 180，马 180，母鸡 270，鳕鱼 600，大比目鱼 3000，北极熊 6000 和鱼翅 15000。

②植物性来源：植物体内不含维生素 A，只含维生素 A 原-类胡萝卜素。其中以 β-胡萝卜素分布最广，活性最强。胡萝卜素在豆科牧草和青绿饲料中含量较多，幼嫩的比老的多。叶子的绿色程度是胡萝卜素含量的一种标志。在正常情况下，干草中胡萝卜素的含量每个月损失 6%～7%。

动物中胡萝卜素转化为维生素 A 的效率（%）：大鼠 100，鸡 100，猪 30，牛 24，羊 30，马 33，人 33，狗 67，猫不能进行此种转化。各种动物转化 β-胡萝卜素为维生素 A 的能力也不同，如果以家禽的转化能力为 100%，猪、牛、羊、马则只有 30%左右。

（3）吸收与代谢：小肠肠腔中，日粮中的视黄醇酯散布在胆汁液滴中，被胰酶（三酰甘油脂肪酶、脂肪酶相关蛋白 2 和肠磷脂酶 B）水解产生视黄醇。视黄醇与脂质和胆汁盐溶解形成微粒，经被动扩散通过顶端膜而被肠上皮细胞（主要在空肠中）摄取。类胡萝卜素通过结合到 B 类 I 型清道夫受体（也是高密度脂蛋白和其他亲脂性化合物（包括生育酚）的受体）被肠上皮细胞吸收。肠上皮细胞中维生素 A 的酯化对于产生跨顶端膜浓度梯度吸收维生素和类胡萝卜素是必需的。这是通过以下过程实现的：①类胡萝卜素转化为维生素 A；②视黄醇与细胞内特定的类视黄醇结合蛋白（CRBP），包括 CRBP2 相结合，将维生素 A 从细胞质转运到内质网；③通过内质网中卵磷脂（视黄醇酰基转移酶和二酰基甘油-O-酰基转移酶 1）的作用，与饱和长链脂肪酸酶促酯化。在大鼠和家禽，大部分吸收到肠黏膜中的日粮胡萝卜素被裂解为视黄醇，只有少量的日粮 β-胡萝卜素被吸收到循环系统中。在人、牛、马、猪和羊中，一些类胡萝卜素再运送至组织，有助于肉、蛋和奶的色素沉积。日粮视黄酸被小肠吸收入门静脉。

在肠上皮细胞内，视黄醇酯掺入乳糜微粒。乳糜微粒通过基底外侧膜（通过被动扩散）进入肠道淋巴管，然后流入血液（哺乳动物和鱼类）或进入门静脉循环（鸟类和爬行动物）。当乳糜微粒被水解后，其残留物通过低密度脂蛋白（LDL）受体的介导被肝细胞吸收。被内化的 RE 经羧基酯脂肪酶、

羧酸酯酶和肝脂肪酶水解释放视黄醇。在肝脏中，维生素 A 以糖脂蛋白复合物酯的形式贮存在特定的脂肪细胞中(毛细血管和肝细胞之间的窦周星状细胞)。该复合物由约 13%的蛋白质(视黄醇结合蛋白(RBP))、42%视黄酯、28%甘油三酯、13%胆固醇和 4%磷脂组成。对于从肝脏到其他组织的运输，维生素 A 酯在细胞内水解成视黄醇，然后与 RBP 结合。结合的视黄醇-RBP 在高尔基体中经过加工后被分泌到血液中。离开肝脏的视黄醇-RBP 复合物通过质膜受体被肝外细胞摄取。因此，从肝脏调动后，维生素 A 在血液中以 RBP 结合的形式运输。在肝外细胞，视黄醇与细胞内特定的视黄醇结合蛋白相结合。乳腺分泌的维生素 A 大多数是视黄酯形式。在爬行动物的卵中，视黄醛是主要的类维生素 A，视黄醇的含量比视黄醛低很多，而在鸟类蛋中大量的视黄醇和视黄醛都有贮存。

血浆和组织中视黄酸的浓度远低于视黄醇。例如，全反式视黄酸在小鼠的血浆(6 pmol/mL)和组织中(例如，肝 15 pmol/g，肾 20 pmol/g)的浓度比总视黄醇浓度低 2～3 个数量级。与维生素 A 不同的是，视黄酸在血液中主要以白蛋白结合的形式转运。在肠上皮细胞中未转化为维生素 A 的类胡萝卜素被并入乳糜微粒，进入淋巴循环中。通过血液中的脂蛋白代谢，保留在乳糜微粒残留物中的类胡萝卜素被肝脏内化，并将维生素 A 组装到 VLDL，以分泌到血液循环中。

(4) 营养生理功能：维生素 A 与视觉、上皮组织、繁殖、骨骼的生长发育、脑脊髓液压、皮质酮的合成以及癌的发生都有关系，但目前比较清楚的是维生素 A 与视觉的关系。

①维生素 A 具有维持正常视觉的重要功能。维生素 A 的视觉功能归功于 11-顺式视黄醛。它与视蛋白结合生成视紫红质，而视紫红质是视网膜杆细胞对弱光敏感的感光物质。当维生素 A 缺乏时，11-顺式视黄醛生成不足，杆细胞合成视紫红质减少，对弱光的敏感度降低而引起夜盲症。

②维生素 A 是维持上皮组织结构的重要营养成分。维生素 A 是维持一切上皮组织健全所必需的物质。缺乏时消化道、呼吸道、生殖泌尿系统、眼角膜及其周围软组织等的上皮组织细胞都可能发生鳞状角质化变化。上皮组织的这种变化会引起腹泻；脱落的角质细胞在膀胱和肾易形成结石；眼睛出现角膜软化、浑浊、干涩、流泪和多脓性分泌物等。角质化也减弱上皮组织对外来感染和侵袭的抵抗力而使机体易发生感冒、肺炎、肾炎和膀胱炎等。

③提高繁殖力。维生素 A 缺乏时，公畜睾丸及附睾退化，精液数量减少、稀薄，精子密度低，受胎率下降；母畜表现为发情不正常，难产、流产及胎盘难下等。新生仔畜体弱，出现胎儿吸收、畸形、死胎等；对鸡的孵化、生长、产蛋等均有显著的不良影响。

④维护骨骼的正常生长和发育。维生素 A 缺乏，软骨上皮的成骨细胞和破骨细胞的活动受到影响使骨发生形变。生长期骨形的变化可压迫神经，继而发生退化。如水牛的夜盲症可由于骨管狭窄使视神经萎缩而致；狗可因听神经受损而耳聋；牛、羊和猪也发现因骨变形从而影响肌肉和神经，导致运动不协调、步态蹒跚、麻痹和痉挛等。另外，软组织受损可造成先天畸形，如猪产仔无眼球和兔子出现脑积水。

⑤调节脂肪、碳水化合物及蛋白质的代谢，促进动物生长。维生素 A 缺乏时，蛋白质合成减少，矿物质利用受阻，肝内糖原、磷脂、脂质合成减少，内分泌(甲状腺、肾上腺)机能紊乱，抗坏血酸、叶酸合成障碍，导致动物发育受阻，生产性能下降。

⑥维生素 A 在机体的免疫功能以及抵抗疾病的非特异性反应方面也起着重要的作用。维生素 A 缺乏将不同程度地影响淋巴组织，导致免疫细胞分化成 T 细胞的胸腺发生萎缩，鸡的法氏囊早消失，骨髓中骨髓样细胞和淋巴样细胞的分化也受到影响。此外，在体液免疫方面，维生素 A 缺乏的动物的抗体抗原的应答水平下降，黏膜免疫系统机能减弱，病原体易于入侵。在细胞免疫方面，维生素 A 的缺乏会影响机体非抗原系统的免疫功能，如吞噬作用，外周血淋巴细胞的捕捉和定位，天然杀伤细胞的溶解，白细胞溶菌酶活性的维持以及黏膜屏障抵抗有害微生物侵入机体的能力。维生素 A 可促进肾上腺皮质酮的分泌。维生素 A 缺乏导致肾上腺萎缩和糖原异生作用大大减弱，维生素 A 对于防止某些癌症的侵袭也有一定作用。

目前关于维生素 A 缺乏引起的一系列病变的机制的了解还不够深入，生物化学的证据只表明它在黏多糖的合成中起作用。黏多糖是存在于软骨和分泌黏液的上皮细胞中糖蛋白或黏蛋白的辅基。

Note

已有报道，维生素 A 缺乏时，RNA 的代谢和蛋白质的合成均会受影响。维生素 A 受体可促进基因转录。

（5）缺乏与过量：影响维生素 A 在机体内吸收的因素很多，如动物的类别、品种、品系和不同生理状况，胡萝卜素转化为维生素 A 的效率，饲料中类胡萝卜素异构物的含量和类型，体内胆汁的适量与否，微量元素和不饱和脂肪酸所产生的氧化破坏，疾病和寄生虫的干扰，环境状况，日粮中脂肪、蛋白质和抗氧化剂的含量等。肉牛血浆维生素 A 低于 20 μg/100 mL 表示缺乏。奶牛肝含维生素 A 低于 1 IU/kg 表示临界缺乏。猪血浆维生素 A 低于 10 μg/100 mL 表示严重缺乏。鸡每克肝贮备维生素 A 2～5 IU 不会出现缺乏症。新孵出的小鸡肝脏维生素 A 的含量是反映母鸡维生素 A 营养状况的指标。畜禽及鱼类对维生素 A 的需要量一般为每千克饲料 1000～5000 IU，种畜维生素 A 的需要量可适当提高，NRC(2012)规定种母猪妊娠期和哺乳期每千克饲料维生素 A 需要量分别为 4000 IU 和 2000 IU。罗氏 1997 年对于泌乳期奶牛的推荐量是 100000～125000 IU/d，NRC 的推荐量计算起来为 80000～100000 IU/d。NRC 对肉牛的维生素 D_3 推荐添加量为 3000 IU/d，而罗氏的标准则为 2500～4000 IU/d。

①缺乏：维生素 A 缺乏症发生在采食低质日粮的动物中，如维生素 A 和维生素 A 原含量低的日粮。维生素 A 的缺乏会限制动物生长，损害许多组织和细胞的功能，增加感染性疾病的风险，诱导睾丸损伤，引起胚胎死亡、胚胎吸收。维生素 A 缺乏的初始症状是夜间视力障碍（夜盲症、视网膜缺陷），当肝脏中维生素的贮存量几乎耗竭时出现这种障碍。维生素 A 的进一步消耗导致眼睛、肺、胃肠道和泌尿生殖道上皮组织的角质化，黏液分泌减少，最后导致干眼症（结膜极度干燥）和角膜软化（眼角膜溃疡和穿孔），引起失明。

②过量：当视黄醇结合蛋白结合维生素 A 的能力超过细胞接受未结合的视黄醇或视黄酸时，维生素 A 的毒性就会发生。长期高水平维生素 A 的摄入是危险的。在亚临床毒性的动物中评估维生素 A 状态是非常复杂的，因为血浆中视黄醇浓度范围不是肝脏维生素 A 贮备的敏感指标。明显的维生素 A 过多症表现有严重的肝纤维化、骨和眼异常、脱发、神经症状、烦躁、恶心、呕吐、头痛和致畸性，如出生缺陷。维生素 A 作为致畸原已在许多动物中被证实，包括鸡、狗、豚鼠、仓鼠、小鼠、猴、兔、大鼠和猪。维生素 A 代谢存在物种差异，例如，13-顺式视黄酸（异维甲酸，维生素 A 的衍生物）的代谢因动物种类而异，13-顺式视黄酸的毒性是由其异构化至全反式视黄酸所介导的。因此，维生素 A 过多症的敏感性存在物种差异。具体来说，敏感物种（灵长类动物和兔子）将 13-顺式视黄酸代谢为活性的 13-顺式-4-维甲酸，且它们的胎盘转运大量的 13-顺式视黄酸。而不敏感物种（大鼠和小鼠）通过对 β-葡糖苷酸的解毒快速清除 13-顺式视黄酸，它们的胎盘转运 13-顺式视黄酸的能力是很有限的。胡萝卜素血症表现为皮肤黄染，是由从饲粮（如胡萝卜）摄取过量的维生素 A 前体引起的，这对于在世界某些地区生产特定品种的家禽来说是可取的。

2. 维生素 D

（1）理化性质：维生素 D 是类固醇激素，主要形式为麦角钙化醇（维生素 D_2）和胆钙化醇（维生素 D_3）。在动物机体中，维生素 D_3 被活化为 1,25-$(OH)_2$-D_3（骨化三醇），在钙和磷代谢中起着重要的作用。维生素 D_2 和维生素 D_3 在过度辐照下都是不稳定的，在贮存期间易被氧化，维生素 D_3 比维生素 D_2 更稳定。维生素 D_2 的前体是来自植物的麦角固醇，维生素 D_3 来自动物的 7-脱氢胆固醇。维生素 D 不溶于水，但可溶于脂肪和有机溶剂。紫外线的过度照射、酸败的脂肪和矿物质可使之氧化失效，维生素 E 和其他抗氧化剂可防止维生素 D_3 的破坏。

（2）来源。

①动物性饲料：主要存在于鱼肝油、鱼肉、肝、全脂奶、奶酪、蛋黄、黄油等。动物的肝和禽蛋含有较多的维生素 D_3，特别是某些鱼类的肝中含量很丰富。初乳中维生素 D 的含量是常乳的 6～10 倍。

②植物性饲料：维生素 D_2 的含量主要取决于光照程度。植物体细胞本身并不含维生素 D，如青草、青绿饲料、多汁饲料以及精料，但含有丰富的维生素 D 原（麦角固醇）。太阳光照射是获得维生素 D 的廉价来源方式之一。

Note

当皮肤暴露在阳光下(紫外线辐射)时，大多数动物(如牛、家禽、猪、绵羊和大鼠)都可以合成维生素 D_3。动物皮肤维生素 D_3 的合成率随生活环境而变化，因为到达地球表面的紫外线辐射量取决于纬度和大气条件。热带地区的紫外线辐射比温带地区强，云和烟尘的存在将减少紫外线辐射。因此，空气污染削弱了放牧动物(包括哺乳期奶牛)体内维生素 D_3 的合成。由于紫外线辐射不能通过普通玻璃，因此室内圈养的动物缺乏维生素 D_3 的皮下合成，紫外线辐射对浅色皮肤的动物比黑色皮肤的动物更有效。

(3) 吸收与代谢：在小肠肠腔内，日粮维生素 D_3 和维生素 D_2 可溶解在脂质与胆汁盐中，通过被动扩散被肠上皮细胞从微胶粒中吸收。吸收后(主要在空肠)的维生素 D_3 和维生素 D_2 被组装成乳糜微粒。含维生素 D 的乳糜微粒通过其基底外侧膜(通过被动扩散)离开肠上皮细胞进入肠道淋巴管，流入血液(哺乳动物和鱼类)或进入门静脉循环(鸟类和爬行动物)。通过血液中脂蛋白的代谢，含维生素 D 的乳糜微粒转化为乳糜微粒残留物，随后通过受体介导机制被肝脏摄取。维生素 D_3 通过血液循环从皮肤的合成部位至肝脏的转运是由特定蛋白质(维生素 D 结合蛋白，也称为钙化甾醇转运蛋白，是一种 α-球蛋白)介导的。该结合蛋白对 1,25-$(OH)_2$-D_3 的亲和力高于对维生素 D_2 衍生物的亲和力。在肝脏中，维生素 D 被羟化成 1,25-OH-D_3 或 1,25-OH-D_2，随后被输送到血液。在肝细胞内衍生的 1,25-OH-D 与维生素 D 结合蛋白结合，在血浆中转运。外用的维生素 D 也可以穿过皮肤的脂双层被有效地吸收。

小肠是主要的吸收部位。皮肤经光照产生的维生素 D_2 或维生素 D_3 和小肠吸收的维生素 D_2 或维生素 D_3，都进入血液。水生动物肝脏可贮存大量的维生素 D，陆生动物主要贮存于肝脏、肾、肺，皮肤和脂肪等组织也可贮存。在肝细胞微粒体和线粒体中，维生素 D_3 经 25-羟化酶作用，生成 25-OH-D_3。在肾小管细胞的线粒体中经 1-α-羟化酶的作用，进一步转变成 1,25-$(OH)_2$-D_3 及 24R,25-OH-D_3，才生成具有生物活性的分子，其作用类似类固醇激素。25-OH-D_3 也可在肾脏中转化成 24,25-$(OH)_2$-D、1,25,26-$(OH)_2$-D_3 和 1,24,25-$(OH)_3$-D_3。目前已分离出 37 种维生素 D 代谢产物，并且已搞清其化学特性。

现已确认存在维生素 D 内分泌系统。机体主要通过严格控制肾脏 1-α-羟化酶的活性来调控维生素 D 内分泌系统。以这种方式，可以根据机体钙及其他内分泌的需要来调节 1,25-$(OH)_2$-D_3 激素的合成。主要的调节因子是 1,25-$(OH)_2$-D_3 本身、甲状旁腺激素及血清钙和磷。动物的维生素 D 营养状态可能是 1-α-羟化酶活性最重要的决定因子。

(4) 营养生理功能。

①促进钙磷的吸收。维生素 D 最基本的功能是促进肠道钙、磷的吸收，提高血液钙和磷的水平，促进骨的钙化。维生素 D 能促进小肠对钙、磷的吸收。对钙的吸收起促进作用，首先表现在促进钙结合蛋白和钙 ATP 酶的合成。钙结合蛋白浓集在小肠黏膜刷状缘，并依靠钙 ATP 酶的活性使钙离子通过肠黏膜上皮进入细胞腔，从而促进小肠对钙的主动吸收作用。由于钙的吸收增加，肠内磷酸盐形式减少，从而间接促进了磷的吸收。

②维生素 D 能促进肾小管对钙、磷的重吸收。1,25-$(OH)_2$-D 能直接促进肾小管对磷的重吸收，也可促进肾小管黏膜上合成钙结合蛋白，从而提高血钙、血磷的浓度。

③维生素 D 能调节成骨细胞和破骨细胞的活动。在骨生长和代谢过程中，成骨细胞的活动促进新生骨细胞的钙化作用，破骨细胞的活动使骨细胞不断地更新，保持血钙的稳定。人和动物血液中 25-OH-D_3 的水平也反映机体维生素 D 的状况。当血钙水平过低时，可促进甲状旁腺素释放并刺激羟化酶，使 25-OH-D_3 在肾脏进一步转化成 1,25-$(OH)_2$-D_3，后者促进肾小管对钙、磷的重吸收，提高血钙和血磷水平，促进骨骼的正常钙化。

④维生素 D 具有抗病毒复制的功能。

⑤维生素 D 与肠黏膜细胞的分化有关。

维生素 D 缺乏的大鼠和雏鸡的肠黏膜微绒毛长度仅为采食正常饲粮大鼠和雏鸡的 70%～80%。1,25-$(OH)_2$-D_3 有可能促进腐胺的合成，而腐胺与细胞分化和增殖有关。已有实验证明，维

Note

生素 D 可促进肠道中铍、钴、铁、镁、锌等元素的吸收。

(5) 缺乏与过量：幼龄动物缺乏维生素 D 导致佝偻病，其特征是骨骼中钙和磷酸盐沉积量少。成年动物缺乏维生素 D 导致骨软化症，沉积的骨组织会出现再吸收。佝偻病和骨软化症也可能因日粮钙或磷的缺乏或这两种矿物质不平衡引起。犊牛的维生素 D 缺乏表现为生长发育受阻、膝关节肿大等；猪通常表现为关节增大、骨折断裂、关节僵硬和偶尔瘫痪；母畜孕期维生素 D 过度缺乏会造成新生幼畜先天骨畸形，母畜本身骨也受损害；家禽缺乏维生素 D 可降低产蛋量和孵化率，使蛋壳薄而脆。家禽产蛋的维生素 D 的含量受母鸡饲粮的影响。由于饲粮中的维生素 D 很难进入奶中，需要饲粮含较高浓度维生素 D 才能使奶中维生素 D 的含量略有增加。

对于大多数动物，连续饲喂需要量 4 倍以上的维生素 D_3 60 天后可出现中毒症状。短期饲喂，大多数动物可耐受 100 倍的剂量。维生素 D_3 的毒性比维生素 D_2 大 10～20 倍。其中毒症状是口渴、瘙痒、腹泻、体重减轻、多尿、食欲不振、神经系统恶化、高血压、烦躁、恶心、呕吐和头痛。此外，许多组织发生严重的高钙血症、高磷血症和高矿化症，最终引起组织和器官的过度钙化，尤其是肾、主动脉、心脏、肺和皮下组织。骨骼疼痛症常见于采食高维生素 D 日粮的动物。不同动物对日粮维生素 D 过量的敏感度可能不一样。维生素 D 中毒时，通过肾上腺皮质类固醇的治疗可降低血浆钙的浓度。

3. 维生素 E

(1) 理化性质：维生素 E 又称生育酚，是一组有生物活性的、化学结构近似的酚类化合物的总称。维生素 E 是一种黄色油状物，不溶于水，易溶于油、脂、丙酮等有机溶剂。熔点 2.5～3.5 ℃，沸点 200～220 ℃，在无氧环境中加热至 200 ℃仍极稳定，在 100 ℃以下不受无机酸的影响，碱对它亦无破坏作用，但暴露于氧、紫外线、碱、铁盐和铅盐中即遭破坏。维生素 E 易被日粮中的矿物质和不饱和脂肪酸氧化破坏。它是一种很好的生物抗氧化剂。

(2) 来源：植物能合成维生素 E，因此维生素 E 广泛分布于家畜的饲料中。所有谷物粮食都含有丰富的维生素 E，特别是种子的胚芽中。绿色饲料、叶和优质干草也是维生素 E 很好的来源，尤其是苜蓿，含量很丰富。青绿饲料(以干物质计)维生素 E 含量一般较禾谷类籽实高出 10 倍之多。小麦胚油、豆油、花生油和棉籽油含维生素 E 也都很丰富。在动物性饲料中含量极少，动物脂肪(如黄油和猪油)和动物产品(如鱼、鸡蛋和牛肉)能提供一部分维生素 E。

在饲料的加工和贮存中，维生素 E 损失较大，半年可损失 30%～50%。由于维生素 E 分布广泛，在家畜饲粮中一般不需额外补充。

(3) 吸收与代谢：在小肠肠腔中，日粮维生素 E(以乙酸酯或游离醇形式)溶解在脂质和胆汁盐中。酯化的维生素 E 被胰腺和十二指肠黏膜的酯酶水解，释放游离醇形式的维生素 E。

含维生素 E 的微团通过被动扩散被肠上皮细胞(主要在空肠中)吸收。乙酸酯形式的维生素 E 的吸收效率与游离醇形式的维生素 E 相似。高速率的脂肪吸收能促进小肠对维生素 E 的吸收。维生素 E 溶解在日粮脂肪中，在脂肪的消化过程中被释放和吸收，因而脂肪吸收受损将导致维生素 E 缺乏。

在肠上皮细胞内，维生素 E 被组装成乳糜微粒和极低密度脂蛋白。含维生素 E 的脂蛋白通过肠上皮细胞的基底外侧膜经被动扩散离开肠上皮细胞进入肠道淋巴管，然后流入血液(哺乳动物和鱼类中)或进入门静脉循环(鸟类和爬行动物中)。通过血液中脂蛋白的代谢，富含维生素 E 的乳糜微粒和极低密度脂蛋白分别转化为乳糜微粒残留物和低密度脂蛋白。与维生素 A 和维生素 D 不同，血浆中没有维生素 E 的特异性载体蛋白。

血浆中含维生素 E 的脂蛋白通过受体介导的机制被肝脏摄取。肝脏具有迅速更新维生素 E 贮存的功能，由于生育酚转移蛋白质的作用，在肝内从不积存大量维生素 E。脂肪组织是维生素 E 的长期贮存场所，但在脂肪组织中维生素 E 积存慢，释放也慢。肌肉是维生素 E 在体内贮存的重要场所。维生素 E 几乎只存在于脂肪细胞的脂肪滴、所有细胞膜和血液循环的脂蛋白中。

(4) 营养生理功能。

①生物抗氧化作用。通过中和过氧化反应链形成的游离基和阻止自由基的生成使氧化链中断，从而防止细胞膜中脂质的过氧化和由此而引起的一系列损害。

②α-生育酚也能通过影响膜磷脂的结构而影响生物膜的形成。

③可以预防重金属、产生自由基的肝毒素和可引起氧化剂致伤的各种药物的损害。

④促进十八碳二烯酸转变成二十碳四烯酸并进而合成前列腺素。

⑤维持正常的免疫功能，特别是对 T 淋巴细胞的功能很重要。缺乏可降低机体的免疫力。

⑥维生素 E 在生物氧化还原系统中是细胞色素还原酶的辅助因子。

⑦通过使含硒的氧化型谷胱甘肽过氧化物酶变成还原型的谷胱甘肽过氧化物酶以及减少其他过氧化物的生成而节约硒，减轻因缺硒而带来的影响。

⑧维生素 E 也涉及磷酸化反应、维生素 C 和泛酸的合成以及含硫氨基酸和维生素 B_{12} 的代谢等。

⑨参与细胞 DNA 合成的调节。

⑩保护神经系统、骨骼肌和眼视网膜免受氧化损伤。

(5) 缺乏与过量：维生素 E 的营养状况一般可通过血浆或血清维生素 E 的浓度来判定。大多数动物，当血浆维生素 E 浓度低于 0.5 μg/mL 时，表明维生素 E 缺乏，0.5～1 μg/mL 表示偏低。NRC(2012)规定妊娠和哺乳母猪饲粮中维生素 E 需要量为 44 IU/kg。畜禽对维生素 E 的需要一般为每千克饲料 5～10 mg。

①缺乏：反刍动物主要表现为肌肉营养不良，如犊牛和羔羊的白肌病。猪表现为公猪睾丸退化、肝坏死、营养性肌肉障碍以及免疫力降低。家禽表现为繁殖紊乱、胚胎退化、脑软化、红细胞溶血、血浆蛋白减少、肾退化、渗出性素质病、脂肪组织褪色、肌肉营养障碍以及免疫力下降、毛细血管通透性增加等，雏鸡维生素 E 缺乏主要表现为运动障碍，腿肌软弱无力，站立困难。

②过量：维生素 E 被氧化时，会变为自由基。因此，日粮中高水平的维生素 E 可能对动物有毒。维生素 E 过多症的表现包括大鼠肝的损伤和过量白色脂肪积累，仓鼠的睾丸萎缩，公鸡的第二性征发育缓慢，以及小鼠的致畸作用。在鸡体内，维生素 E 中毒表现为生长、甲状腺功能、线粒体呼吸、骨钙化和血细胞比容降低，而网状红细胞增多，以及鸡胚死亡率增加。因此，在动物日粮中应避免过量的维生素 E。给予犬、猫大量猪肝和鱼肝油时，就可发生中毒，临床表现为厌食、腹泻、呕吐、呼吸困难、消瘦甚至死亡。

4. 维生素 K

(1) 理化性质：维生素 K 的发现始于毒理学、营养学和生物化学的三个独立研究，在 20 世纪 30 年代初，Dam 注意到以无脂饲料喂养的鸡发生一种出血综合征，从而发现了维生素 K。维生素 K 是具有叶绿醌生物活性的 2-甲基-1,4-萘醌及其衍生物的通用名称。天然存在的维生素 K 活性物质有叶绿醌(维生素 K_1)和甲基萘醌(维生素 K_2)。前者为黄色油状物，由植物合成；后者是淡黄色结晶，由微生物和动物合成。维生素 K_3(甲萘醌)是一种化学合成的维生素 K。维生素 K_1 和维生素 K_2 是脂溶性的，而维生素 K_3 是水溶性的。维生素 K 耐热，但对碱、强酸、光和辐射不稳定。

(2) 来源：维生素 K 广泛分布在植物中，其中香蕉和绿叶蔬菜(如菠菜、莴苣、西兰花、球芽甘蓝和白菜)是维生素 K 的良好来源。动物的肝脏、鱼粉和蛋黄含有较丰富维生素 K。反刍动物瘤胃能合成足够需要的维生素 K。除家禽外，一般不需补充维生素 K。由于人工合成的维生素 K 制剂效价高，又是水溶性结晶，性质稳定，故饲用维生素 K 多是维生素 K_3 制剂。

(3) 吸收与代谢：在小肠肠腔中，日粮维生素 K_1 和维生素 K_2(天然存在的维生素 K)溶解在脂质和胆汁盐中，被肠上皮细胞通过被动扩散从微团中吸收。与其他脂溶性维生素一样，维生素 K_1 和维生素 K_2 在肠道的吸收需要通过正常的脂肪吸收，且仅发生在有胆汁盐存在的条件下。在肠上皮细胞内，维生素 K_1 和维生素 K_2 被组装成乳糜微粒，通过其基底外侧膜经被动扩散离开肠上皮细胞进入淋巴管，然后流入血液(哺乳动物和鱼)或进入门静脉循环(鸟类和爬行动物)中。

通过血液中脂蛋白的代谢，富含维生素 K 的乳糜微粒被转化为乳糜微粒残留物，后者通过受体

介导的机制被肝脏摄取。在肝细胞中,乳糜微粒残留物分解代谢释放出维生素 K,随后此维生素被转移到极低密度脂蛋白和低密度脂蛋白中。这些脂蛋白从肝脏输出到血液中,为组织提供维生素 K。如前所述,在动物体内,通过将维生素 K_1 转化为维生素 K_3,日粮维生素 K_1 和维生素 K_3 在某些组织(如肝、肾和脑)中的代谢产生维生素 K_2,后者在内质网中经异戊烯基转移酶的作用发生异戊烯化。与维生素 A 和维生素 D 不同,血浆中没有维生素 K 的特异性载体蛋白。通过脂蛋白在血浆中的代谢,载有维生素 K 的极低密度脂蛋白转化为低密度脂蛋白,通过受体介导的机制被肝外组织摄取。

(4) 营养生理功能:主要功能是参与凝血活动,维生素 K 可以通过接触激活(内源性)和组织因子(外在)途径作为促凝血因子(Ⅱ、Ⅶ、Ⅸ和Ⅹ)的辅酶,发挥生理作用,促进血液凝固。因此,维生素 K 又称凝血维生素。维生素 K 也可作为抗凝血蛋白(即蛋白 S、C 和 Z)的辅助因子,在止血中发挥关键作用。维生素 K 参与钙结合蛋白的形成,在骨骼生长和免疫功能中起重要作用,在血管平滑肌细胞迁移和增殖、血栓栓塞、炎症与免疫反应方面发挥作用。

(5) 缺乏与过量。

①缺乏:新生儿容易出现维生素 K 缺乏,发生出血性疾病。这是因为胎盘不能有效地将维生素 K 运送至胎儿,且婴儿出生后肠道基本上是无菌的。如果因维生素 K 缺乏导致血浆中凝血酶原(凝血因子Ⅱ)浓度下降至太低,则可能发生出血性综合征。在所有动物中,维生素 K 缺乏可能由脂肪吸收不良引起,这可能与胰腺功能障碍、胆汁疾病、肠黏膜萎缩或其他原因引起的脂肪粒有关。此外,维生素 K 摄入量有限时,用抗生素减少大肠中细菌的数量可能会导致维生素 K 缺乏。由维生素 K 缺乏引起的疾病可以通过口服(非反刍动物)或静脉注射(反刍动物)维生素 K 治疗。

②过量:维生素 K_3 是一种氧化剂,血液中高浓度的维生素 K_3 会导致红细胞不稳定、溶血和致命性贫血,以及婴儿的黄疸、高胆红素血症和核黄疸。此外,臀部肌内注射维生素 K,可能导致坐骨神经麻痹。维生素 K 过多症表现为营养不良、恶心、呕吐和头痛。在马的体内,高剂量维生素 K_3 可以诱发肾毒性,可引起溶血、正铁血红蛋白尿和卟啉尿症。

三、水溶性维生素

水溶性维生素除含碳、氢、氧元素外,多数都含有氮,有的还含硫或者钴,可从食物及饲料的水溶物中提取。水溶性维生素包括整个 B 族维生素和维生素 C。水溶性维生素一般不能在体内贮存,主要经尿排出(包括代谢产物)。生产中通过血液和尿中维生素浓度、维生素的功能酶的代谢产物含量、以维生素为辅酶的特异性酶的活性这几个指标来衡量其利用率。反刍动物瘤胃微生物能合成足够的动物所需的 B 族维生素,一般不需饲料提供,但瘤胃功能不健全的幼年反刍动物除外。在高温、运输、疾病等逆境情况下,动物对维生素 C 需要量增大。

1. 硫胺素(维生素 B_1)

(1) 理化性质:硫胺素由一分子嘧啶和一分子噻唑通过一个甲基桥结合而成,含有硫和氨基,故得名。外观呈白色结晶粉末,带有类似酵母或咸坚果气味;易溶于水(约 1 g/mL),微溶于乙醇,不溶于乙醚、己烷、三氯甲烷、丙酮和苯;在黑暗干燥条件下不易被空气中氧所氧化,在酸性溶液中稳定,在碱性溶液中易氧化失活。硫胺素不稳定,尤其在碱性条件下,四价氮在水中裂解成硫醇形式,也容易被氧化成硫胺素二硫化物和其他衍生物(如脱氢硫胺素)。硫胺素在体内的存在形式有四种:游离的硫胺素、硫胺素一磷酸(TMP)、硫胺素二磷酸(TDP)和硫胺素三磷酸(TTP)。硫胺素二磷酸又名硫胺素焦磷酸(TPP)或辅羧酶,参与体内的氧化脱羧反应,与碳水化合物的代谢密切相关。维生素 B_1 的活性形式是在 ATP 依赖性的硫胺素二磷酸转移酶的作用下,由硫胺素合成的硫酸二磷酸。

(2) 来源:酵母是硫胺素最丰富的来源。谷物含量也较多,胚胎和种皮是硫胺素主要存在的地方,青绿饲料和优质干草、豆类、大蒜等也是硫胺素的重要来源。根茎类饲料中含量较少,木薯淀粉、精米和面粉中含量很低。蛋黄、肝、肾、瘦猪肉、酵母等动物性食物和饲料中含量丰富,肉骨粉中含量最低。牛、羊等反刍动物的瘤胃内微生物能合成足够的硫胺素满足其需要,但猪和家禽对肠道微生物合成的硫胺素不能很好利用。

(3) 吸收与代谢：硫胺素主要在小肠吸收，硫胺素吸收部位主要在十二指肠，当日粮蛋白质在胃肠道水解时，硫胺素焦磷酸从其复合物释放，然后水解成硫胺素。硫胺素主要通过硫胺素转运载体1和硫胺素转运载体2(ThTrl 和 ThTr2)吸收进入肠上皮细胞。空肠和回肠硫胺素转运率最高。硫胺素焦磷酸自身也可以通过能量依赖、Na^{+}非依赖性转运蛋白直接被结肠上皮细胞吸收。硫胺素通过肠上皮细胞基底外侧膜由特异性载体转运入门静脉，以蛋白质结合形式转运到各种组织(如肝脏)中，通过硫胺素激酶的作用重新生成硫胺素焦磷酸。已经在大鼠血清和肝脏及鸡蛋中鉴定了特异性硫胺素结合蛋白。少量的硫胺素也以硫胺素单磷酸和三磷酸存在。反刍动物瘤胃能吸收游离的硫胺素，但是不能吸收结合态的或微生物中的硫胺素。马的盲肠能吸收硫胺素。猪贮备硫胺素的能力比其他动物强。

(4) 营养生理功能。

①硫胺素在细胞中的功能是作为辅酶(辅羧酶)，参与 α-酮酸的脱羧而进入糖代谢和三羧酸循环。硫胺素二磷酸是酶促反应中的一种辅酶，涉及醛的转移：ATP 生成所需的 α-酮酸的氧化脱羧；戊糖磷酸途径中的转酮酶反应和微生物、植物与酵母中的缬氨酸合成。当硫胺素缺乏时，由于血液和组织中丙酸和乳酸的积累而表现出缺乏症。硫胺素的主要功能是参与碳水化合物代谢，需要量也与碳水化合物的摄入量有关。

②参与维持两性繁殖功能正常。

③参与神经介质和细胞膜的组成成分，参与脂肪酸、胆固醇和神经介质乙酰胆碱的合成，影响神经节细胞膜中钠离子的转移，降低磷酸戊糖途径中转酮酶的活性而影响神经系统的能量代谢和脂肪酸的合成。

(5) 缺乏与过量。

①缺乏：硫胺素缺乏导致食欲不振、厌食症、体重减轻、水肿、心脏问题、肌肉和神经退化及神经系统渐进性功能障碍。这些缺乏综合征统称为脚气病，是印度尼西亚当地人原本用于“腿部疾病(包括虚弱、水肿、疼痛和麻痹)”的术语。最有可能发生硫胺素缺乏症的人群是慢性酒精中毒者、过度依赖精米作为主食的人群及食用大量含有硫胺素酶的生海鲜的人群。在酒精依赖患者中，与硫胺素缺乏相关的运动失调和眼部症状称为韦尼克病，营养素摄入和吸收的减少以及机体不能很好地利用已吸收的维生素，导致了该病的发生。

除了脚气病的一般症状外，在家畜中会出现硫胺素缺乏的一些特征。例如，猪硫胺素缺乏表现为食欲和体重下降，呕吐，脉搏慢，体温偏低，神经症状，心肌水肿和心脏扩大。鸡和火鸡缺乏硫胺素表现为食欲下降，憔悴，消化不良，瘦弱，角弓反张或强直，频繁的痉挛和多发性神经炎，补充硫胺素能迅速恢复。在反刍动物中，消化道微生物能合成硫胺素，日粮也能提供足量的硫胺素。但当瘤胃采食饲料引起酸中毒时，在幼龄动物中会出现缺乏症状(称为脑皮质坏死)。这种疾病的特征是转圈运动、前冲、观星行为、失明和肌肉震颤。马采食含有硫胺素酶的蕨菜后出现硫胺素缺乏症状。在所有动物中，可以通过食用肉类和蔬菜及补充硫胺素来治疗脚气病。鱼缺乏硫胺素主要表现为与猪、禽类似的症状。狐狸缺乏会导致查斯特克麻痹症。

②过量：猪一般不需要补充硫胺素，谷类饲料含有足够猪需要的量；家禽需要补充。猪和家禽对硫胺素的需要量一般为每千克饲料 1～2 mg。由于硫胺素是水溶性的，一般不会出现高剂量的硫胺素中毒现象。对于大多数动物，硫胺素的中毒剂量是需要量的数百倍，甚至上千倍。

2. 核黄素(维生素 B_2)

(1) 理化性质：核黄素由连接于核糖醇的杂环异咯嗪环组成，呈黄色和荧光色的结晶。在酸性或中性溶液中相对稳定，但在碱性条件下易被破坏。微溶于乙醇，不溶于乙醚、丙酮和三氯甲烷等有机溶剂；耐热，但紫外线以及其他可见光可使之迅速破坏。巴氏灭菌和暴露于太阳光可使牛奶中的核黄素损失 10%～20%，饲料暴露于太阳的直射光线下数天，核黄素可损失 50%～70%。在生物体内，核黄素的存在形式有三种：游离的核黄素(维生素 B_2)、黄素单核苷酸和黄素腺嘌呤二核苷酸(FAD)。

Note

(2) 来源：动物通过采食植物和动物来源的食物获得核黄素。一般动物性食品或饲料中含量较高，如肝、肾、心、乳品、鱼粉、肉粉及血粉等。植物性饲料中含核黄素者也很多，如青绿饲料、优质草粉、小麦、大麦、糠麸和豆饼等。快速生长的绿色植物、牧草(特别是苜蓿)中富含核黄素，叶片中含量最丰富；相对而言，谷物、块茎、块根、油饼类饲料中核黄素贫乏。

在植物和动物性原料中，核黄素几乎完全与蛋白质结合，以黄素单核苷酸(FMN)和黄素腺嘌呤二核苷酸(FAD)形式存在。生产上主要应用由微生物发酵或化学合成的核黄素，此外，核黄素丁酸酯、核黄素磷酸钠也有应用。

(3) 吸收与代谢：日粮 FMN 和 FAD 被肠道磷酸酶水解，生成游离核黄素。主要的消化部位是空肠。动物产品中核黄素的消化率大于植物产品。肠上皮细胞顶端膜有核黄素转运蛋白(RF-1 和 RF-2)，是非 Na^+ 依赖性载体，但对 pH 中度敏感。大部分吸收的核黄素在 ATP 依赖性核黄素激酶作用下，转化成 FMN，FMN 进一步代谢为 FAD。剩余的游离核黄素依靠特定的转运蛋白通过其基底外侧膜到固有层，进入静脉血液循环，并以游离形式和蛋白质结合的形式(各约 50%)在血浆中运输。血浆中约 80%的 FMN(主要来源于细胞裂解)与蛋白质结合。血浆中的核黄素和 FMN 通过氢键弱结合的蛋白质是球蛋白和纤维蛋白原，白蛋白是其中的主要蛋白质。当机体缺乏核黄素时，肠道对核黄素的吸收能力提高。吸收的核黄素被运送到机体细胞中发挥生理功能，而过量的核黄素主要从尿中排出，少量从汗、粪和胆汁中排离子如 Zn^{2+}、Co^{2+}、Mn^{2+} 等能与核黄素(特别是 FMN)形成螯合物，降低核黄素在肠道的吸收。

(4) 营养生理功能。

①核黄素是 FMN 和 FAD 的主要组成部分。FMN 由 ATP 依赖性的核黄素的磷酸化形成，FMN 与 ATP 在 FAD 合成酶的作用下合成 FAD。在该反应中，由 ATP 水解生成的 AMP 转移到 FMN。FMN 和 FAD 是被称为黄素蛋白的氧化还原酶的辅因子。这些酶与碳水化合物、脂肪和蛋白质的代谢密切相关，可增加蛋白质在体内的沉积，提高饲料利用率，促进畜禽正常生长发育。

②保证皮肤、毛囊黏膜及皮脂腺的正常功能。

③强化肝脏功能，调节肾上腺素分泌，防止毒物侵袭，并影响食欲。

(5) 缺乏与过量：核黄素多由植物、酵母菌、真菌和其他微生物合成，动物本身不能合成。畜禽对核黄素的需要量一般为每千克饲粮 2～4 mg，鱼类 4～9 mg。动物对核黄素的需要量受遗传、环境、年龄、运动、健康状况、饲料组成及动物消化道合成等多种因素的影响。一般而言，猪和家禽对核黄素的需要量随环境的温度升高而减少。妊娠泌乳母猪和种用产蛋鸡的需要量比一般的猪、鸡高 1 倍左右。小猪由于生长快，相对需要量比大猪多。

①缺乏：猪缺乏核黄素的症状包括食欲不振、生长受阻、呕吐、皮肤发疹和眼睛畸形。日粮核黄素对维持母猪正常发情和预防早产至关重要。鸡核黄素缺乏的典型症状是“卷爪”麻痹症，表现为足爪向内弯曲，用跗关节行走、腿麻痹、腹泻、产蛋量和孵化率下降等；种母鸡中，核黄素缺乏导致孵化率下降，胚胎畸形，羽毛呈棍棒状。成年反刍动物在瘤胃功能正常的情况下能通过瘤胃内的细菌合成核黄素来满足其需要，通常不易发生缺乏症。在高密度饲养条件下缺乏将出现以下症状：口腔黏膜充血，口角唇边溃烂，大量流涎和流眼泪；食欲减退和腹泻，皮肤和黏膜呈干性，发生鳞片状皮炎、脱毛、被毛粗糙等。鱼缺乏核黄素，表皮呈浅黄绿色，鳍损伤，肌肉乏力，组织中核黄素水平下降，肝中 D-氨基酸氧化酶活性降低。

②过量：畜禽对核黄素的需要量一般为每千克饲料 1～4 mg。核黄素相对无毒，当饲料中核黄素很多时，肠道吸收减少，吸收的核黄素很快从肾脏排出。一般而言，核黄素的中毒剂量是需要量的数十倍到数百倍。

3. 烟酸(尼克酸、维生素 PP、维生素 B_3)

(1) 理化性质：烟酸是所有维生素中结构最简单、理化性质最稳定的一种维生素。为无色针状结晶，味苦，溶于水和乙醇，不溶于丙酮和乙醚；不易为酸、碱、光、氧或热破坏。

(2) 来源：烟酸在自然界中分布很广。在鱼粉、乳、肾、肝、肉类、骨粉等动物性食品和饲料中含

Note

量丰富。几乎所有的植物性饲料中都含有不同量的烟酸。如麸皮、青绿饲料、麦类、高粱、玉米、大豆等含量丰富。谷物类的副产物、绿色的叶子，特别是青草中的含量较多。在谷物中，大部分烟酸存在于结合形式中，人、猪和家禽不容易获得此维生素。在玉米中，烟酸以一种结合的、不可用的形式（烟酸复合素（烟酸的聚多糖和多肽的结合物））存在，可以通过热碱（氧化钙）预处理将烟酸从烟酸复合素中释放出来。

生产中主要有烟酸和烟酰胺两种形式的产品。由于烟酰胺具有很强的吸湿性，主要用于配制液体饲料和水溶性制剂，其他饲料中则选用烟酸。

（3）吸收与代谢：无论是饲料中的烟酸和烟酰胺或者合成物，在动物体内都以扩散的方式快而有效地被吸收。吸收部位在胃及小肠上段。含有烟酸的吡啶核苷酸（NAD(H)和 NADP(H)）经 NAD(P)-糖水解酶水解，产生烟酰胺与 ADP-核糖，烟酰胺和烟酸通过特异性高亲和力、酸性 pH 依赖、Na^+非依赖性载体被吸收入肠上皮细胞。烟酸经特定的转运蛋白通过基底外侧膜进入固有层，以烟酸和烟酰胺的游离形式在血液中运输，通过阴离子转运系统、Na^+依赖性转运系统（如肾小管）和能量依赖系统（如脑）被组织吸收。在细胞内，烟酸经细胞质酶作用转化为 NAD 和 NADP。烟酸主要通过 NAD 和 NADP 参与碳水化合物、脂类和蛋白质的代谢，尤其在体内供能代谢的反应中起重要作用。NAD 和 NADP 也参与视紫红质的合成。代谢产物主要经尿排出。

（4）营养生理功能。

①烟酸是 NAD 和 NADP 的组成部分。NAD 和 NADP 是多种氧化还原酶的辅酶，涉及碳水化合物、脂肪酸、酮体、氨基酸和酒精代谢。

②烟酸通过 NAD 和 NADP 参与碳水化合物、脂类和蛋白质的代谢，尤其在体内供能代谢的反应中起重要作用。

③烟酸参与视紫红质的合成。

④烟酸参与细胞的氧化，并且有扩张末梢血管、保持皮肤（保护皮肤中的胶原纤维）和消化器官正常功能的作用。

⑤烟酸参与蛋白质的翻译和修饰。

（5）缺乏与过量：畜禽烟酸的需要一般为每千克饲料 10～50 mg。饲粮中的色氨酸在多余的情况下可转化为烟酸。对于猪，50 mg 色氨酸可转化为 1 mg 烟酸，但猫和貂以及大多数鱼类缺乏这种能力。

①缺乏：猪和家禽饲料中玉米含量较高时，由于维生素和色氨酸的含量少，导致烟酸缺乏。猪表现为体重下降、腹泻、呕吐、皮肤病变（癞皮病）、皮肤生痂（呈鳞片状皮炎）；还会出现正常红细胞贫血。鸡表现为生长缓慢，口腔症状类似狗的黑舌病，羽毛不丰满，偶尔也见鳞片状皮炎。雏火鸡可发生跗关节扩张。成年反刍动物瘤胃微生物能合成烟酸。小牛饲喂低含量色氨酸的日粮可产生烟酸缺乏症，表现为生长缓慢，食欲下降，上皮组织和口腔黏膜损害，口和舌发炎，肠胃发炎、溃烂，神经扰乱，正常红细胞贫血以及出现视网膜炎和弥漫性角膜炎等症状。鱼类出现食欲减退，结肠损伤，鱼体肌肉强直，休息时肌肉痉挛；皮肤出血和损伤，体色变黑，游动不稳等。

②过量：烟酸摄入过多可产生一系列不良反应，如心搏加快，因呼吸加快而导致呼吸肌麻痹，脂肪肝，生长抑制，严重时可导致死亡。畜禽及鱼类每日每千克体重摄入的烟酸超过 350 mg 可能引起中毒。

4. 胆碱（维生素 B_4）

（1）理化性质：胆碱在 1849 年首先由 Adolph Strecker 从猪和牛胆汁中分离，1866 年被化学合成。胆碱是 3-羟基乙酸三甲基胺羟化物，常温下为液体，无色，有黏滞性和较强的碱性，易吸潮，易溶于水和乙醚，不溶于石油醚和苯。饲料中的胆碱主要以卵磷脂的形式存在，较少以神经鞘磷脂或游离胆碱形式出现。

（2）来源：胆碱广泛存在于饲料原料中，主要以磷脂酰胆碱的形式存在。在动物性饲料中胆碱主要存在于鱼粉、鱼汁、蚕蛹、肝粉、肉类、卵黄等。油类饼粕中含的胆碱特别丰富，菠菜、花生、青绿

Note

饲料、谷物副产品等也是胆碱的良好来源。但玉米和木薯淀粉含胆碱较少。生产上胆碱的饲料添加物主要是氯化胆碱，含胆碱86.8%，其商品制剂有液体和干粉剂两类产品。

(3) 吸收与代谢：饲料中的胆碱主要以卵磷脂的形式存在，较少以游离胆碱或神经鞘磷脂形式出现，游离胆碱和神经鞘磷脂含量不到10%。在胃肠道消化酶的作用下，胆碱从卵磷脂和神经磷脂中释放出来，在空肠和回肠经钠泵作用被吸收。以脂蛋白形式在血液中运输。但只有1/3的胆碱以完整的形式被吸收，小肠肠腔中约2/3的游离胆碱被肠道细菌降解形成三甲胺，很容易被吸收入门静脉。

在小肠肠腔内，一些鞘磷脂被肠道碱性鞘磷脂酶和中性神经酰胺酶水解，生成鞘氨醇、磷酸乙醇胺和长链脂肪酸(LCFA)。鞘氨醇主要通过简单扩散被吸收入肠上皮细胞。在这些细胞中，大多数鞘氨醇酰化成鞘磷脂，而一些鞘氨醇通过一系列酶催化反应转化成棕榈酸酯和乙醇胺，所得到的棕榈酸酯被酯化成TAG。鞘磷脂与TAG一起被组装到乳糜微粒和VLDL中，转出到淋巴管中，以脂蛋白形式在血液中运输。

(4) 营养生理功能。

①胆碱参与卵磷脂和神经磷脂的形成，卵磷脂是动物构成细胞膜的主要成分。

②胆碱提高肝脏利用脂肪酸的能力，防止脂肪肝。

③胆碱是神经递质乙酰胆碱的主要成分，参与神经冲动的传递。

④胆碱防止动物基因组DNA表观遗传异常修饰，减少动物畸形。

⑤胆碱参与血液凝固、炎症、孕体植入和子宫收缩。

(5) 缺乏与过量：畜禽胆碱的需要量一般为每千克饲料500～2000 mg，鱼可达4 g。鸡的耐受量为需要量的2倍，猪的耐受力比鸡强。在哺乳动物、鸟类和大多数鱼类中，胆碱的合成不能满足其要求，因此必须在日粮中添加胆碱(如氯化胆碱、酒石酸胆碱等)。

①缺乏：动物胆碱缺乏症的表现包括脂肪肝、生长受阻、饲料效率降低、脑缺陷和神经功能障碍。此外，胆碱缺乏会增加癌变的风险。猪使用纯合饲料可引起胆碱缺乏症，表现为生长慢，运动不协调，早期断奶仔猪还出现四肢外向，腿部呈外八字形，猪呈犬样坐姿。鸡缺乏胆碱比较典型的症状是胫骨短粗症，随后跗骨继续扭曲并呈弯形，腿不能支持鸡的体重，而跟腱从其髁中滑出，故又称"滑腱症"，该症状与缺乏锰和生物素相似。

②过量：在水溶性维生素中，胆碱相对其需要量较易过量中毒。中毒表现为流涎、颤抖、痉挛、发绀和呼吸肌麻痹。

5. 泛酸(遍多酸)

(1) 理化性质：泛酸是一种淡黄色黏滞性的油状物，能溶于水和乙醚中，不稳定，吸湿性强，易被酸、碱和热破坏。泛酸钙是该维生素的纯品形式，为白色针状物，具有旋光性。

(2) 来源：泛酸广泛分布在自然界中，它的名字源自希腊语pantothen，意思是"无处不在"。泛酸由植物和微生物合成。几乎所有的动物性饲料中都含有泛酸，特别是乳制品、蛋黄、牛肉以及动物的肾、肌肉、肝中含量都很丰富。在各种植物中都含有泛酸，米糠、苜蓿干草、花生饼、麦麸中含量丰富；谷物的种子及其副产物含量也较多(但玉米较少)，但块根、块茎类饲料中含量少。

生产上常用产品有右旋泛酸钙(D-泛酸钙)和外消旋泛酸钙(DL-泛酸钙)两种形式。由于仅D型泛酸及其盐类具有生物活性，因此，DL-泛酸钙效价为D-泛酸钙的50%，D-泛酸钙的生物活性为泛酸的92%。

(3) 吸收与代谢：饲粮中的泛酸大多以辅酶A(CoA)的形式存在，少部分为游离状态，小肠能很好吸收的是游离形式的泛酸以及它的盐和酸。CoA和蛋白质结合的4′-磷酸泛酰巯基乙胺不容易穿过细胞膜(包括肠道)，必须在肠吸收之前被水解成泛酸。在小肠肠腔内，CoA水解成脱磷酸辅酶A、4′-磷酸泛酰巯基乙胺和泛酰巯基乙胺。涉及的两种磷酸酶：焦磷酸酶，作用于二磷酸键；正磷酸酯酶作用于磷酸单酯。日粮中蛋白质结合的4′-磷酸泛酰巯基乙胺被正磷酸酯酶水解，释放4′-磷酸泛酰巯基乙胺，后者被焦磷酸酶或磷酸酶去磷酸化生成泛酰巯基乙胺，然后被肠道泛酰巯基乙胺酶水解

Note

成泛酸和半胱氨酸。最终，泛酸通过钠依赖复合维生素转运蛋白很容易地被吸收到肠上皮细胞中，由 Na^{+} 非依赖性载体介导通过肠上皮细胞的基底外侧膜进入固有层。在血浆中泛酸以游离形式运输，血液中红细胞携带此维生素的大部分。泛酸主要以游离形式经尿排出。

（4）营养生理功能。

①泛酸是两个重要辅酶，即辅酶 A 和酰基载体蛋白（ACP）的组成成分。

②泛酸在物质代谢（如碳水化合物、脂肪、蛋白质代谢）中都起着重要的作用。

③与皮肤和黏膜的正常生理功能、毛发的色泽和对疾病的抵抗力等有密切关系。

④增强肾上腺皮质机能。

（5）缺乏与过量：畜禽对泛酸的需要量一般为每千克饲料 2～20 mg。猪、鸡等单胃动物以及鱼类的肠道微生物也可合成少量泛酸，但不能满足其需要。对于反刍动物来说，其瘤胃微生物能合成足量的泛酸。常用饲料一般使动物出现泛酸缺乏症。饲料能量浓度增加，动物对泛酸的需要量增加。饲料脂肪含量高可促使猪出现泛酸缺乏症。

①缺乏：猪皮肤皮屑增多，毛细，眼周围有棕色的分泌物，出现胃肠道疾病，生长缓慢，尸检可发现神经退化和实质性器官的病变。如缺乏时间较长，后躯的上述症状更加明显，发展成所谓"鹅步"，即典型的鹅步症。鸡缺乏泛酸，首先表现为生长受阻，羽毛生长不良，进一步表现为皮炎、眼睑出现颗粒状的细小结痂并粘连在一起，嘴周围也有痂状的损伤，胫骨短粗，严重缺乏时可引起死亡。雏鸡缺乏症很难与生物素缺乏症区分开，两者的共同特征包括严重的皮炎，羽毛不整，褪毛，生长缓慢，最终导致死亡；对于泛酸缺乏症而言，腿的皮炎主要发生在爪上；而缺乏生物素的鸡主要发生在爪底，且比较严重。饵料中缺乏泛酸可使鱼类出现线粒体细胞的代谢功能紊乱，导致有丝分裂和能量消耗增多。鱼类还可能出现鳃病，并伴有食欲减退，生长不良，贫血，出现渗出物等现象。

②过量：泛酸中毒只在大鼠中发现（超过需要量的 100 倍）。

6. 维生素 B_6

（1）理化性质：目前已知的维生素 B_6 的 3 种生物活性形式是吡哆醛、吡哆醇和吡哆胺，可以反映其作为吡啶衍生物的结构，这 3 种形式可在动物机体内相互转化。维生素 B_6 为易溶于水和醇的白色晶体，对热和酸相当稳定，但易氧化，易被酸和紫外线所破坏。其拮抗物有羟基嘧啶、脱氧吡哆醇和异烟肼。

（2）来源：动物性产品中含有吡哆醇、吡哆醛和吡哆胺三种形式，一般动物性饲料和食品中的维生素 B_6 含量很少，但在肝脏、牛乳、鱼粉、蜂蜜、瘦肉及肉的副产品中含量较高。维生素 B_6 主要以吡哆醇糖苷存在于植物中，如绿叶植物、谷物及其副产物、玉米、燕麦、植物性蛋白质饲料等含量都比较高，但块根、块茎类饲料（如木薯粉）中含量较少。生产上常用于补充维生素 B_6 的产品为吡哆醇盐酸盐。盐酸吡哆醇的生物活性相当于吡哆醇的 82.3%。

（3）吸收与代谢：饲料来源的维生素 B_6 与肠道微生物（细菌）合成来源的维生素 B_6 被动物机体消化吸收之后，在体内肝脏中与磷酸反应生成磷酸吡哆醛和磷酸吡哆胺。维生素 B_6 可以这两种形式贮存于各种组织中，贮存量很少，肌肉是维生素 B_6 的主要贮存器官。磷酸吡哆醛在碱性磷酸酶作用下转化成吡哆醛，吡哆醛在醛氧化酶或 NADP 依赖性脱氢酶作用下氧化成吡哆酸。

吸收转运：维生素 B_6 主要通过被动扩散的方式在空肠和回肠被吸收。糖苷和蛋白质中的维生素 B_6 在被吸收前首先在肠腔中水解，肠上皮细胞膜结合的碱性磷酸酶分别将磷酸吡哆醛和磷酸吡哆胺水解为吡哆醛和吡哆胺。目前，关于肠上皮细胞的基底外侧膜上的转运蛋白的分子鉴定甚少。在小肠黏膜中，较少量的吡哆醛、吡哆醇和吡哆胺也以蛋白质结合形式在血浆中运输。小肠黏膜和血液中的吡哆醇、吡哆醛和吡哆胺的磷酸化及其与蛋白质的结合对维生素 B_6 在肠道的吸收发挥重要作用。

肠外细胞通过特定的膜转运蛋白摄取维生素 B_6。动物细胞摄取吡哆醛的速率大于磷酸吡哆醛。吡哆酸是维生素 B_6 降解的最终产物，通过尿液排泄。维生素 B_6 贮存量很少，肌肉是主要贮存器官。极小部分从胆道分泌，并形成肝肠循环。

Note

（4）营养生理功能：磷酸吡哆醛和磷酸吡哆胺是维生素 B_6 在体内的活性形式。它们是机体内物质代谢酶系统中多种酶的辅酶的组成成分。维生素 B_6 作为这些酶的组分可参与机体内的蛋白质、碳水化合物和脂肪的代谢。

（5）缺乏与过量：畜禽对维生素 B_6 的需要量一般为每千克饲粮 1～3 mg，鱼类为 3～5 mg。畜禽对维生素 B_6 的需要量一般为每千克饲料 1～5 mg。

①缺乏：维生素 B_6 缺乏的症状在所有动物中相似，表现为高氨血症、高同型半胱氨酸血症、氧化应激、心血管功能障碍、皮肤和神经组织病变、贫血、生长受阻、抑郁、混乱、癫痫发作（神经系统问题）、皮肤病变和惊厥。猪缺乏维生素 B_6 表现为食欲差，生长缓慢，小红细胞异常的血红蛋白过少性贫血，类似癫痫的阵发性抽搐或痉挛，神经退化，尸检可见有规律性的似铁的黑黄色色素沉着，肝发生脂肪浸润以及腹泻和被毛粗糙。鸡缺乏时表现为异常兴奋、癫狂、无目的的运动和倒退、痉挛，并会出现骨短粗症，表现为一条腿严重跛行，一侧或两侧的中趾在第一关节处向内弯；另外，还可表现出繁殖机能障碍，产蛋鸡产蛋率和孵化率降低。一般瘤胃发育正常的成年反刍动物不会出现维生素 B_6 缺乏，因为瘤胃微生物能合成满足反刍家畜需要量的吡哆醇，但幼龄反刍动物可能出现应激性增加，易发生癫痫性惊厥、轻瘫、全身无力、外围神经脱髓鞘以及食欲不振等。鱼缺乏表现为食欲差和痉挛。

②过量：用狗和大鼠做实验，发现其维生素 B_6 的中毒剂量是需要量的 1000 倍以上。

7．生物素

（1）理化性质：生物素是广泛分布在动物和植物性食品中的咪唑衍生物，是一种含硫维生素。外观为长针状结晶粉末，无臭味；结晶形式的生物素在 25 ℃下是稳定的。在水溶液中，生物素能被强酸或强碱氧化剂和甲醛等破坏，紫外线照射可缓慢将其破坏。

（2）来源：生物素由植物、细菌和真菌合成，动物细胞不能合成生物素，自然界存在的生物素，有游离和结合两种形式。结合形式的生物素常与赖氨酸或蛋白质结合。被结合的生物素不能被一些动物所利用。

动物性食品或饲料（如鱼、奶、肝、肾、蛋黄、肉等）中生物素的含量丰富。畜禽对动物性来源生物素的利用率也较植物性来源者高。生物素广泛分布于植物性饲料中，如花生、玉米、小麦及其他谷类、米糠、青绿饲料、大豆粕中都含有丰富的生物素。机体所需的生物素约有 50%可以通过肠道细菌的合成来满足，饲料中的生物素在肠道的生物利用率通常小于 50%。营养上还应注意生物素拮抗物，主要是抗生物素蛋白和链霉菌抗生物素蛋白。当用蛋品作为日粮成分时，应当煮熟以灭活抗生物素蛋白。链霉菌抗生物素蛋白和其他生物素结合蛋白通常存在于垫草和变质饲料中。

（3）吸收与代谢：在小肠肠腔中，与蛋白质结合的生物素被胃肠道蛋白酶和肽酶消化，形成生物素酰-L-赖氨酸。这一赖氨酰生物素加合物经位于肠上皮细胞顶端膜上的生物素酶进一步裂解，产生赖氨酸和生物素。乳汁和血液也含有生物素酶，可释放生物素。游离生物素通过 Na^+ 依赖复合维生素载体被吸收到肠上皮细胞中。大肠上皮细胞的顶端膜也有生物素的载体。生物素经特异的 Na^+ 非依赖性载体通过肠上皮细胞基底外侧膜进入固有层。日粮中生物素缺乏时，肠道摄取生物素的量增多，而日粮中生物素过量时，肠道摄取生物素的量减少。这种适应性调节可能是通过生物素载体的数量和活性变化介导的，但不是由其亲和力介导的。

生物素以游离形式在血浆中运输。在血浆中，约 12%的生物素与蛋白质共价结合，另外 7%可逆地结合蛋白质。肠外组织通过特定载体，包括 Na^+ 依赖的复合维生素转运蛋白摄取生物素。在细胞内，通过与特定赖氨酸的 ε-氨基形成酰胺键，生物素与其酶连接。这种生化反应称为蛋白质生物素化，由生物素蛋白连接酶催化。生物素不在组织中沉积，过多的生物素或被代谢分解，或随尿液排出体外。

（4）营养生理功能。

①生物素以辅酶形式广泛参与碳水化合物、脂肪和蛋白质的代谢，如丙酮酸的脱羧、氨基酸的脱氨基、嘌呤和必需脂肪酸的合成等。

②生物素通过蛋白质和脂肪的糖异生在维持血糖稳态中起着重要作用。

③能转移一碳单位和以碳酸氢盐形式在组织中固定 CO_2。

④生物素还与溶菌酶活化和皮脂腺的功能有关。

⑤生物素在代谢方面与维生素 C、维生素 B_6、维生素 B_{12} 和泛酸密切相关。

(5) 缺乏与过量：畜禽对生物素的需要量一般为每千克风干料 50～300 μg，某些鱼类为 150～1000 μg。

①缺乏：生物素缺乏症罕见，人类或动物食用生蛋、无生物素的饲粮或加磺胺类药物可能发生生物素缺乏。因为蛋清含有一种热不稳定蛋白（抗生物素蛋白），其通过非共价键与生物素紧密结合，从而阻止肠道对生物素的吸收。生物素缺乏症表现包括生长受阻、抑郁、肌肉疼痛、皮炎、神经障碍、厌食和极度疲劳。猪的生物素缺乏导致其出现生长不良、足部损伤、脱毛、干性鳞状皮肤和生殖功能受损。家禽的生物素缺乏导致其出现生长缓慢、皮炎、腿骨畸形、脚裂、羽毛发育不好和脂肪肝肾综合征。脂肪肝肾综合征主要发生在 2～5 周龄的小鸡，是一种致命的病况，表现为肝脏、肾脏苍白和肿胀，并含有异常脂质沉积。胫骨短粗症是家禽缺乏生物素的典型症状。在大鼠，生物素缺乏会抑制鸟氨酸氨基甲酰转移酶（尿素循环酶）的表达和活性，导致高氨血症。

②过量：资料表明，在相当于需要量 4～10 倍的剂量范围内，生物素对猪和家禽都是安全的。大多数动物的中毒剂量是需要量的 1000 倍以上。

8. 叶酸

(1) 理化性质：叶酸也称为蝶酰谷氨酸，是一碳代谢的辅酶。叶酸由蝶啶碱、对氨基苯甲酸和谷氨酸组成，外观为黄色至橙黄色结晶性粉末，无臭味；易溶于稀碱，溶于稀酸，稍溶于水，不溶于乙醇、丙酮、乙醚和三氯甲烷；在植物中，叶酸以含 7 个谷氨酸残基的聚谷氨酸缀合物存在。在动物组织中，叶酸的主要形式是由 5 个谷氨酸残基的 γ-连接多肽链组成的缀合物。结晶的叶酸对空气和热均甚稳定，但受光和紫外线辐射后则降解，在中性溶液中较稳定。酸、碱、氧化剂和还原剂对叶酸都有破坏作用。大多数食品中的叶酸在有氧的加工和贮存环境中容易被氧化。

(2) 来源：叶酸由植物和微生物合成，广泛分布在植物和动物来源的食物中。叶酸主要存在于肾、乳、肝粉、脏器粉、鱼粉等动物性饲料或食品中。绿色植物的叶片和肉质器官、玉米、大豆粕等植物性饲料中都含有丰富的叶酸。日粮中的叶酸的生物利用率为 30%～80%，因食物来源而异，动物产品中的叶酸比植物产品中的叶酸能更好地被消化和吸收。

生产上使用的叶酸有两种剂型。应用较多是药用级叶酸，为极细粉末，叶酸含量不低于 96%。另一类为加有一定载体或由包被材料加工制成的含叶酸 80%左右的喷雾干燥型制剂或微囊制剂。

(3) 吸收与代谢：日粮中的叶酸以单谷氨酸和多谷氨酸形式存在，分别称为叶酰单谷氨酸和叶酰多聚谷氨酸。叶酰单谷氨酸被小肠和结肠上皮细胞吸收，而叶酰多聚谷氨酸在吸收前必须被水解生成叶酰单谷氨酸。

饲料中游离叶酸的含量有限，绝大部分叶酸是以蝶酰多谷氨酸形式存在。在正常情况下，叶酰单谷氨酸经动物消化后被小肠上皮细胞分泌的叶酰多聚-γ-谷氨酸羧肽酶水解成谷氨酸和游离叶酸，叶酰多聚-γ-谷氨酸羧肽酶的肠道活性因叶酸缺乏而增强，因叶酸过量而减弱。游离型叶酸在小肠上部被吸收。叶酸在肠壁、肝脏和骨髓等组织中，经叶酸还原酶的催化和在维生素 C、还原型辅酶Ⅱ参与下，游离的叶酸以叶酰单谷氨酸衍生物（主要是 N-甲基四氢叶酸）的形式在血液中运输，从而发挥其生理功能。叶酸主要以辅酶形式或四氢叶酸的多谷氨酸形式广泛分布于动物组织。肝脏是调节其他组织叶酸分布的中心，叶酸可在肝脏贮存。组织和器官中叶酸的分布取决于其细胞分裂的速度。叶酸可通过代谢分解，或随脱落的上皮细胞离开机体，或者通过胆汁及尿排出。

(4) 营养生理功能。

①叶酸在一碳单位的转移中是必不可少的，通过一碳单位的转移参与嘌呤、嘧啶、胆碱的合成和某些氨基酸的代谢。

②叶酸是机体维持免疫系统正常功能所必需的物质，添加叶酸具有抗病毒复制功能。

③叶酸参与嘌呤和嘧啶的合成，间接参与 DNA 合成和红细胞形成。

④叶酸可提供大量游离碳离子，供给制造神经末稍和构成传递神经冲动的重要化学物质原料，来保证人体神经系统的正常发育。

⑤叶酸有利于丝氨酸和甘氨酸的相互转化。

⑥可促进苯丙氨酸与酪氨酸、组氨酸与谷氨酸、半胱氨酸与蛋氨酸的转化。

⑦叶酸提供甲基化反应必需的甲基，如胆碱和蛋氨酸合成。

（5）缺乏与过量：畜禽对叶酸的需要量一般为每千克饲料 0.2～1 mg，鱼（鳟鱼和鲑鱼）可达 5 mg。叶酸被认为是一种无毒性的维生素。NRC(2012)规定妊娠和哺乳母猪每千克饲料中叶酸的添加量为 1.3 mg。鱼类每千克饲料添加量可达 5 mg。饲喂动物青绿饲料或长期喂热加工饲料，其叶酸的需要量增加；长期使用肠道抑菌药物（如磺胺）时，或饲料中存在叶酸的拮抗物时，家畜对叶酸的需要量增加。对瘤胃机能不健全的反刍动物和肠道短、合成慢、利用有限的家禽也需补充叶酸。

叶酸缺乏的动物会发生严重的代谢紊乱，尤其在胚胎和新生儿发育过程中。例如，叶酸缺乏引起巨细胞性贫血，因为一碳代谢是形成红细胞所必需的。怀孕期间叶酸缺乏可引起胎儿的神经管缺陷，如脊柱裂。维生素 B_{12} 与叶酸之间相互作用的复杂性是因为其共同参与甲硫氨酸合成酶的反应。由实验日粮导致叶酸缺乏的肉鸡和火鸡的临床症状包括生长不良、饲料效率降低、贫血、骨发育不良和孵化率低。猪缺乏叶酸时表现为食欲减退，生长受阻，被毛稀少，脱毛，下痢，正常红细胞性贫血。种母猪缺乏叶酸时表现为繁殖和泌乳功能紊乱，胎儿畸形，胚胎死亡率增加。鸡缺乏叶酸时总体特征是生长受阻，羽毛生长不良，有色羽毛褪色（缺乏色素）。幼鸡还发生胫骨短粗症，贫血，伴有水样白痢等。种鸡则产蛋率与孵化率下降，胚胎死亡率显著增加。鱼类缺乏叶酸时出现生长不良、昏睡、颜色发暗、大红细胞性贫血等。

通常认为叶酸是一种无毒性的维生素，目前没有出现过过量的现象。

9. 维生素 B_{12}

（1）理化性质：维生素 B_{12} 又称钴胺素，钴胺素是由咕啉样环和钴离子组成的八面体钴络合物，是一种红色结晶，易溶于水和乙醇，但不溶于丙酮、氯仿和乙醚的物质；在 pH 4.5～5.5 的水溶液中最稳定，加入硫酸铵能提高其稳定性；易吸湿，可被氧化剂、还原剂、醛类、抗坏血酸、二价铁盐、香草醛等破坏。

（2）来源：维生素 B_{12} 仅由微生物合成。因此，如果反刍动物能从日粮中获得足够的钴和无机钴盐，则不需要日粮提供维生素 B_{12}。动物的肝脏、蛋、奶以及鱼粉、鱼副产品、肉粉、血粉、贝类等都是维生素 B_{12} 的良好来源。在自然界，只在动物产品和微生物中发现维生素 B_{12}，植物中不含维生素 B_{12}。生产上使用的维生素 B_{12} 商品制剂多为加有载体或稀释剂，含维生素 B_{12} 0.1%或 1%～2%的预混料粉剂产品。

（3）吸收与代谢：肠道维生素 B_{12} 的吸收位点主要是回肠，但也有一部分在空肠和大肠被吸收，其吸收是一个复杂的生理和生化过程。饲料中的维生素 B_{12} 通常与蛋白质结合，在胃的酸性环境中经胃蛋白酶作用释放。在肠道微碱性环境中，维生素 B_{12} 以氰钴胺的形式与胃黏膜壁细胞分泌的一种糖蛋白内源因子结合形成二聚复合物，在回肠黏膜的刷状缘，维生素 B_{12} 又从二聚复合物中游离出来，被吸收。与其他水溶性维生素不同，维生素 B_{12} 主要通过胆汁分泌，经粪便排出，经尿液排泄较少。在非反刍动物（尤其是恶性贫血者）中，口服维生素 B_{12} 后经尿排出的量常用于检测动物能否适当地吸收维生素 B_{12}。采食正常日粮的哺乳期奶牛，经粪便排泄的钴约为 87%，经尿液排出 1.0%，经乳汁排出 12%；非泌乳奶牛，经粪便排泄的钴约为 98%，经尿液排出 2.0%。

（4）营养生理功能。

①维生素 B_{12} 在体内主要以二脱氧腺苷钴胺素和甲钴胺素两种辅酶的形式参与多种代谢活动，如嘌呤和嘧啶的合成、甲基的转移、由氨基酸合成蛋白质以及碳水化合物和脂肪的代谢。

②B_{12} 辅酶参与髓磷脂的合成，在维护神经组织中起重要作用。

③参与血红蛋白的合成和恶性贫血病的控制。

④维生素 B_{12} 辅酶参与丙酸转化为琥珀酸，使之进入三羧循环的一系列代谢作用。

⑤参与一碳单位的转移，如丝氨酸和甘氨酸的互变，由半胱氨酸形成甲硫氨酸，从乙醇胺形成

胆碱。

(5) 缺乏与过量：猪、禽对维生素 B_{12} 的需要量为每千克饲料 3～20 μg。通常幼龄动物和种畜需要量较高，如 NRC(2012)规定仔猪(7～11 kg)饲粮维生素 B_{12} 的需要量为 17.5 μg/kg。单胃动物饲喂植物性饲料、含钴不足的饲料，胃肠道疾病以及由于先天缺陷而不能产生内源因子等情况下，需补给维生素 B_{12}。

缺乏：采食植物性饲料的非反刍动物、钴摄入不足的反刍动物和养殖的鱼类中常见维生素 B_{12} 缺乏。维生素 B_{12} 缺乏时最受影响的两个重要功能是促进红细胞的形成和维持神经系统的完整性。缺乏会导致甲硫氨酸合成酶和甲基丙二酰辅酶 A 变位酶的活性降低，DNA(嘌呤和胸苷酸)合成受损，细胞分裂减少，红细胞核形成受损，从而导致骨髓巨核细胞积累。高胱氨酸尿症(高半胱氨酸的积累引起)和甲基丙二酸尿症(甲基丙二酸的积累引起)也发生在患维生素 B_{12} 缺乏症的动物和人体中。猪、鸡、大鼠及其他动物最明显的症状是生长受阻，继而表现为步态的不协调和不稳定。猪的繁殖也可受影响。鸡孵化率低，新孵出的鸡骨异常，类似骨短粗症。人缺乏维生素 B_{12} 时出现恶性贫血，动物有时可出现正常红细胞或小红细胞贫血。瘤胃机能正常的反刍动物，不会出现维生素 B_{12} 缺乏症。日粮中缺乏钴，就有出现缺乏现象，主要表现为瘤胃发酵的主产物丙酸代谢发生障碍。

关于动物维生素 B_{12} 过量时出现的不良反应还未见报道，维生素 B_{12} 的中毒剂量至少是需要量的数百倍。

10. 维生素 C(抗坏血酸)

(1) 理化性质：维生素 C 是一种含有 6 个碳原子的酸性多羟化合物。其为无色结晶并溶于水，稍溶于乙醇，微溶于甘油，不溶于乙醚和三氯甲烷；有黏滞性和较强的碱性，易吸潮。氧化形式是脱氢抗坏血酸。在酸性溶液中具热稳定性，在碱性条件下容易分解。维生素 C 以两种形式存在，即还原型抗坏血酸和氧化型脱氢抗坏血酸。在高温光照条件下，维生素 C 容易受到氧化破坏。维生素 C 极易氧化，因而可保护其他化合物免被氧化。还原型抗坏血酸和氧化型脱氢抗坏血酸之间的可逆氧化还原反应是维生素 C 最重要的化学特性，也是已知维生素 C 的生理学活性及稳定性的基础。维生素 C 是所有维生素中最不稳定的维生素，最容易受到氧化破坏。

(2) 来源：谷物中基本上都含维生素 C，番茄、绿色蔬菜、马铃薯和大多数水果都是维生素 C 的重要来源。动物性食品和饲料中维生素 C 含量较少，如肉类、鱼类、乳类等含量均不高。大多数哺乳动物(如猪、狗、猫和反刍动物)的肝脏及家禽的肝脏和肾脏都能利用葡萄糖经糖醛酸途径合成维生素 C。生产上常用的维生素 C 添加物有 L-抗坏血酸、L-抗坏血酸钠、L-抗坏血酸钙。

(3) 吸收与代谢：维生素 C 可被小肠迅速吸收进入血液循环系统，并为各组织所吸收，肾上腺和视网膜中含量最高，其次是肝、脾、肾、肌肉，血液中血细胞含量超过血清。正常情况下，维生素 C 绝大部分在体内经代谢分解，最终产物是 CO_2 和草酸，草酸随尿液排出体外。维生素 C 也能直接排出体外，但肾脏对维生素 C 排出有一阈值，只有血浆中维生素 C 水平超过此阈值时，肾脏才能大量排出。氧化型的维生素 C 在肠上皮细胞中通过谷胱甘肽依赖性的脱氢抗坏血酸还原酶转化为抗坏血酸。在反刍动物中，日粮维生素 C 完全被瘤胃微生物降解，这些微生物几乎没有维生素 C 的净合成。因此，通过日粮补充未受保护的维生素 C，难以增加牛奶中的维生素 C 含量。

(4) 营养生理功能：由于维生素 C 具有可逆的氧化和还原性，它广泛参与机体多种生化反应。已被阐明的最主要的功能是参与胶原蛋白合成。此外，其还有以下几个方面的功能。

①在细胞内电子转移的反应中起重要的作用。

②参与某些氨基酸的氧化反应。

③促进肠道铁离子的吸收和在体内的转运。

④减轻体内转运金属离子的毒性作用。

⑤能刺激白细胞中吞噬细胞和网状内皮系统的功能。

⑥促进抗体的形成。

⑦是致癌物质亚硝胺的天然抑制剂。

⑧参与肾上腺皮质类固醇的合成。

⑨增加蛋壳的强度，提高蛋清的质量和孵化率。

⑩作为水溶性抗氧化剂。

(5) 缺乏与过量：动物对维生素 C 的需要量一般没有规定。NRC(1994)将鱼的需要量定为每千克饲料 50 mg。

缺乏：维生素 C 缺乏的典型症状是坏血病，可以通过摄食水果和新鲜蔬菜治愈。缺乏将阻碍动物的生长和繁殖，使机体易感染传染病，结缔组织异常(包括皮下出血、牙龈肿胀变软、牙齿松动、毛细血管变脆)，伤口愈合受损，肌肉无力，疲劳，抑郁，生长不良等，同时可导致叶酸和维生素 B_{12} 利用不力的贫血症。

维生素 C 的毒性很低，动物一般可耐受需要量的数百倍，甚至上千倍的剂量。

四、类维生素物质

目前对于一些物质还不能完全证明它们是维生素，但它们在不同的程度上具有维生素的属性，我们把这些物质称为类维生素。类维生素包括对氨基苯甲酸、肉碱、类黄酮、肌醇、硫辛酸、吡咯并喹啉醌和泛醌等。大部分溶于水，通过顶端膜载体介质被肠上皮细胞吸收，并依靠其化学结构进入门静脉或淋巴管。它们大多数参与了动物的代谢和生理过程，大多数可以通过日粮有效供给。目前没有关于类维生素缺乏的疾病报道，过量食用的现象亦很少见。

知识拓展与链接

水产养殖抗应激黑科技：纳米级维生素

思考与练习

扫码看答案

一、填空题

1. 维生素 D 缺乏症有________、________、________。
2. 水溶性维生素包括________和________。
3. 具有抗氧化功能的维生素是________和________。
4. 猪缺乏________时导致鹅步。
5. 参与凝血功能的维生素是________。

二、选择题

1. 能促进钙吸收的措施是(　　)。

A. 经常在户外晒太阳　　B. 经常做理疗(热敷)

C. 多吃谷类食物　　D. 多饮酒

2. 具有激素性质的维生素是(　　)。

A. 维生素 B_1　　B. 维生素 B_2　　C. 维生素 D　　D. 尼克酸(烟酸)

3. 维生素 B_2 缺乏的体征之一是(　　)。

A. 脂溢性皮炎　　B. 周围神经炎　　C. 腹泻　　D. 牙龈疼痛出血

4. 维生素 A 的主要生理功能为(　　)。

A. 促进钙的吸收　　B. 调节血压　　C. 调节血脂　　D. 维持正常视觉

Note

5. 饲料加工过程中损失最小的维生素是(　　)。

A. 尼克酸　　B. 维生素 C　　C. 维生素 A　　D. 维生素 E

三、问答题

1. 维生素的特点是什么?
2. 维生素 B_6 有何生理功能?
3. 维生素 C 有何生理功能?
4. 简述维生素 D_2 和维生素 D_3 在动物体内的消化吸收代谢过程。

项目二　饲料原料

学习目标

▲知识目标

1. 掌握饲料的常见分类法及常见饲料的特性。

2. 了解青贮原理、氨化原理等基本理论知识。

3. 熟知粗饲料、青绿饲料、青贮饲料、能量饲料、蛋白质饲料、矿物质饲料及饲料添加剂的概念、分类、营养特点及加工利用。

▲能力目标

1. 能够准确识别原料。

2. 能够对粗饲料、青绿饲料、能量饲料、蛋白质饲料、矿物质饲料及饲料添加剂进行合理的加工和利用。

3. 能够正确制备青贮饲料并进行品质鉴定。

4. 能够正确制备氨化饲料并进行品质鉴定。

▲课程思政目标

1. 培育和践行社会主义核心价值观。

2. 培养认真负责、实事求是的学习态度。

3. 培养团队意识，提高与他人沟通协作的素质。

4. 具有爱岗敬业、吃苦耐劳、精益求精的工匠精神。

5. 结合饲料添加剂内容，培养学生饲料安全意识和环保意识，树立和践行“绿水青山就是金山银山”的理念。

6. 培养“大国三农”情怀，增强服务现代畜牧业、推动乡村全面振兴的责任感和使命感。

思维导图

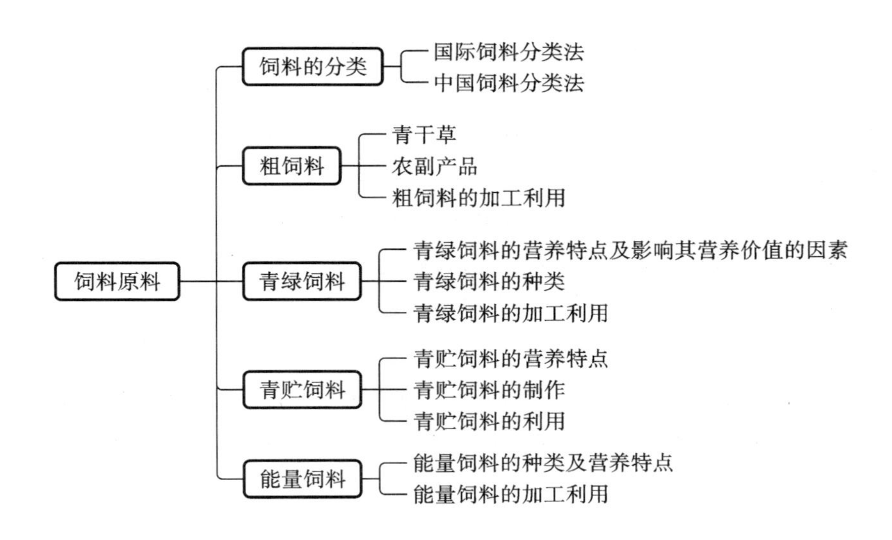

Note

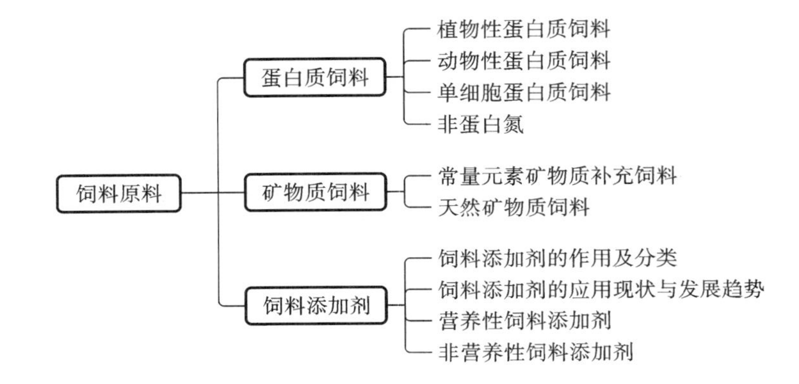

扫码学课件
2-1

任务一　饲料的分类

任务目标

- 掌握饲料的概念及其分类方法。
- 能正确对饲料进行分类。
- 能正确识别各种常见饲料。
- 了解各类饲料的营养特性。
- 在老师的指导下，完成饲料原料接收岗位的工作任务。

情景导入

某饲料厂新进玉米、豆粕、鱼粉等多种饲料原料，请结合本任务学习知识，对其进行正确的分类，并说出各类饲料的特点。

饲料是指能提供饲养动物所需养分、保证动物健康、促进动物生长和生产且在合理使用下不发生有害作用的可食物质。从广义上讲，能强化饲料饲喂效果的某些非营养性物质如各种饲料添加剂，也划为饲料之列。饲料有如下来源：植物（如玉米、麸皮、豆粕等）、动物（如鱼粉、骨粉、肉粉等）、矿物质（如食盐、石灰石、贝壳粉等）以及工业合成产品（如尿素、微生物、氨基酸等）。

一、国际饲料分类法

国际饲料编码（international feed number，IFN）对每类予以 6 位数的编码，编码分 3 节，表示为△-△△-△△△。国际饲料分类法将饲料分为八大类（表 2-1）。第一节（一位数）代表八大类中饲料归属的类别，第二节（两位数）为该种饲料所属大类下面的亚类，第三节代表亚类下面的第某号饲料。

（一）粗饲料（1-00-000）

粗饲料是指天然含水量＜45％，干物质中粗纤维的含量≥18％的一类饲料。包括植物地上部分经收割、干燥制成的干草或加工而成的干草粉；脱谷后的农副产品，如秸秆、秕谷、藤蔓、荚皮等；以及干物质中粗纤维含量≥18％的农产品加工副产物，如糟渣类、树叶类等。

（二）青绿饲料（2-00-000）

青绿饲料是指天然含水量≥45％的一类饲料。包括陆地或水面的野生或栽培植物的整株或其一部分，如牧草类、叶菜类、非淀粉质的块根、块茎和瓜果类、水草类等多汁饲料。其干物质中的粗纤维和粗蛋白质含量可不加考虑。

表 2-1　国际饲料分类法分类依据

饲料类别	饲料编码	水分（天然含水量，%）	粗纤维（干物质中含量，%）	粗蛋白质（干物质中含量，%）
粗饲料	1-00-000	<45	≥18	—
青绿饲料	2-00-000	≥45	—	—
青贮饲料	3-00-000	≥45	—	—
能量饲料	4-00-000	<45	<18	<20
蛋白质饲料	5-00-000	<45	<18	≥20
矿物质饲料	6-00-000	—	—	—
维生素饲料	7-00-000	—	—	—
饲料添加剂	8-00-000	—	—	—

（三）青贮饲料(3-00-000)

青贮饲料是指天然的青绿饲料，包括野生青草、栽培饲料作物和秸秆等，在无氧条件下，经以乳酸菌为主的厌氧菌发酵、调制和保存的一种青绿多汁饲料，一般含水量在65%～75%。青贮饲料也包括含水量在45%～55%的半干青贮。青绿饲料补加适量糠麸或根茎瓜类制成的混合青贮饲料，这类饲料一般含水量≥45%。

（四）能量饲料(4-00-000)

能量饲料是指天然含水量<45%，干物质中粗纤维含量<18%，粗蛋白质含量<20%，且每千克含消化能在10.46MJ以上的一类饲料。主要包括谷实类和粮食加工厂副产品糠麸类、富含淀粉和糖的根茎瓜果类、油脂以及一些外皮比较小的草籽树实类等。

（五）蛋白质饲料(5-00-000)

蛋白质饲料是指天然含水量<45%、干物质中粗纤维含量<18%、粗蛋白质含量≥20%的一类饲料，主要包括植物性蛋白质饲料（豆类、饼粕类）、动物性蛋白质饲料（鱼粉、肉粉等）、单细胞蛋白质饲料（酵母、藻类等）和非蛋白氮饲料（饲料级的尿素、双缩脲等）。

（六）矿物质饲料(6-00-000)

矿物质饲料是指天然或工业合成的单一矿物质饲料，矿物质混合的矿物质饲料以及混有载体或稀释剂的矿物质添加剂预混料。贝壳和骨粉来源于动物，主要用来提供矿物质营养，也属于矿物质饲料。

（七）维生素饲料(7-00-000)

维生素饲料是指人工合成或由原料提纯的各种单一维生素和复合维生素，但富含维生素的天然饲料不属于维生素饲料。

（八）饲料添加剂(8-00-000)

饲料添加剂指各种用于强化饲料效果，改善饲料品质，促进动物生长和繁殖，保障动物健康，有利于配合饲料生产和贮存而在配合饲料中添加的各种少量或微量成分，包括营养性饲料添加剂（氨基酸、微量矿物质和维生素等）和非营养性饲料添加剂（各种抗生素、防霉剂、抗氧化剂、增味剂、黏结剂、疏散剂、着色剂以及保健品与调节代谢的药物）等。

二、中国饲料分类法

我国饲料分类法是将我国传统饲料分类体系与国际饲料分类原则相结合而提出来的。首先根据国际饲料分类原则将饲料分为八大类，然后结合我国传统分类习惯将饲料分为17个亚类，对每类饲料冠以相应的中国饲料编码(Chinese feed number，CFN)，共7位数。首位为IFN，第2、3位为

CFN 亚类编号,第 4 至 7 位代表饲料的具体编码。如编码 4-07-0279,4 表示是第 4 大类能量饲料,07 表示属谷实类,0279 表示一级玉米;编码 4-07-0280 表示二级玉米(表 2-2)。

(一) 青绿饲料

天然含水量>45%的栽培牧草、草地牧草、野菜、鲜嫩的藤蔓、秸秆类和部分未完全成熟的谷物植株等都属于青绿饲料。CFN 形式为 2-01-0000。

(二) 树叶

树叶类饲料有 2 种类型。一种是刚采摘下来的树叶,饲用时的天然含水量尚能保持在 45%以上,这种类型多是一过性的,数量不大,按国际饲料分类属青绿饲料(2-00-000)。CFN 形式是 2-02-0000。另一种类型是风干后的乔木、灌木、亚灌木的树叶等,干物质中粗纤维含量≥18%的树叶类,按国际饲料分类属粗饲料,如槐叶、银合欢叶、松针叶等,CFN 形式为 1-02-0000。

(三) 青贮饲料

青贮饲料有 3 种类型:①由新鲜的天然植物性饲料调制成的青贮饲料,或在新鲜的植物性饲料中加有各种辅料(如小麦麸、尿素、糖蜜)或防腐剂、防霉剂调制成的常规青贮饲料,一般含水量在 65%~75%。CFN 形式为 3-03-0000。②半干青贮饲料,亦称低水分青贮饲料,是用天然含水量为 45%~55%的半干青绿植株调制成的青贮饲料。CFN 形式与常规青贮饲料相同,3-03-0000。③随着钢筒式青贮窖或密封青贮窖的普及,从 20 世纪 50 年代以后,欧美各国盛行的谷物青贮料。目前常见的是以新鲜高水分玉米籽实或麦类籽实为主要原料的谷物青贮料,其水分含量在 28%~35%,青贮后可防止霉变,保持营养质量。从谷物湿贮的营养成分的含量看,符合国际饲料分类中的能量饲料标准,但从调制方法分析,又属青贮饲料,在国际饲料分类法中无明确规定,在中国饲料分类法中统称为“谷物青贮料”,CFN 形式为 4-03-0000。

(四) 块根、块茎、瓜果

天然含水量≥45%的块根、块茎、瓜果类都属于此类。如胡萝卜、芜菁、饲用甜菜、瓜皮等。这类饲料脱水后的干物质中粗纤维和粗蛋白质含量都较低。鲜物的 CFN 形式为 2-04-0000,如鲜甘薯、胡萝卜等。干燥后则属能量饲料,其 CFN 形式为 4-04-0000,如甘薯干、木薯干等。

(五) 干草

干草是人工栽培或野生牧草的脱水或风干物,饲料的水分含量在 15%以下(霉菌繁殖水分临界点)。水分含量在 15%~25%的干草压块亦属此类。有 3 种类型:①干物质中的粗纤维含量≥18%者,都属于粗饲料,CFN 形式为 1-05-0000。②干物质中粗纤维含量<18%,且粗蛋白质含量<20%者,属能量饲料,CFN 形式为 4-05-0000,如优质草粉。③干物质中的粗蛋白质含量≥20%,而粗纤维含量<18%者,按国际饲料分类原则应属蛋白质饲料,CFN 形式为 5-05-0000,如一些优质苜蓿、紫云英的干草粉等。

(六) 农副产品

农作物收获后的副产品多属此类。常见的有 3 种类型:①干物质中粗纤维含量≥18%者,属于国际饲料分类中的粗饲料,CFN 形式为 1-06-0000,如藤、蔓、秸、秧、荚、壳等。②干物质中粗纤维含量<18%且粗蛋白质含量<20%者,属能量饲料,CFN 形式为 4-06-0000。③干物质中粗纤维含量<18%,粗蛋白质含量≥20%者,按国际饲料分类原则属于蛋白质饲料,CFN 形式为 5-06-0000,但后两者不多见。

(七) 谷实类饲料

谷实类饲料中干物质中粗纤维含量<18%,同时粗蛋白质含量<20%者,按国际饲料分类法属能量饲料,如玉米、玉米油等。CFN 形式为 4-07-0000。

(八) 糠麸类饲料

Note

糠麸类饲料是干物质中粗纤维含量<18%、粗蛋白质含量<20%的各种粮食加工副产品,如小

麦麸、米糠、米糠油、玉米皮等。按国际饲料分类法多属能量饲料，CFN 形式为 4-08-0000。但有些粮食加工后的低档副产品，其干物质中的粗纤维含量多数大于或等于 18%，按国际饲料分类法属于粗饲料，CFN 形式均为 1-08-0000。

（九）豆类饲料

豆类饲料是豆类籽实干物质中粗蛋白质含量≥20%，粗纤维含量<18%者，CFN 形式为 5-09-0000，如大豆、黑豆等均属于豆类饲料中的蛋白质饲料。但也有个别的豆类籽实的干物质中粗蛋白质含量<20%的，如广东的鸡子豆和江苏的爬豆则不属于豆类中的蛋白质饲料，而应属于豆类中的能量饲料，CFN 形式为 4-09-0000。豆类饲料干物质中粗纤维含量≥18%者很少见。

（十）饼粕类饲料

大部分饼粕类饲料属蛋白质饲料，CFN 形式为 5-10-0000；但干物质中的粗纤维含量≥18%的饼粕类饲料，即使其干物质中粗蛋白质含量≥20%，按国际饲料分类法仍属于粗饲料，CFN 形式为 1-10-0000，如有些含壳量多的向日葵籽饼及棉籽饼等皆属此类。还有一些低蛋白质、低纤维素的饼粕类饲料，如米糠饼、玉米胚芽饼等，其干物质中粗蛋白质含量<20%，属于能量饲料，CFN 形式为4-08-0000。

（十一）糟渣类饲料

干物质中粗纤维含量≥18%者应归入糟渣类饲料中的粗饲料，CFN 形式为 1-11-0000。干物质中粗蛋白质含量<20%，而粗纤维含量也低于 18%者，则属于糟渣类饲料中的能量饲料，CFN 形式为 4-11-0000，如优质粉渣、醋渣、酒渣。干物质中粗蛋白质含量≥20%而粗纤维含量<18%者，则属于糟渣类饲料中的蛋白质饲料，如含蛋白质较多的啤酒糟、饴糖渣、豆腐渣等。尽管这类饲料的蛋白质、氨基酸利用率较差，但按国际饲料分类法仍属于蛋白质饲料，CFN 形式为 5-11-0000。

（十二）草籽、树实

在草籽、树实类中，凡干物质中粗纤维含量≥18%者属粗饲料，如灰菜籽、带壳橡籽等，CFN 形式为 1-12-0000。干物质中粗纤维含量<18%，而粗蛋白质含量<20%者，均属能量饲料，如稗草籽、干沙枣等，CFN 形式为 4-12-0000，但也有干物质中粗纤维含量<18%而粗蛋白质含量≥20%者，属蛋白质饲料，CFN 形式为 5-12-0000，这类比较少见。

（十三）动物性饲料

动物性饲料是指来源于渔业、养殖业的动物性饲料及其加工副产品。按国际饲料分类原则，在动物性饲料中，凡干物质中粗蛋白质含量≥20%者，均属于蛋白质饲料，CFN 形式为 5-13-000，如鱼、虾、肉、皮、毛、血、蚕蛹等；凡干物质中粗蛋白质含量<20%的动物性饲料均属能量饲料，如牛脂、猪油等，CFN 形式为 4-13-0000；干物质中粗蛋白质含量<20%，而以补充钙、磷等矿物质为目的者，属动物性矿物质饲料，如骨粉、蛋壳粉、贝壳粉等，CFN 形式为 6-13-0000。

（十四）矿物质饲料

可供饲用的天然矿物质皆属于矿物质饲料，如石灰石粉，化工合成的无机化合物如硫酸铜、硫酸铁以及金属离子与有机配位体的络合物（如蛋氨酸锌）等，CFN 形式为 6-14-0000。此外，来源于单一动物性饲料的矿物质饲料也属此类，如骨粉、贝壳粉等，CFN 形式为 6-13-0000。

（十五）维生素饲料

维生素饲料是指由工业提纯或合成的饲用维生素制剂，如胡萝卜素、硫胺素、核黄素、烟酸、泛酸、胆碱、叶酸、维生素 A、维生素 D 等的单体（不包括富含维生素的天然青绿多汁饲料），CFN 形式为 7-15-0000。

（十六）饲料添加剂

饲料添加剂的 CFN 形式为 8-16-0000。在中国饲料工业中用于补充氨基酸的工业合成赖氨酸、

蛋氨酸、色氨酸等均属于饲料添加剂，按中国饲料分类原则，其CFN形式应为5-16-0000。

（十七）油脂类饲料及其他

油脂类饲料及其他油脂类饲料是以补充能量为目的，用动物、植物或其他有机物质为原料，经压榨、浸提等工艺制成的饲料。按国际饲料分类原则属能量饲料。CFN形式为4-17-0000。随着饲料科学研究水平的不断提高，饲料新产品的涌现，在上述1～17亚类（表2-2）之外还将会增添新的中国饲料亚类及相应的CFN形式。

表 2-2 中国饲料分类编码

饲料类别	编码	水分（天然含水量，%）	粗纤维（干物质中含量，%）	粗蛋白质（干物质中含量，%）
一、青绿饲料	2-01-0000	≥45	—	—
二、树叶				—
1. 鲜树叶	2-02-0000	>45	—	
2. 风干树叶	1-02-0000	—	≥18	—
三、青贮饲料				
1. 常规青贮饲料	3-03-0000	65～75	—	—
2. 半干青贮饲料	3-03-0000	45～55	—	—
3. 谷物青贮料	4-03-0000	28～35	<18	<20
四、块根、块茎、瓜果				
1. 含天然水分的块根、块茎、瓜果	2-04-0000	≥45	—	—
2. 脱水块根、块茎、瓜果	4-04-0000	—	<18	<20
五、干草				
1. 第一类干草	1-05-0000	<15	≥18	—
2. 第二类干草	4-05-0000	<15	<18	<20
3. 第三类干草	5-05-0000	<15	<18	≥20
六、农副产品				
1. 第一类农副产品	1-06-0000	—	≥18	—
2. 第二类农副产品	4-06-0000	—	<18	<20
3. 第三类农副产品	5-06-0000	—	<18	≥20
七、谷实类饲料	4-07-0000	—	<18	<20
八、糠麸类饲料				
1. 第一类糠麸饲料	4-08-0000	—	<18	<20
2. 第二类糠麸饲料	1-08-0000	—	≥18	—
九、豆类饲料				
1. 第一类豆类饲料	5-09-0000	—	<18	≥20
2. 第二类豆类饲料	4-09-0000	—	≥18	<20
十、饼粕类饲料				
1. 第一类饼粕饲料	5-10-0000	—	<18	≥20
2. 第二类饼粕饲料	1-10-0000	—	≥18	≥20
3. 第三类饼粕饲料	4-08-0000	—	<18	<20

Note

续表

饲料类别	编码	水分 （天然含水量，%）	粗纤维 （干物质中含量，%）	粗蛋白质 （干物质中含量，%）
十一、糟渣类饲料				
1. 第一类糟渣饲料	1-11-0000	—	≥18	—
2. 第二类糟渣饲料	4-11-0000	—	<18	<20
3. 第三类糟渣饲料	5-11-0000	—	<18	≥20
十二、草籽、树实				
1. 第一类草籽、树实	1-12-0000	—	≥18	—
2. 第二类草籽、树实	4-12-0000	—	<18	<20
3. 第三类草籽、树实	5-12-0000	—	<18	≥20
十三、动物性饲料				
1. 第一类动物性饲料	5-13-0000	—	—	≥20
2. 第二类动物性饲料	4-13-0000	—	—	<20
3. 第三类动物性饲料	6-13-0000	—	—	<20
十四、矿物质饲料	6-14-0000	—	—	—
十五、维生素饲料	7-15-0000	—	—	—
十六、饲料添加剂	8-16-0000	—	—	—
十七、油脂类饲料及其他	4-17-0000	—	—	—

思考与练习

单选题

1. 下列饲料中属于粗饲料的是（　　）。

A. 秸秆　　B. 鱼粉　　C. 玉米　　D. 食盐

2 下列饲料中属于能量饲料的是（　　）。

A. 玉米　　B. 干草　　C. 菜籽饼　　D. 食盐

3. 油脂属于（　　）。

A. 蛋白质饲料　　B. 能量饲料　　C. 青绿饲料　　D. 粗饲料

4. 可以为反刍动物提供廉价粗蛋白质的饲料是（　　）。

A. 大豆饼粕　　B. 酵母　　C. 尿素　　D. 鱼粉

5. 国际饲料分类法把饲料分为（　　）。

A. 四大类　　B. 六大类　　C. 八大类　　D. 十大类

6. 下列不属于饲料添加剂的是（　　）。

A. 赖氨酸　　B. 蛋氨酸　　C. 色氨酸　　D. 玉米

7. 下列饲料中属于矿物质饲料的是（　　）。

A. 玉米　　B. 干草　　C. 菜籽饼　　D. 石粉

8. 玉米属于（　　）。

A. 蛋白质饲料　　B. 能量饲料　　C. 青绿饲料　　D. 粗饲料

9. 粗饲料的干物质中粗纤维含量至少为（　　）。

A. 18%　　B. 5%　　C. 30%　　D. 40%

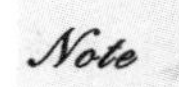

10. 下列饲料中属于蛋白质饲料的是（　　）。
A. 秸秆　　B. 鱼粉　　C. 玉米　　D. 食盐

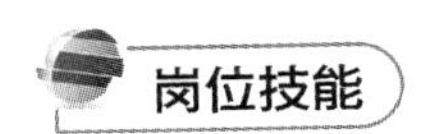

岗位技能 1　饲料原料识别及显微镜镜检

一、实训目的

能正确识别提供的饲料、饲草标本或实物，并描述其典型感官特征，并能根据其特点进行正确分类，描述其显微镜检特征。

二、实训条件

（1）磁盘、镊子、称量勺、体视显微镜等。

（2）粗饲料、青绿饲料、能量饲料、蛋白质饲料、矿物质饲料等饲料实物。

①苜蓿、青干草、玉米秸秆、稻草、麦秸、谷草、高粱壳、花生壳、豆荚、杨树叶、槐树叶、玉米芯等。

②青刈玉米、紫花苜蓿、草木樨、三叶草、甘蓝、胡萝卜、聚合草、南瓜、甜菜、水葫芦、水浮莲等。

③玉米秸秆青贮饲料。

④玉米、高粱、大麦、米糠、小麦麸、马铃薯、甘薯和木薯等。

⑤鱼粉、血粉、肉骨粉、羽毛粉、豆粕、棉籽饼粕、菜籽饼粕、花生饼粕和饲用尿素等。

⑥骨粉、贝壳粉、石粉、食盐、硫酸铜和硫酸亚铁等。

⑦维生素 A、维生素 D、维生素 B_1、维生素 B_2 等多种维生素。

⑧蛋氨酸、赖氨酸、丙酸钙、辣椒红、糖精钠等饲料添加剂。

（3）必要的饲草、饲料标本、图片、幻灯片或视频。

三、方法与步骤

（1）根据饲料的营养特点和来源，结合实物、图片、幻灯片或视频，分别将上述饲料进行分类，并说出各类饲料的营养特点。对于同类饲料，根据饲料各自的外观特征、加工方法等区分品种和记忆名称。

（2）借助放大镜或体视显微镜。识别各种饲料并描述其典型特征，将显微镜下所见物质的形态特征、物理性状与实际使用的饲料原料应有的特征进行对比分析。

（3）结合当地实际，重点识别常用饲料、饲草，并对饲料进行编码。

四、实训思考

列举当地常见饲草、饲料的名称、所属类别及感官特征。

扫码学课件
2-2

任务二　粗　饲　料

任务目标

- 掌握青干草、秸秆氨化及秸秆碱化的原理、方法和步骤。
- 掌握青干草品质评定的指标。
- 在老师的指导下，完成粗饲料加工调制岗位的工作任务。

某奶牛场准备把苜蓿晒制成青干草，请结合本任务学习知识，对其进行正确的操作，并进行品质评定。

凡干物质中粗纤维含量≥18%的饲料，统称为粗饲料，包括青干草、农副产品秸秆类和秕壳类以及高纤维的糟渣类等。粗饲料粗纤维含量高、体积大、消化能或代谢能低，可利用养分含量少，但其种类多、来源广、数量大、价格低，是草食动物的主要饲料。充分利用粗饲料对发展畜牧生产具有重要意义。

一、青干草

（一）青干草的营养价值

青草或其他青绿饲料作物在结籽实前刈割，经天然或人工干燥而成的粗饲料称为青干草。优质青干草呈青绿色，叶片多且柔软，有芳香味，适口性好，营养较完善，是草食动物越冬的优质饲料。

青干草的营养价值与牧草种类、生长状况、刈割时期、调制方法等因素有关。粗蛋白质含量为7%～14%，部分豆科牧草可超过20%。粗纤维含量为20%～35%，粗纤维的消化率较高。无氮浸出物含量为35%～50%。矿物质和维生素含量丰富，豆科青干草含丰富的钙、磷、胡萝卜素，钙含量超过1%，一般晒制青干草胡萝卜素含量为5～40 mg/kg，维生素D含量为16～150 mg/kg。

（二）青干草的加工方法

青干草调制时应根据饲草种类、草场环境和生产规模采取不同方法，大体上分为自然干燥法和人工干燥法。自然晒制的青干草营养物质损失较多。资料显示，干物质的损失占新鲜牧草总量的1/5～1/4，热能损失约2/5，蛋白质损失约1/3。人工干燥法调制的青干草品质好，营养物质的损失可降到很低，只占新鲜牧草总量的5%～10%，但成本较高。

1. 自然干燥法

（1）地面晒制青干草法。此法也称田间干燥法，是最原始最普通的方法。地面晒制青干草多采用平铺与集堆结合晒草法。具体方法：青草刈割后即在原地或另选一高处平摊均匀，翻晒，一般早晨刈割的牧草，在11时左右翻晒1次，13—14时再翻晒1次，效果较好。傍晚时茎叶凋萎，水分可降至40%～50%，此时就可将青草堆集成约0.5 m高的小堆，每天翻晒通风1～2次，使其迅速风干，经2～3天干燥，即可调制成青干草。

（2）架上晒制青干草法。连阴多雨地区应采用架上晒制青干草法。草架的形式很多，有独木架、角锥架、棚架、长架等。具体方法：先将割下的牧草在地面干燥半天或一天，待水分含量降至40%～50%时，再用草叉将草上架，堆放牧草时应自下而上逐层堆放，草尖朝里，堆放成圆锥形或屋脊形，要堆得蓬松些，厚度不超过80 cm，离地面20～30 cm，堆中应留通道，以利于空气流通，外层要平整，保持一定倾斜度，以便排水。实验证明，架上晒制青干草法的养分损失一般比地面晒制青干草法减少5%～10%。

除此之外，还有化学制剂加速干燥法，即将化学制剂（碳酸钾、碳酸钾与长链脂肪酸混合液、碳酸氢钠等）喷洒在刈割后的豆科牧草上，加快自然干燥速度，但这种方法成本高，适合用于大型草场。

2. 人工干燥法

（1）常温鼓风干燥法。此法是把刈割后的牧草压扁，再自然干燥到含水量50%左右时，分层架装在设有通风道的干草棚内，用鼓风机或电风扇等吹风设备进行常温鼓风干燥，将半干青干草所含水分迅速风干，减少营养物质的损失。

（2）低温烘干法。低温烘干法采用加热的空气，将青草水分烘干。干燥温度如为50～70 ℃，需5～6 h完成干燥；如为120～150 ℃，需5～30 min完成干燥。

（3）高温快速干燥法。利用液体或煤气加热形成的高温气流，可将切成2～3 cm长的青草的水

分含量在数分钟甚至数秒内降到 10%～12%。如 150 ℃干燥 20～40 min 即可；温度超过 500 ℃时，干燥 6～10 min 即可。在合理加工的情况下，青草中的养分可以保存 90%～95%，特别是蛋白质消化率并未降低。但这种方法耗资大，成本高，中小型草场不宜采用。

（三）调制过程中影响青干草营养价值的因素

青干草在干燥调制过程中，青干草中的营养物质会发生复杂的物理和化学变化，一些有益的变化会产生某些新的营养物质，而植物体内的呼吸和氧化作用则使青干草的一些营养物质被损耗掉，从而影响青干草产量和质量。调制过程中影响青干草品质和质量的因素主要有以下几种。

1. 机械作用 青干草在调制和保存过程中受搂草、翻草、搬运、堆垛等一系列机械作用，叶片、嫩茎、花序等细嫩部分容易破碎脱落而损失。统计资料表明，一般禾本科青干草损失 2%～5%，豆科青干草损失 15%～35%。植物叶片和嫩茎含有较多的可消化养分，因此，机械作用引起的损失不仅降低青干草产量，而且造成青干草质量下降。

为了减少机械损失，应适时刈割，在牧草细嫩茎叶不易脱落、水分降至 40%～50%时，及时堆成草垄或小堆干燥，也可适时打捆，在干燥棚内通风干燥。

2. 植物体自身生化变化 青干草刈割后，植物细胞仍继续进行呼吸作用。呼吸作用可使水分散失。植物体内的一部分可溶性碳水化合物被消耗，碳水化合物被氧化为二氧化碳和水，少量蛋白质被分解成肽、氨基酸等。此阶段损失的碳水化合物和蛋白质一般占青干草总养分的 5%～10%。当水分降至 40%～50%时，细胞才逐渐死亡，呼吸作用停止。因此应尽快采取有效干燥法，使含水量迅速降到 40%～50%，以减少呼吸作用等造成的损失。植物细胞死亡后，由于植物体内酶和微生物活动产生的分解酶的作用，细胞内的部分营养物质自体溶解，部分碳水化合物分解成二氧化碳和水，氨基酸被分解为氨而损失。该过程直到水分降至 17%以下时才停止。因此要注意晾晒方法和时间，尽快使水分降至 17%以下以减少氧化作用造成的损失。

3. 阳光照射 晒制青干草时，阳光照射会使植物体内的胡萝卜素、叶绿素因光化作用变化而被破坏，维生素 C 几乎全部损失。研究表明，青干草在田间暴露一昼夜，胡萝卜素可损失 70%，如放置 5～7 天，96%的胡萝卜素将受到破坏。相反，青干草中的维生素 D 含量却因阳光的照射而显著增加。

4. 雨水淋洗 雨水淋洗会使牧草可消化蛋白质和碳水化合物等可溶性营养物质受到不同程度的损失。试验证明，雨水淋洗造成可消化蛋白质平均损失 40%，热能平均损失 50%。阴雨天气还易使饲草霉烂，失去使用价值。因此，应选择晴朗、干燥天气晒制青干草，以减少雨水淋洗造成的损失。

二、农副产品

农副产品包括秸秆类、秕壳类和高纤维糟渣类。农作物籽实收获后，剩余的秸秆和秕壳是粗饲料中较多的两类，这两类饲料营养价值较低，由于粗纤维和灰分含量较高，只对反刍动物及其他草食动物有一定的营养价值。

（一）秸秆类

秸秆是指农作物籽实收获以后的茎秆枯叶部分，分禾本科和豆科两大类。禾本科有玉米秸、稻草、小麦秸、大麦秸、粟秸（谷草）等；豆科有大豆秸、蚕豆秸、豌豆秸等。

1. 玉米秸 玉米秸（图 2-1）外皮光洁，质地坚硬，可作为草食动物的饲料（图 2-1）。玉米秸粗蛋白质含量为6.5%。粗纤维含量约为 34%。反刍家畜对玉米秸粗纤维的消化率为 65%，对无氮浸出物的消化率在 60%左右。秸秆青绿时，胡萝卜素含量较高，为 3～7 mg/kg。夏播的玉米由于生长期短，粗纤维少，易消化。同一株玉米，上部比下部营养价值高，叶片比茎秆营养价值高，且易消化。青贮是保存玉米秸养分的有效方法，玉米青贮料是反刍动物常用的青绿饲料。

2. 麦秸 麦秸的营养价值因品种、生长期不同而有所不同。常作饲料的有小麦秸（图 2-2）、大麦秸和燕麦秸，其中小麦秸产量最高。小麦秸粗蛋白质含量为 3.1%～5.0%。粗纤维含量高，约为 43.6%。而且含有硅酸盐和蜡质，适口性差，主要饲喂牛、羊。大麦秸的产量较小麦秸低很多，但其

Note

图 2-1 玉米秸

图 2-2 小麦秸

适口性优于小麦秸，粗蛋白质含量高于小麦秸。燕麦秸饲用价值高于小麦秸和大麦秸，但产量较低。

3. 稻草 稻草(图 2-3)是我国南方农区主要的粗饲料来源，其营养价值低，但生产数量大，牛、羊对其消化率为 50%左右。稻草的粗纤维含量较玉米秸高约 35%，粗蛋白质含量为 3%～5%。粗脂肪含量为 1%左右，粗灰分含量为 17%(其中硅酸盐所占比例大)。钙和磷含量低，分别约为 0.29%和 0.07%。稻草不能满足家畜生长和繁殖需要，可将稻草与优质青干草搭配使用。为了提高稻草的使用价值，可添加矿物质和能量饲料，并对稻草进行氨处理、碱处理。

4. 粟秸 粟秸也叫谷草，与其他禾本科秸秆比较，柔软厚实，适口性好，营养价值是谷类秸秆中最好的，可作为草食动物的优良粗饲料。粟秸主要用于制备青干草等，供冬、春两季饲用。开始抽穗时收割的粟秸含粗蛋白质 9%～10%、粗脂肪 2%～3%。粟秸是马的好饲料。

5. 豆秸 豆秸是大豆、豌豆、蚕豆等豆科作物成熟后的茎秆。豆秸含叶量少，茎秆木质化，坚硬，粗纤维含量高，但粗蛋白质含量和消化率均高于禾本科作物。豆秸含粗纤维较多，质地坚硬，因而利用其时要进行适当的加工调制，并搭配其他饲料混合、粉碎饲喂。

（二）秕壳类

秕壳是指农作物收获脱粒时分离出的包被籽实的壳、荚皮及外皮等物质，除花生壳、稻壳外，多数秕壳的营养价值略高于同一作物的秸秆。

1. 豆荚类 豆荚类最具代表的是大豆荚，除此之外，还有豌豆荚、蚕豆荚等。豆荚类营养价值较高，粗蛋白质含量为 5%～10%，无氮浸出物为 42%～50%，粗纤维为 33%～40%，是一种较好的

图 2-3 稻草

粗饲料。

2. 谷类皮壳 谷类皮壳营养价值仅次于豆荚类，其来源广，数量大，主要有稻壳、小麦壳、大麦壳和高粱壳等。其中稻壳的营养价值很差，对牛的消化能低，适口性也差，仅能勉强用作反刍家畜的饲料，若经过氨化、碱化、膨化或高压蒸煮处理，可提高其营养价值。除此之外，还有花生和棉籽壳等经济作物副产物和玉米芯、玉米苞叶等。此类饲料适当粉碎后也可饲喂反刍动物。需注意的是，棉籽壳含有少量棉酚，饲喂时注意用量，防止棉酚中毒。

（三）高纤维糟渣类

高纤维糟渣类主要有甜菜渣、马铃薯粉渣、甘蔗渣、蚕豆粉渣、红薯粉渣等，这些都是制粉或制糖的副产物。这类饲料中蛋白质和可溶性碳水化合物含量极低，钙含量较丰富，粗纤维含量高达40%，其营养特点及饲用价值基本上与秸秆类饲料相同，但牛、羊等反刍动物对此类饲料消化率可高达80%，因此高纤维糟渣类饲料是牛、羊等反刍动物较好的粗饲料。

三、粗饲料的加工利用

粗饲料是草食动物日粮的重要组成部分，尤其在牧草短缺的冬春季节。但此类饲料粗纤维含量高，营养价值低，必须经过适当的加工处理以改变其理化性质，从而提高适口性和营养价值。这对开发饲料资源，提高粗饲料的利用价值，发展畜牧业生产具有重要意义。现行有效的加工处理方法主要有物理加工、化学处理和微生物处理。

（一）物理加工

对粗饲料进行物理加工，可改变其原有的体积和部分理化性质，从而提高家畜的采食量，减少饲料浪费。研究表明，粗饲料经一般粉碎处理可提高采食量7%，加工制成颗粒可提高采食量37%。

1. 切短或切碎 将粗饲料切短或切碎，便于动物咀嚼，减少浪费，并易于与精料拌和。在饲喂动物各种青绿饲料和作物秸秆之前都应将其切短或切碎。切短或切碎的程度，因动物种类和饲料不同而异，一般切成1～2 cm长。稻草比较柔软，可适当长些；玉米秸较粗硬而且有结节，以1 cm长为宜。对于猪、禽等动物宜切碎。

2. 揉碎 揉碎机械是近几年来推出的新产品。为适应反刍动物对粗饲料利用的特点，将秸秆饲料揉搓成丝条状，尤其适用于玉米秸的揉碎。揉碎秸秆，不仅可提高适口性，也可提高饲料利用率，是当前利用秸秆类饲料比较理想的加工方法(图 2-4)。

3. 粉碎或压扁 粉碎的目的是提高秸秆类饲料的消化率，谷物类饲料以及用作猪饲料的秸秆在饲喂之前必须粉碎或压扁。粉碎粒度：猪以小于1 mm为宜。

4. 制成颗粒 颗粒饲料利于咀嚼，适口性提高，可以提高动物采食量和生产性能，且可减少浪费。粗饲料可以直接粉碎制粒，也可和其他辅料(如尿素、富含淀粉的精料等)混合制粒。颗粒的大小因动物而异。

图 2-4 秸秆揉搓机

5. 水浸或蒸煮 水浸只能软化饲料，有利于采食，但不能改善营养价值。用沸水烫浸或常压蒸汽处理能迅速软化秸秆并可破坏细胞壁以及木质素与半纤维素的结合，有利于微生物和酶的作用，从而提高适口性和消化率。

6. 膨化 膨化就是将秸秆类饲料切短后，置于密闭的容器内，加热加压，然后迅速解除压力，喷放，使其暴露于空气中膨胀。膨化处理后的秸秆有香味，适口性好，营养价值明显提高。可直接饲喂动物，也可与其他精料混合饲喂。

（二）化学处理

研究表明，对粗饲料进行化学处理，可提高动物采食量(18%～45%)，使有机物消化率提高30%～50%。常见的化学处理包括氨处理和碱处理。

1. 氨处理 氨处理是用液氨、氨水、尿素、碳酸氢铵等处理秸秆的方法。秸秆饲料蛋白质含量低，当与氨相遇时，其有机物与氨发生氨解反应，破坏木质素与纤维素、半纤维素链间的酯键结合并形成铵盐，提高了饲料粗蛋白质水平。当反刍动物食入含有铵盐的氨化秸秆后，在瘤胃脲酶的作用下，铵盐被分解成氨，被瘤胃微生物所利用，形成微生物蛋白，被反刍动物利用。

氨处理在世界范围内广泛应用，是目前最有效的处理秸秆的方法。它既能提高消化率，改善适口性，又可提供一定的氮素营养，并且处理过程对环境无污染。

(1) 无水液氨处理：多采用“堆垛法”，将秸秆堆垛，用塑料薄膜覆盖，四周底边压上泥土，使之成密封状态。在堆垛底部，用一根管子与液氨罐相连，开启罐上的压力表，按秸秆重量的3%通入液氨。氨化时间的长短应视气温而定，如气温低于5 ℃，需8周以上；5～15 ℃，需4～8周；15～30 ℃，需1～4周。饲喂前要揭开薄膜，晾1～2天，使残留的余氨挥发。

(2) 氨水处理：将切短的秸秆填入干燥的壕、窖内，压实。每100 kg秸秆喷洒12 kg 25%的氨水，然后立即封严，在气温≥20 ℃时，5～17天可完成氨化。启封后应通风12～24 h，待氨味消失后才能饲喂。

(3) 尿素处理：因秸秆中含有尿素酶，加入尿素后，尿素在尿素酶的作用下产生氨，对秸秆进行氨化。先按秸秆重量的3%准备尿素，将尿素按1∶20的比例溶解在水中，逐层堆放，逐层喷洒，最后用塑料薄膜密封。秸秆经氨化后，颜色棕褐，质地柔软，并有糊香味。家畜的采食量可提高20%～40%。有机物消化率可提高10%～20%，蛋白质含量也有所增加，其营养价值接近中等品质的青干草。

2. 碱处理 碱处理是指用氢氧化钠、氢氧化钙(石灰)等碱性物质处理粗饲料，破坏纤维素、半纤维素和木质素之间的酯键，使之更易为消化液和瘤胃微生物所消化，从而提高消化率。氢氧化钠处理效果较好，但处理成本相对较高，而且污染环境的风险较大。石灰石处理的成本较低，污染环境的风险较小，但处理效果不如氢氧化钠。

(1) 氢氧化钠处理：秸秆经氢氧化钠处理后，消化率可提高15%～40%，而且柔软。动物采食后可造成适宜瘤胃微生物活动的微碱性环境。处理方法可分为两种：一种为湿法。用重量是秸秆重量8倍的1.5%氢氧化钠溶液浸泡秸秆12 h，然后用清水冲洗，一直洗到中性为止，这样处理的秸秆保

持原有的结构和气味，动物喜欢采食，而且营养价值较高，有机物质消化率提高约 24%，但费工费力，需水量大，且冲洗使大量营养物质流失，还会造成环境污染。另一种是干法，方法是将秸秆切短，将20%～40%的氢氧化钠溶液均匀喷洒在秸秆上，并搅拌均匀。一般每 100 kg 秸秆喷洒碱液 7.3～30 kg。处理后的秸秆可堆放在仓库或窖内。不经冲洗可直接饲喂。干法处理的秸秆，有机物质消化率可提高 15%左右，饲喂后无不良反应，但动物饮水增多，排尿量增加，易造成土壤污染。

（2）氢氧化钙（石灰）处理：生石灰加水后生成的氢氧化钙，是一种弱碱性溶液，经充分熟化和沉淀后，用上层的澄清液（即石灰水）处理秸秆。每 100 kg 秸秆，需 3 kg 生石灰，加水 200～300 kg，将石灰水均匀喷洒在粉碎的秸秆上，堆放在水泥地面上。经 1～2 天可直接饲喂。这种方法成本低，方法简便。为提高处理效果，可在石灰水中加入占秸秆重量 1%～1.5%的食盐。

（三）微生物处理

微生物处理就是利用某些有益微生物，在适宜条件下，分解秸秆中难以被动物利用的纤维素和木质素，并增加菌体蛋白、维生素等有益物质，从而提高粗饲料的营养价值。理论上这是一种具有前景的粗饲料加工方法，问题的关键在于找到适合的菌种，使其在发酵过程中不消化或很少消化秸秆中的养分，而产生尽可能多的有效营养物质，且使植物细胞壁充分破坏。

我国从 20 世纪 60 年代开始进行利用微生物提高粗饲料利用率的研究。研究者在木霉和人工瘤胃方面做了不少工作，但均因生产工艺、设备条件等不足未能推广。研究发现，秸秆微贮技术对改善粗饲料的营养价值有一定作用。在农作物秸秆中加入微生物高效活菌种，然后置入密封容器中发酵，可提高饲料中粗蛋白质的含量，降低纤维素、半纤维素和木质素的含量，而且动物比较喜欢采食。

知识拓展与链接

秸秆微贮

思考与练习

扫码看答案

一、单选题

1. 下列粗饲料的加工方法不包括（　　）。

A. 物理加工　　B. 化学加工　　C. 微生物处理　　D. 打浆

2. 下列饲料中属于粗饲料的是（　　）。

A. 青干草　　B. 鱼粉　　C. 玉米　　D. 食盐

3. 下列属于秸秆类饲料的是（　　）。

A. 豆荚　　B. 稻壳　　C. 玉米芯　　D. 稻草

4. 下列不属于粗饲料物理加工方法的是（　　）。

A. 切短　　B. 蒸煮　　C. 膨化　　D. 氨处理

5. 下列属于粗饲料化学处理方法的是（　　）。

A. 切短　　B. 蒸煮　　C. 膨化　　D. 氨处理

二、判断题

Note

1. 物理加工可以提高饲料的营养价值。（　　）

2. 粗饲料可以作为猪和家禽的主要饲料。(　　)
3. 青干草晒制的方法包括自然干燥法和人工干燥法。(　　)
4. 粗饲料的氨处理是指用液氨、氨水、尿素等处理秸秆的方法。(　　)
5. 一般晒制青干草中维生素D的含量会增加。(　　)

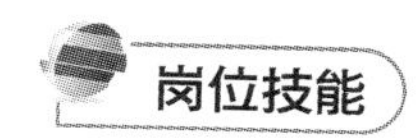

岗位技能

岗位技能2　秸秆氨化及品质鉴定

一、实训目的

(1) 熟悉氨化原理。
(2) 掌握小型堆垛法氨化秸秆的操作过程。
(3) 掌握用氨量的计算方法。

二、实训条件

新鲜的秸秆、无毒聚乙烯薄膜、氨水或无水氨、水、秤、注氨管等。

三、方法步骤

1. 准备　新鲜的秸秆、含氮量为15%～17%的氨水及无毒聚乙烯薄膜等。

2. 堆垛　在干燥向阳的平整地上挖一个半径1 m、深30 cm的锅底形圆坑，把无毒聚乙烯薄膜在坑内铺开，薄膜外延出圆坑0.5～0.7 cm，再把切碎的小麦秸在铺好的薄膜上打圆形剁，剁高可以到1.5～2 m，也可以根据处理秸秆的多少而定。

3. 调节水分　收获后的风干秸秆含水量一般在12%～15%，而氨化适宜的水分含量不低于20%，因此，在堆垛过程中要少施一些水，将秸秆含水量调整到20%以上。

4. 注氨　计算出注氨量并注入氨水。首先测定秸秆剁的密度。一般每100 kg秸秆喷洒12 kg浓度25%的氨水。

5. 封剁　喷洒完后，应立即封剁。用另一块薄膜盖在剁上，并同下面的薄膜重合折叠好，用泥土压紧、封严，防止漏气，最后用绳子捆好，压上重物。

6. 成熟后开剁检查质量　密封后，夏季经过1～2周，春、秋季2～3周，冬季4～8周，氨化即可成熟。手感柔软、有潮湿感，色泽呈黄褐色，有氨气逸出的为品质良好的氨化秸秆；如果色泽黄白、氨气微弱，可能是漏气、含水量不足、时间不够、温度过低等原因造成的氨化不成熟；如呈褐色、棕黑色，发灰，发黏，有霉味，则说明秸秆已变质。

四、实训思考

简述氨化的原理和氨化饲料的特点。

任务三　青绿饲料

扫码学课件
2-3

任务目标

- 了解青绿饲料的营养特点，会合理使用青绿饲料。
- 在老师的指导下，完成青绿饲料加工调制岗位的工作任务。

Note

案例引导

某养殖户饲养20头育肥猪，养殖场还有一个池塘，夏天水面上有浮萍。他不知浮萍能否喂猪，怎么饲喂，怎么加工。让我们带着这几个问题一起进行青绿饲料知识的学习吧！

一、青绿饲料的营养特点及影响其营养价值的因素

（一）青绿饲料的营养特点

1. 水分含量高 青绿饲料具有多汁性和柔嫩性，水分含量较高。陆生植物的水分含量为60%～80%，水生植物可为90%～95%。因此其鲜草的干物质少，热能值较低。

2. 蛋白质含量较高 一般禾本科牧草和叶菜类饲料的粗蛋白质含量在1.5%～3%，豆科青绿饲料在3.2%～4.4%。若按干物质计算，前者粗蛋白质含量为13%～15%，后者可为18%～24%，且氨基酸组成比较合理。青绿饲料中还有各种必需氨基酸，尤其是赖氨酸、色氨酸含量较高，蛋白质的生物学价值一般在70%以上。

3. 粗纤维含量较低 幼嫩的青绿饲料含粗纤维较少。木质素含量低，无氮浸出物含量较高。若以干物质为基础，则粗纤维含量为15%～30%，无氮浸出物含量为40%～50%。粗纤维的含量随着植物生长期的延长而增加。植物开花或抽穗前，粗纤维含量较低。

4. 矿物质含量较高 青绿饲料中矿物质占鲜重的1.5%～2.5%。钙磷比例适宜，钙的含量为0.4%～0.8%，磷的含量为0.2%～0.35%，是动物良好的矿物质来源。特别是豆科牧草钙的含量较高。因此，饲喂青绿饲料的动物不易缺乏矿物质，尤其是钙。青绿饲料中还富含铁、锰、锌、铜等微量元素，但钠和氯元素的含量不能满足动物的需要，故放牧的动物应注意补饲食盐。

5. 维生素含量丰富 青绿饲料是动物维生素的良好来源，特别是胡萝卜素含量较高，每千克饲料中含50～80 mg。青绿饲料中B族维生素、维生素E、维生素C和维生素K的含量也较丰富，但缺乏维生素D，维生素B_6的含量也较低。

青绿饲料幼嫩，柔软多汁，适口性好，还含有多种酶、激素和有机酸，易于消化吸收。总之，从动物营养角度考虑，青绿饲料是一种营养相对平衡的饲料。但由于其干物质中消化能较低，限制了它们其他方面潜在的营养优势。对单胃动物而言，由于青绿饲料干物质中含有较多的粗纤维，且容积较大，因此，在猪禽饲料中不能大量使用青绿饲料，但可作为一种蛋白质与维生素的良好来源适量搭配于日粮中，以弥补其他饲料组成的不足，满足猪、禽对营养的全面需要。

（二）影响青绿饲料营养价值的因素

青绿饲料种类、收获期、饲料作物部位、贮存时间、生长环境（土壤、施肥和气候条件）的不同，饲料的成分及营养价值有很大差异。

1. 种类 青绿饲料由于种类不同，其养分组成有很大差别。豆科牧草所含蛋白质和钙、磷比禾本科青绿饲料丰富。质量好的青绿饲料叶片丰富，木质素少，可利用时间长；质量不好的青绿饲料，木质素多，可利用时间短。

2. 收获期 随着植物生长期的延长，含水量逐渐下降，到籽实形成期粗蛋白质含量下降，粗脂肪含量下降，粗纤维含量上升。由于青草所含养分因生长的时期而发生显著变化，所以确定收获期非常重要，必须选择能够获得最高含量营养物质的时期。一般来说，青草的最佳收获期是在开花初期，最迟不超过开花盛期。而豆科牧草在初花期，禾本科牧草在抽穗期刈割较好。不同生长阶段苜蓿干物质中养分含量见表2-3。

表2-3 不同生长阶段苜蓿干物质中养分含量表

单位：%

成　　分	现蕾前期	现　蕾　期	盛　花　期
粗纤维	22.1	26.5	29.4
蛋白质	25.3	21.5	18.2

续表

成　　分	现蕾前期	现　蕾　期	盛　花　期
灰分	12.1	9.5	9.8

3. 饲料作物部位　叶子中营养丰富，远远超过秸秆。收获、加工、贮存、饲喂过程中，应尽量避免叶片损失。

4. 贮存时间　新鲜的青草和块根仍保持原有植物的化学成分和营养价值。但收割后的饲料经长期贮存后，其化学成分和营养价值会发生很大变化，如青草经过干燥成为青干草后，首先失去大量水分，其次损失一部分有机物。

5. 生长环境　包括土壤、施肥和气候条件。饲料中矿物质的含量与其生长土壤中的矿物质含量有非常密切的关系。如果土壤中缺少或含有过量的铜、碘、硒等微量元素，那么在这种土壤中生长的饲料也会缺少或过多沉积这些元素，往往出现地区性的营养缺乏症或中毒症。施肥可以调节植物中各种营养物质的含量。如增施氮肥，可提高青绿饲料中蛋白质含量，使其生长旺盛，茎叶颜色变得浓郁，而且使胡萝卜素含量显著增加。另外气温、光照及雨量分布等气候条件对青绿饲料的产量及化学成分有很大影响，在寒冷气候下生长的植物比在温热气候下生长的植物粗纤维较多，而蛋白质和粗脂肪较少。

二、青绿饲料的种类

（一）天然牧草

我国幅员辽阔，在西北、东北、西南地区均有大面积的优良草原。农业地区内还分散有许多小面积的草地和草山。我国天然草地上的牧场种类繁多，主要有禾本科、豆科、菊科和莎草科四大类。干物质中无氮浸出物含量为40%～50%；粗蛋白质含量有差异，豆科牧草较高，为15%～20%，莎草科为13%～20%，菊科与禾本科为10%～15%；粗纤维含量以禾本科牧草较高，约为30%；粗脂肪含量为2%～4%；矿物质中钙磷比例恰当。总体来说，豆科牧草的营养价值较高，虽然禾本科牧草的粗纤维含量较高，对其营养价值有一定影响，但由于其适口性较好，特别是在生长早期，幼嫩可口，动物采食量高，因而也不失为优良的牧草。另外，禾本科牧草的匍匐茎或地下茎再生能力很强，比较耐牧，适宜于动物自由采食。

（二）栽培牧草和青饲作物

栽培牧草是指人工播种栽培的各种牧草，其种类很多，其中，以产量高、营养好的豆科和禾本科占主导地位。栽培青饲作物主要有青刈玉米、青刈大麦、青刈燕麦、饲用甘蓝、甜菜等。栽培牧草是解决青绿饲料来源的重要途径，可常年为家畜提供营养丰富而均衡的青绿饲料。

1. 豆科牧草　我国栽培豆科牧草有悠久的历史。2000年以前，紫花苜蓿在我国西北地区普遍栽培，草木樨在西北地区作为水土保持植物也有大面积的种植。其他如紫云英、苕子等既可作为饲料，又可作为绿肥植物。

（1）紫花苜蓿（图2-5）：又名苜蓿，是世界上分布最广的豆科牧草，也是我国最古老、最重要的栽培牧草，堪称“牧草之王”。紫花苜蓿产量高、品质好，是最经济的栽培牧草。紫花苜蓿茎叶柔软，适口性强。可以青刈饲喂、放牧和调制干草。适宜收割期为初花期至盛花期，花期7～10天。粗蛋白质含量为18%～20%，粗脂肪3.1%～3.6%，无氮浸出物41.3%，蛋白质中氨基酸种类齐全，赖氨酸含量高达1.34%。另外，紫花苜蓿还富含多种维生素和微量元素。收割过晚则营养成分含量下降，草质粗硬。

在调制紫花苜蓿干草过程中，要严格掌握各项技术要求，防止叶片脱落或发霉变质。在北方地区尤其应注意第一茬干草收割，应尽量赶在雨季前割第一茬。紫花苜蓿鲜嫩茎叶中含有大量的皂角素，有抑制酶的作用，反刍动物大量采食后会引起瘤胃膨胀，所以应限制饲喂新鲜的紫花苜蓿。

（2）三叶草：目前栽培较多的有白三叶（图2-6）和红三叶（图2-7）。新鲜的红三叶含干物质13.9%，

Note

扫码看彩图

图 2-5　紫花苜蓿

粗蛋白质 2.2%。产奶净能 0.88 MJ/kg。以干物质计，其所含的可消化粗蛋白质量低于紫花苜蓿，但其所含的净能值略高于紫花苜蓿，而且发生膨胀病的概率也较低。白三叶是多年生牧草，再生性强，耐践踏，最适合放牧利用。其适口性好，营养价值高，鲜草中粗蛋白质含量较红三叶高，粗纤维含量较红三叶低。

扫码看彩图

图 2-6　白三叶

扫码看彩图

图 2-7　红三叶

(3) 苕子：苕子是一年生或越年生豆科植物。在我国栽培的主要有普通苕子和毛苕子。普通苕子又称春苕子、普通野豌豆等，其营养价值较高，茎枝柔软，生长茂盛，适口性好，是各类家畜喜食的优质牧草。毛苕子又名冬苕子、毛野豌豆等，是水田或棉田的重要绿肥作物，生长快，茎叶柔软，粗蛋白质含量高达30%，矿物质种类很丰富，营养价值较高，适口性较好。但因其含有生物碱和氰苷，氰苷经水解酶分解后会释放出氢氰酸，饲用前需浸泡、淘洗、磨碎、蒸煮，同时避免大量长期使用，以免中毒。

（4）草木樨：草木樨属植物有20种左右，我国北方地区以栽培白花草木樨（图2-8）为主。它是一种优质的豆科牧草。草木樨可青饲、调制干草、放牧或青贮，具有较高的营养价值，与紫花苜蓿相似。新鲜的草木樨含干物质约16.4%，粗蛋白质3.8%，粗纤维4.2%，钙0.22%，磷0.06%，消化能1.42 MJ/kg。但草木樨有不良气味，适口性较差，而且含有香豆素，霉变时，在细菌作用下可转化为双香豆素，结构与维生素K相似，具有拮抗作用。

扫码看彩图

图2-8 白花草木樨

（5）紫云英：又称红花草，产量较高，鲜嫩多汁，适口性好，尤以猪喜欢采食（图2-9）。在现蕾期营养价值最高，以干物质计，粗蛋白质含量为31.76%，粗脂肪4.14%，粗纤维11.82%，无氮浸出物44.46%，灰分7.82%，产奶净能8.49 MJ/kg。由于现蕾期产量仅仅为盛花期的53%，就营养物质总量而言，以盛花期刈割为佳。

扫码看彩图

图2-9 紫云英

（6）沙打旺：又名直立黄芪、苦草，在我国北方各省均有分布。沙打旺适应性强，产量高，是饲料、绿肥、固沙保土等方面的优质牧草。沙打旺的茎叶鲜嫩，营养丰富，是各种家畜的优良饲料。鲜样中含干物质33.29%，粗蛋白质4.85%，粗脂肪1.89%，粗纤维9%，无氮浸出物15.2%，灰分2.35%，各类家畜均喜欢采食。

2. 禾本科牧草和青饲作物

(1) 黑麦草:黑麦草属中较有饲用价值的是多年生黑麦草和一年生黑麦草。其生长快,可多次收割,产量高,茎叶柔嫩光滑,适口性好,以开花前期的营养价值最高,各类家畜均喜欢采食。新鲜黑麦草干物质含量为17%,粗蛋白质2%,产奶净能1.26 MJ/kg。

(2) 无芒雀麦:又名雀麦、无芒草。其适应性广,适口性好。茎少叶多,营养价值高,干物质中粗蛋白质含量不亚于豆科牧草。无芒雀麦有地下茎,能形成絮结草皮,耐践踏,再生力强,适宜放牧(图2-10)。

扫码看彩图

图 2-10 无芒雀麦

(3) 羊草:又名碱草,为多年生禾本科牧草。羊草叶量丰富,适口性好,各类家畜都喜欢采食。鲜草中干物质含量为28.64%,粗蛋白质3.49%,粗脂肪0.82%,粗纤维8.23%,无氮浸出物14.66%,灰分1.44%。

(4) 青饲作物:常见的有青刈玉米(图2-11)、青刈燕麦、青刈大麦、大豆苗、豌豆苗、蚕豆苗等。

青刈玉米在单位面积上所收获的总营养物质比成熟后收割高15%,胡萝卜素高20倍以上。其可使收割期提前20天,增加土地利用率。青刈玉米富含碳水化合物、可溶性糖,稍有甜味,家畜喜欢采食,如能与豆科牧草混合饲喂,则效果更佳。可直接青饲,也可制成青贮饲料。青刈幼嫩的高粱和苏丹草中含有氰苷配糖体,家畜采食后会在体内转变为氢氰酸而中毒。为防止中毒,宜在抽穗期刈割,可直接饲喂或青贮。

扫码看彩图

图 2-11 青刈玉米

3. 叶菜类饲料

(1) 苦麦菜:又名苦麻菜或山莴苣(图2-12)。产量高,生长快,再生力强,南方一年可刈割5~8次,北方3~5次。鲜嫩可口,粗蛋白质含量较高,粗纤维含量较低,营养价值高,适合各种畜禽采食。

Note

扫码看彩图

图 2-12　苦麦菜

(2) 聚合草:又名饲用紫草(图 2-13),产量高,营养丰富,利用期长,适应性广,全国各地均可栽培,是畜、禽、鱼的优良青绿多汁饲料。聚合草有粗硬刚毛,适口性较差。饲喂时可粉碎或打浆,或与粉状精料拌和,或调制青贮、晒制成青干草。

扫码看彩图

图 2-13　聚合草

(3) 鲁梅克斯:又称高秆菠菜,是杂交育种的新品种,是一种高产、高品质的优良牧草。据测定,鲜草含粗蛋白质 30%～34%,可消化粗蛋白质为 78%～90%。此外,其还含有 18 种氨基酸、丰富的胡萝卜素、多种维生素及锌、铁、钾、钙等元素。它主要用于鲜饲,适口性好,畜禽喜欢采食。鲁梅克斯在园林中作为地被植物或作为公路斜坡护坡植被,具有良好的防尘、降温、增湿、净化空气、防止水土流失等功效。

(4) 菜叶、蔓秧和蔬菜类:菜叶是指人类不食用和废弃的瓜果、豆类的叶子,种类多,来源广,数量大。其中豆类的叶子营养价值高,蛋白质含量也比较高。蔓秧指作物的藤蔓和幼苗。一般粗纤维含量较高,不适合喂家禽,可作为猪和反刍动物的饲料。蔬菜类指白菜、甘蓝和菠菜等食用蔬菜,也可用作饲料。一般生长在山林、野地、沟渠旁、田边、房前屋后等地,种类特别繁多,营养价值较高,蛋白质含量较高,粗纤维含量较低,钙磷比例适当,均具有青绿饲料营养相对平衡的特点,但采集时要注意鉴别毒草及是否喷洒过农药,以防中毒。

4. 水生饲料　一般是指"三水一萍",即水浮莲(图 2-14)、水葫芦(图 2-15)、水花生(图 2-16)和绿萍(图 2-17)。这类饲料具有生长快、产量高、不占耕地和利用时间长等优点。此类饲料水分含量特别高,可达 95%。因此,干物质含量很低,营养价值也较低,饲喂时宜与其他饲料搭配使用。在南

Note

方水资源丰富地区，因地制宜发展水生饲料，并加以利用，是扩大青绿饲料来源的一个重要途径。水生饲料最大的缺点是容易传染寄生虫，如猪蛔虫、姜片虫、肝片吸虫等。因此，水生饲料以熟喂为好，或者把它先制成青贮饲料后再饲喂，也可制成干草粉。

扫码看彩图

扫码看彩图

图 2-14 水浮莲

图 2-15 水葫芦

扫码看彩图

扫码看彩图

图 2-16 水花生

图 2-17 绿萍

三、青绿饲料的加工利用

青绿饲料常用的加工方法有切碎、打浆、闷泡或浸泡、发酵等，可用于调制干草和青贮饲料。

（一）切碎

青绿饲料经切碎后便于采食、咀嚼，减少浪费，有利于和其他饲料均匀混合。切碎的程度可依据家畜的种类、饲料的类别及老嫩状况而异。

（二）打浆

青绿饲料经打浆后更加细腻，并能消除某些饲料茎叶表面的毛刺，利于采食，提高利用率。打浆前应将饲料清洗干净，除去异物，有的还需先切短，打浆时应注意控制用水，以免含水过多。

（三）闷泡或浸泡

对带有苦涩、辛辣或其他异味的青绿饲料，可用冷水或热水浸泡 4～6 h，沥除泡水，再混合其他饲料饲喂，这样可改善适口性，软化纤维素和半纤维素，提高利用价值，但泡的时间不宜过长，以免腐败或变酸。

（四）发酵

有益微生物如酵母、乳酸菌等，在适宜的温度下进行发酵，可软化或破坏细胞壁，产生菌体蛋白和其他酵解产物，把青绿饲料变成一种酸、甜、软、熟、香的饲料。发酵可改善饲料质地和不良气味，并可避免亚硝酸盐及氢氰酸中毒。

Note

知识拓展与链接

青绿饲料的利用特点和饲喂时的注意事项

思考与练习

扫码看答案

判断题

1. 青绿饲料在整个生长期粗纤维含量都较低。(　　)
2. 苜蓿堪称"牧草之王",富含碳水化合物。(　　)
3. 青绿饲料应尽可能切碎,这样便于动物采食和消化。(　　)
4. 青绿饲料一般都是新鲜饲喂。(　　)
5. 青绿饲料一般作为猪和家禽的蛋白质、维生素补充料。(　　)
6. 禾本科牧草蛋白质含量较豆科牧草高。(　　)
7. 豆科牧草碳水化合物含量较禾本科牧草高。(　　)
8. 猪和家禽也可以大量利用青绿饲料。(　　)
9. 水生饲料一般较陆生饲料营养价值低。(　　)
10. 青绿饲料具有多汁性和柔嫩性,水分含量高。(　　)

任务四　青贮饲料

扫码学课件 2-4

任务目标

- 能讲述青贮饲料的原理及优越性。
- 能识别青贮饲料原料收割是否适时。
- 掌握青贮饲料的调制。

案例引导

案例分析

一家养牛场老板以前在外地做生意,由于生意不太好做,就回到家乡,开始养牛。一开始就养了 200 头牛,投资了 300 多万。他知道青贮饲料好,在青贮制作季节,学着别人做青贮饲料。他选择了一种投资最大的青贮方式——地下窖青贮,投资了将近 30 万元挖窖,做硬化处理。之后,他又购买了 2000 多吨的全株玉米,准备明年再扩大养殖规模。他用专业的收割机收割、运输,再用装载机来回碾压,为了提高发酵质量,在制作时还使用了大量的青贮发酵剂,最后覆盖上塑料布和压上轮胎。经过半个月的努力,一个超大的青贮窖做好了。但是万万没有想到,发酵完成后,在使用期间,一场持续半个月的雨水,让价值 100 多万元的青贮饲料毁于一旦。这到底是怎么回事呢?

一、青贮饲料的营养特点

（一）青贮饲料的概念

青贮饲料是以天然新鲜青绿植物性饲料为原料，在密闭、无氧条件下，饲料中的糖分经过以乳酸菌为主的微生物发酵后调制成的青绿多汁饲料。

（二）青贮饲料的特点

青贮饲料柔软多汁、气味芳香、营养丰富、容易贮藏，可于冬、春季饲喂家畜。青贮饲料最大限度地保存了青绿饲料的营养物质，适口性好，消化率高，鲜嫩多汁，还可解决青绿饲料供应不平衡的问题，可净化饲料，保护环境。其特点如下。

1. 有效地保存青绿饲料的营养物质 在青绿饲料制成干饲料的过程中，饲料中的营养物质损失量高达40%，特别是胡萝卜素损失量可达90%，而制成青贮饲料的营养物质损失量一般不超过10%，特别是蛋白质和胡萝卜素损失更小。

2. 适口性好，易消化 青贮产生乳酸，使青贮饲料带有芳香，有酸、甜等味道，且含水量高出干草40%以上，能大大提高适口性。特别是在枯草季节，能够增加动物采食量，同时还促进消化腺的分泌，对提高家畜日粮内其他饲料消化率也有良好作用。青贮饲料的粗纤维、能量和蛋白质消化率均高于同类干草产品。

3. 扩大饲料资源 有些青绿饲料因具有特殊气味或者质地粗硬而适口性差，经过青贮发酵，气味改善，柔软多汁，可以变成畜禽喜欢采食的饲料。青贮原料来源广泛，各种青绿饲料、青绿作物秸秆、块根块茎、小灌木、树叶及水生饲料、绿肥草、高水分谷物、糟渣等均可用来制作青贮饲料。

4. 保存所需空间小，易于贮存 青贮单位容积贮量大，贮藏空间比干草小，可节约存放场地，而且不会受风吹、日晒、雨淋等气候条件影响而发霉变质，贮存方法安全，不会发生重大灾害，可以常年保存。

5. 可以消灭害虫和杂草 乳酸菌发酵的过程会使青贮窖中形成缺氧环境，并且酸度高，会有效地杀死青绿植物中的病菌和寄生虫卵，减少对畜禽生长发育的危害；此外，许多杂草的种子，经过青贮后便可丧失发芽的机会和能力，如将杂草及时青贮，不仅给家畜贮备了饲料草，也能减少杂草的滋长。

6. 延长青饲时间 青贮可使饲料长期保持青绿新鲜状态，并能常年供应。我国北方地区，气候寒冷，青绿饲料生长受限制，整个冬、春季节都缺少饲草，缺乏青绿饲料，调制青贮饲料可把夏、秋季节多余的青绿饲料保存起来，供冬、春季节利用，解决了冬、春季节家畜青绿饲料的缺乏问题。

二、青贮饲料的制作

制作青贮饲料可采用一般青贮、低水分青贮和添加剂青贮等方法。

（一）一般青贮

1. 一般青贮的原理 青贮饲料在厌氧条件下，利用乳酸菌发酵产生乳酸，当pH下降到3.8～4.2时，包括乳酸菌在内的所有微生物都停止活动，处于被抑制的稳定状态，从而达到保存青绿饲料营养价值的目的。整个发酵过程分三个阶段。

（1）植物细胞有氧呼吸阶段：该阶段植物细胞保持生活状态，进行呼吸，使温度上升，在镇压和水分适当时，青贮容器内的温度维持在20～30 ℃。如不对青贮饲料进行镇压，且水分过少，温度高达50 ℃时，青贮饲料品质变劣。好气性细菌及霉菌等作用而产生醋酸，此阶段甚短。此阶段越短，对青贮饲料越有利。

（2）乳酸菌厌氧发酵阶段：由于青贮饲料在重压下更紧实，并逐渐排出空气，氧气被二氧化碳所代替，好气性细菌停止活动。此时，在厌氧性乳酸菌作用下碳水化合物进行糖酵解产生乳酸，发酵过程开始。

（3）青贮饲料稳定阶段：该阶段乳酸菌迅速繁殖，形成大量乳酸，酸度增大，pH<4.2，腐败菌、丁

酸菌等死亡，乳酸菌的繁殖也被自身产生的酸所抑制。如果产生足够的乳酸，即转入稳定状态。

2. 青贮发酵的条件 根据青贮的基本原理，制作青贮的主要环节是掌握青贮原料中微生物生长发育的特性和规律，利用乳酸菌在厌氧条件下发酵，把糖转变成乳酸，作为一种防腐剂以长期保存饲料。因此，制作青贮饲料的关键是为乳酸菌创造必要的条件。常规青贮时必须满足以下三个条件。

(1) 青贮原料应含有适当的水分：适宜的水分是保证青贮过程中乳酸菌正常活动的重要条件之一。一般青贮原料含水量应在65%～75%，水分过多或过少都会影响发酵过程和青贮饲料品质。原料水分过少，青贮时难以踩紧压实，窖内留有较多空气，造成好气菌大量繁殖，使饲料发霉腐败。原料水分过多时易压实结块，且利于丁酸菌的活动，同时植物细胞液汁被挤后流失，使养分损失。

(2) 青贮原料要有适当的糖分：糖是乳酸菌生长繁殖必需的营养，糖分不足，乳酸菌生长繁殖就会受到限制。因此，原料必须有一定的含糖量，才能适应乳酸菌迅速生长发酵，产生乳酸使饲料酸化。禾本科饲料作物和牧草含糖量高，容易青贮，豆科饲料作物和牧草含糖量低，不易青贮，只有与其他易于青贮的原料混贮或添加富含碳水化合物的饲料，或加酸青贮才能成功。

(3) 厌氧环境：杜绝空气是保证青贮成功的基本环节之一。在青贮原料加工时，要尽量将原料铡短，填装并压紧以排出空气。窖内空气过多时，好气菌大量繁殖，氧化作用强烈，温度升高(可达60℃)，使青贮饲料糖分分解，维生素被破坏，蛋白质消化率降低。确保密封良好可缩短乳酸菌发酵准备期，减少植物呼吸造成的损失，促进乳酸菌的快速繁殖。

3. 一般青贮的步骤和方法 青贮的操作要点，概括起来为“六随三要”，即随割、随运、随切、随装、随踩、随封，连续进行，一次完成；原料要切短、装填要踩实、窖顶要封严。

(1) 青贮设备的准备：根据实际的生产情况选择合适的青贮设备。在选址时，应选择地势高、地下水位低、干燥、土质膨胀度较小的地方，在养殖场中，应注意选择远离粪池且运输场地。对已有的青贮设备要进行全面细致的清理，不能有杂物、石头等，破损的地方应及时修补并进行全面消毒，晾干后再用。

(2) 原料的选择：青贮原料通常以青绿植物、野草、野菜、作物秸秆等禾本科饲草为主。在适当的时期刈割青贮原料，可以获得最高产量和最佳养分含量。通常豆科牧草为孕蕾后期至开花期之间刈割。玉米秸青贮，以留有1/2的绿色叶片最佳，红薯蔓要避免霜打或晒成半干状态，以含水量70%为宜。

(3) 切短：原料切短后青贮，易于装填紧实，排出窖内空气。细茎植物(禾本科、豆科牧草、甘薯藤、幼嫩玉米苗等)，切成3～4 cm长即可；粗茎植物或粗硬的植物如玉米、向日葵等，切成2～3 cm长较为适宜；叶菜类和幼嫩植物，也可不切短青贮。对猪、禽来说，各种青贮原料均应切得越短越好，切碎或打浆青贮更佳。

(4) 装填压实：切短的原料应立即装填入窖，在装填原料的同时，进行踩压或机械压实，以防止水分损失。要特别注意四周及四个角落处机械压不到的地方，用人工踩实。青贮原料装填过程应尽量缩短时间。

(5) 密封管理：青贮原料装满后，还需继续装至高出窖的边沿30～60 cm，然后用整块塑料薄膜封盖，在上面盖上5～10 cm厚铡短的湿稻草，最后用泥土压实，泥土厚30～50 cm，并把表面拍打光滑，使窖顶隆起呈馒头状。窖口周围设排水沟。青贮后一周左右，每天检查青贮窖，防止泥土下陷。

(二) 低水分青贮

低水分青贮又称半干青贮。青贮的原理是青绿饲料收割后经风干(一般1～2天)，水分含量达40%～55%，植物细胞的渗透压达(55～60)×10^5 Pa，腐败菌、丁酸菌以至乳酸菌接近生理干燥状态，生长繁殖受到限制。

在青贮过程中，微生物发酵微弱，蛋白质不易被分解，有机酸形成量少。虽然还有一些微生物如霉菌等在风干植株内仍可大量繁殖，但在切短压实的厌氧条件下，其生长活动很快停止。因此，这种方式的青贮，仍需在高度厌氧情况下进行。由于低水分青贮是微生物处于干燥状态及生长繁殖受到

Note

限制情况下的青贮，所以青贮原料中糖分、乳酸的多少以及 pH 值高低对于这种贮存方法无关紧要，从而较一般青贮法扩大了原料范围。一般青贮法中认为不易青贮的原料，如豆科牧草都可以采用此法。

低水分青贮料具有干草和青贮料两者的优点。调制的干草养分损失 15%～30%，胡萝卜素损失 90%，而低水分青贮料只损失养分 10%～15%（与一般青贮类似）。低水分青贮料含水量低，干物质含量比一般青贮料多 1 倍，具有较多的营养物质。其味微酸性，有果香味，不含丁酸，适口性好。青贮料呈湿润状态，深绿色，结构完好。任何一种牧草或饲料作物，均可低水分青贮，豆科牧草如苜蓿、豌豆等尤其适合调制成低水分青贮料。

（三）添加剂青贮

添加剂青贮是为了获得优质青贮料和减少在发酵中由于微生物的活动而造成的养分损失，借助添加剂对青贮发酵进行控制。常用的添加剂有以下三类。

1. 促进乳酸发酵的添加剂 如添加各种可溶性糖，接种乳酸菌，使用酶制剂等，添加后可使青贮料迅速产生大量乳酸，使 pH 很快降到 3.8～4.2。

2. 抑制不良发酵的添加剂 如添加甲酸、丙酸、甲醛和其他防霉抑制剂等，可防止腐生菌等对青贮微生物生长的不利影响。

3. 提高青贮饲料营养物质含量的添加剂 如添加尿素、氨化物，可增加蛋白质的含量等。这样可以将一般青贮法难青贮的原料加以利用，从而扩大了青贮原料的范围。经过青贮微生物的作用，形成菌体蛋白，可以提高青贮饲料中蛋白质的含量。

三、青贮饲料的利用

（一）取用

青贮饲料一般在调制后 30 天左右即可开窖饲用。一旦开窖，最好天天取用，要防雨淋和冻结。取用时应从上往下逐层取用或从一端开始逐段取用，每天按动物实际采食量取出，切勿全面打开或掏洞取用，尽量减少窖内青贮饲料与空气的接触，以防霉烂变质。已发霉的青贮饲料不能饲用。结冰的青贮饲料应慎喂，以免引起家畜消化不良，母畜流产。

（二）喂法

青贮饲料适口性好，但汁多轻泻，不易单独饲喂，应与干草、秸秆和精料搭配使用。开始饲喂青贮饲料时，要让家畜有一个适应过程，喂量由少到多，逐渐增加。奶牛最好挤奶后投喂，以免影响牛奶气味。饲喂妊娠家畜时应小心，用量不宜过大，以免引起流产，生产前、后 20～30 天不宜喂用。

（三）喂量

每种动物每天每头青贮饲料喂量大致如下：产奶成年母牛 25 kg，断奶犊牛 5～10 kg，种公牛 15 kg，成年绵羊 5 kg，成年马 10 kg，成年妊娠母猪 3 kg。

思考与练习

扫码看答案

一、选择题

1. 调制青贮饲料时，对于反刍动物，玉米和向日葵等粗茎植物，切成（　　）长。

A. 2～3 cm　　B. 0.5～2 cm　　C. 3～4 cm　　D. 1～2 cm

2. 一般青贮方法要求禾本科原料含水量为（　　）。

A. 65%～75%　　B. 50%～60%　　C. 45%～55%　　D. 60%～70%

3. 为了促进乳酸菌的发酵，可以在青贮过程中添加（　　）（多选）。

A. 甲醛　　B. 尿素　　C. 糖蜜　　D. 酶制剂

4. 品质优良的青贮饲料 pH 应为（　　）。

A. 5.7～7　　B. 3.8～4.2　　C. 2.5～4.5　　D. 3.8～5.2

5. 常用的青贮方法是(　　)。(多选)

A. 一般青贮　　B. 半干青贮　　C. 添加剂青贮　　D. 低水分青贮

二、简答题

1. 一般青贮饲料制作的原理是什么?
2. 一般青贮的原理是什么? 应具备什么条件?
3. 简述一般青贮饲料制作的步骤。
4. 简述一般青贮饲料的优越性。

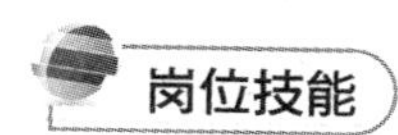

岗位技能 3　青贮饲料制作及品质鉴定

一、实训目的

(1) 熟悉青贮原理。

(2) 掌握青贮饲料调制及品质鉴定的方法。

二、实训条件

(1) 青贮原料:可根据当时当地的条件,选择适宜的一种或多种青贮原料。如带穗青玉米、青玉米秸、青高粱秸、青燕麦、苏丹草、苜蓿、草木樨、甘薯块、马铃薯秧、野草、各种菜叶、糠麸或秸秆等。以带穗青玉米为最佳,豆科牧草不易单独青贮。数量依据青贮窖的容积而定,一般每立方米可装青贮原料 500～600 kg。

(2) 青贮设备:小型青贮窖(壕、塔)或缸、塑料袋等。

(3) 用具:切碎机或铡刀、塑料薄膜、秤、尺、大锹等。

三、方法步骤

青贮饲料调制的步骤包括切短、装填、压实、密封、管护 5 个步骤。

(一) 切短

为便于青贮时压实,提高青贮窖的利用率,排出原料间隙中的空气,利于乳酸菌生长发育,切短是提高青贮饲料品质的一个重要环节。一般将原料切成 1～2 cm 长较为适宜。原料的含水量越低,切得越短;反之,则可切得长一些。

(二) 装填

青贮原料应随切碎随装填。装填青贮原料前,要将已经用过的青贮设备设施清理干净。一般要求:1 个青贮设施要在 1～2 天装满,装填时间越短越好。要求边装填边压实,每装填 20～30 cm 踩实一遍,应将原料装至高出窖沿 30～60 cm,然后封窖,这样原料塌陷后,能保持与窖口平齐。装入青贮壕时,可酌情分段,按顺序装填。

(三) 压实

装填原料的同时,如为青贮壕,必须用履带式拖拉机或用人力层层压实,尤其要注意窖或壕的四周的边缘。在拖拉机漏压或压不到的地方,一定要用人力踩实。青贮原料压得越实,越容易造成厌氧环境,越有利于乳酸菌活动和繁殖。

(四) 密封

青贮原料装满后,须及时密封和覆盖,以隔绝空气继续与原料接触,防止雨水进入。拖延封窖,会使青贮窖原料温度上升,原料营养损失增加,降低青贮饲料的品质。一般在窖面上覆上塑料薄膜后,再覆上 30～50 cm 厚的土,踩踏成馒头形或屋脊形。

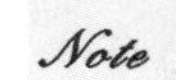

四、品质鉴定

（一）感官鉴定

根据青贮饲料的颜色、气味、口味、质地和结构等指标，用感官（捏、看、闻）评定其品质好坏。感官鉴定表见表 2-4。

表 2-4　青贮饲料感官鉴定表

品质等级	颜　色	气　味	口味	质地、结构
优良	青绿色或黄绿色，近似原来的颜色	芳香水果味、酒酸味	浓	湿润，紧密，叶脉清晰
中等	黄褐色或暗褐色	刺鼻酸醋味，香味淡	中等	茎、叶、花保持原状，柔软，水分稍多
劣质	黑色、褐色或暗墨绿色	有特殊刺鼻腐臭味或霉味	淡	腐烂、污泥状，黏滑或干燥或黏成块

（二）pH 测定

从被测定的青贮饲料中，取出具有代表性的样品，切短，在烧杯中装入半杯，加入蒸馏水或白开水，使之浸没青贮饲料，然后用玻璃棒不断搅拌，使水和青贮饲料混合均匀，放置 15～20 min，将水浸物经滤纸过滤。吸取浸出液 2 mL，移入白色磁盘中，用滴管加 2～3 滴混合指示剂，用玻璃棒搅拌，观察盘中浸出物颜色的变化，判断出近似的 pH，以此评定青贮饲料的品质。判断依据见表 2-5。

表 2-5　pH 测定判断依据表

品质评定	颜色反应	近似 pH
优良	红、乌红、紫红	3.8～4.4
中等	紫、紫蓝、深蓝	4.6～5.2
劣质	蓝绿、绿、黑	5.4～6.0

五、技能考核

本技能考核以小组为单位，考核时从原料选择及收割（15 分），切短、装填与压实（20 分），密封（10 分），感官鉴定（20 分），pH 测定（20 分）及技能报告（15 分）方面进行考核评分。

扫码学课件 2-5

任务五　能量饲料

任务目标

- 了解能量饲料的概念，掌握能量饲料的营养特点。
- 能认识常见的能量饲料并进行分类。
- 在完成能量饲料的选购和验收岗位工作任务过程中，培养学生针对畜禽的不同生产情况选择合适能量饲料的能力。

案例分析

案例引导

某养殖户养有一头青年黑白花奶牛，平常主要饲喂青草和干草，补饲少量玉米和豆粕。某日该奶牛正常分娩产下一头健康犊牛，在分娩当天，为了增强奶牛的营养，该养殖户特意增喂了大量玉米和豆粕。产犊第二天早晨，牛突然食欲减少，排粪减少，仅排少量稀薄酸臭粪便，最后卧地不起。当地兽医诊断为产后瘫痪，静脉大剂量注射葡萄糖酸钙不见疗效。

能量饲料是指干物质中粗纤维含量低于 18%，粗蛋白质含量低于 20%，含干物质代谢能 10.46 MJ/kg 以上的饲料。这类饲料主要包括谷实类、糠麸类、块根块茎瓜果类和其他加工副产品（糖蜜、动植物油脂、乳清粉等）。

一、能量饲料的种类及营养特点

（一）谷类籽实

谷类籽实是禾本科植物的成熟种子，常用的有玉米、小麦、大麦、稻谷、高粱和燕麦等。

1. 谷类籽实的营养特点

（1）无氮浸出物含量丰富、有效能值高。谷类籽实无氮浸出物含量高，一般占籽实干物质的 63%，其中 75%主要为淀粉，且粗纤维含量较低，一般不超过 5%。谷实类的干物质消化率很高，有效能值高，每千克代谢能为 11～14 MJ（鸡），故该类饲料是畜禽饲粮中的主要组成部分和能量来源。

（2）蛋白质含量低且品质差。蛋白质含量在 7.9%～13.9%，主要为醇溶蛋白和谷蛋白，占蛋白质组成的 80%以上，但其氨基酸组成不平衡，赖氨酸、蛋氨酸、苏氨酸和色氨酸含量较低，氨基酸平衡性差。

（3）粗脂肪含量高。谷类籽实脂肪含量为 3.5%左右，构成脂肪的脂肪酸主要为不饱和脂肪酸，其中亚油酸和亚麻酸含量较高，玉米中约含 2%的亚油酸，可以满足畜禽对必需脂肪酸的需要，但易酸败，使用时应特别注意。

（4）矿物质含量低且不平衡。钙少磷多。钙含量低，仅为 0.02%～0.09%，磷含量较高，为 0.25%～0.36%，但主要以植酸磷的形式存在，利用率较低。钙磷比例不适宜。

（5）维生素含量低且不平衡。维生素 B_1 和维生素 E 含量较为丰富，但维生素 B_2、维生素 A 和维生素 D 缺乏，所有谷实类饲料均不含维生素 B_{12}。

2. 常用谷类籽实

（1）玉米：玉米是谷类籽实中淀粉含量最高的饲料，含 70%的无氮浸出物，且几乎全是淀粉，粗纤维含量极少，容易消化，其有机物质消化率为 90%以上，加之产量高，故有“饲料之王”的美誉。但其蛋白质含量少，且品质较差，缺乏赖氨酸和色氨酸；钙含量极低，仅为 0.02%，磷含量约为 0.27%，其中有效磷仅为 0.12%，钙磷比例不平衡。黄玉米中 β-胡萝卜素和叶黄素含量较高，有利于禽类蛋黄着色，但缺乏维生素 D 和维生素 K，水溶性维生素 B_1 含量较丰富，而维生素 B_2 和烟酸缺乏。饲喂玉米时，需与蛋白质饲料搭配，并补充矿物质、维生素饲料。

鸡饲料原料中以玉米最为重要，因为玉米热能高，最适合肉鸡肥育使用。玉米的饲用价值（除小麦对猪的价值外）高于其他谷类籽实，而且黄玉米有助于鸡皮肤和脚胫的着色。玉米养猪的效果也很好，但要避免过量使用，以防热能太高而使背脂增厚，胴体的品质下降，甚至产生“黄膘肉”。玉米用作牛、羊饲料时不应粉碎过细，宜破碎或压扁，另外在应用玉米时，除应注意补充缺乏的营养素外，还应注意防止黄曲霉污染，以免造成黄曲霉毒素中毒（对人畜危害极大）。

（2）小麦：小麦是全世界主要粮食作物之一，我国产量居全世界第二位。小麦在我国主要作为粮食，很少用作饲料。小麦籽实生理有效能值较高，仅低于玉米；无氮浸出物含量高，一般在 75%以上，而且是易消化的淀粉；粗纤维含量和玉米相当，为 2%左右；粗脂肪含量为 1.7%；蛋白质含量为 13.9%，是谷类籽实中蛋白质含量最高的，但蛋白质品质不佳，第一限制性氨基酸为赖氨酸；钙少磷多，以植物磷为主，微量元素铁、铜、锰、锌和硒含量较少；B 族维生素和维生素 E 较多，而维生素 A、维生素 D 和维生素 C 含量极低。

麦类所含淀粉较软，适合于鱼类。小麦可作为育肥猪的主要饲料原料，也是反刍动物很好的能量来源，但整粒小麦可能引起消化不良，粉得太细在嘴里容易形成糊状，反刍动物不易采食，所以须粗粉碎或压片后再用。

（3）高粱：高粱中粗蛋白质含量略高于玉米，为 11%～13%，但品质较差，缺乏赖氨酸、精氨酸、组氨酸和蛋氨酸；粗脂肪和能量比玉米低，饱和脂肪酸含量较高，因而脂肪酸的熔点高；可利用能值

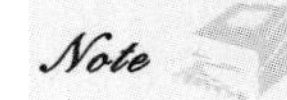

为每千克含代谢能 12.30 kJ(鸡);维生素中维生素 B_2、维生素 B_6 含量与玉米相当,泛酸、烟酸、生物素含量高于玉米,但烟酸和生物素的利用率均较低,色素含量也很低。钙磷含量高于玉米,钙少磷多,比例失衡。

高粱的饲用价值为玉米的 95%左右,当高粱的价格为玉米价格的 95%以下时,可使用高粱。高粱的单宁含量较高,黄谷高粱和白谷高粱单宁含量为 0.2%~0.4%,褐高粱单宁含量为 0.6%~3.6%,适口性差,并影响养分利用率,从而降低动物的生产性能。因此,要控制高粱的用量,尤其是高单宁高粱在畜禽饲粮中的用量,在猪饲粮中以不超过 30%为宜,在鸡饲粮中的用量应控制在 10%以内。高粱的成分接近玉米,用于反刍家畜有近似玉米的营养价值。高粱整粒饲喂时,有一半左右不消化而被排出体外,所以须粉碎或压扁。很多加工处理,如压片、水浸、蒸煮及膨化等均可改善反刍家畜对高粱的利用率,可提高利用率 10%~15%。

(4) 大麦:大麦籽实包有一层质地坚硬的颖壳,故粗纤维含量高,为玉米的 2 倍左右,因此有效能值较低;蛋白质含量高于玉米,氨基酸中除亮氨酸及蛋氨酸外均比玉米多,但利用率却低于玉米,赖氨酸含量接近玉米的 2 倍;脂肪含量约 2%,是玉米的一半,饱和脂肪酸含量比玉米高,亚油酸含量只有 0.78%;矿物质主要是钾和磷,其次为镁、钙及少量的铁、铜、锰、锌等;富含 B 族维生素,包括维生素 B_1、维生素 B_2、维生素 B_6 和泛酸,烟酸含量较高,脂溶性维生素 A、维生素 D、维生素 K 含量低,少量的维生素 E 存在于大麦的胚芽中;含有抗胰蛋白酶和抗胰凝乳酶,前者含量低,后者可被胃蛋白酶分解,故一般对动物影响大。此外,大麦经常有许多由霉菌感染的疾病,其中最重要的是麦角病,可产生多种有毒的生物碱,如麦角胺、麦角胱氨酸等,会阻止乳腺发育,造成产科疾病。

(5) 稻谷:稻谷为带外壳的水稻种子。其中外壳约为 25%,脱去外壳的稻谷即为糙米,约占 75%,而糙米又由 5%~6%的种皮、2%~3%的胚芽和 90%~92%的胚乳组成。稻谷的外壳坚硬,占稻谷重的 20%~25%,粗纤维含量高,在 8%以上,且半数以上是木质素,故有效能值低于玉米。稻谷中含粗蛋白质 7%~8%,赖氨酸、含硫氨基酸等含量都较低;稻谷灰分含量为 4.6%,且硅酸盐含量高,钙少磷多,钙磷比例不平衡。用作配合饲料中的原料时必须搭配饼粕类、鱼粉等弥补其不足。稻谷由于纤维素含量较高,饲喂效果差,对猪和禽类的用量不应太高,保证粗纤维含量低于 10%,且用糙米饲喂家禽,可能对禽类皮肤、胫和蛋黄着色不利。饲喂反刍动物稻谷的有效性相当于玉米的 80%,需粉碎处理。

(6) 其他谷类籽实:其他谷类籽实如燕麦、荞麦和粟等也可作为动物的能量饲料。这些谷类籽实均含有纤维颖壳,如燕麦颖壳占整粒籽实重量的 25%~35%,粗纤维含量高,约为 10.5%,有效能值低,营养价值与大麦相同。脱壳后则为优良的能量饲料。燕麦对鸡饲用价值为玉米的 70%~80%,一般不宜大量用作猪、鸡饲料,如用量多,将影响采食量,猪、鸡饲料中用量宜控制在 20%以内。

(二) 糠麸类饲料

谷类籽实加工成大米、面粉等后剩余的种皮、糊粉层、胚及少量胚乳等构成了糠麸类饲料。制米的副产物称为糠,制面粉的副产物为麸。糠麸类饲料主要有米糠、麦麸、高粱糠和玉米皮等,不能作为人类食物,主要用作畜禽饲料和酿造业的原料。

1. 糠麸类饲料的营养特点

(1) 粗蛋白质含量比谷类籽实高,品质好。糠麸类饲料的粗蛋白质含量比其原料籽实有提高,粗蛋白质含量为 9.3%~15.7%,蛋白质的品质有所改善,尤其是赖氨酸的含量比相应原料籽实有较大幅度提高。

(2) 粗脂肪含量高,多为不饱和脂肪酸。糠麸类饲料中粗脂肪含量高,为 14%左右,并且脂肪酸多为不饱和脂肪酸。在利用时应防止氧化酸败,且不宜在日粮中大量使用,在育肥猪后期利用米糠等时应控制用量,以免产生软猪肉,而影响加工品质。

(3) 矿物质钙少磷多,比例不平衡。糠麸类饲料粗灰分含量较高,通常为 2.6%~8.7%,但仍然是钙少磷多,且主要是植酸磷,钙磷比例极度不平衡。微量元素锰和铁含量高。

(4) 粗纤维含量比谷类籽实高,有效能值低。由于糠麸类饲料是由籽实的种皮、糊粉层、胚和少量胚乳组成，因此粗纤维含量比原籽实高，含量为3.9%～9.1%，因此，有效能值较低。

(5) B族维生素含量较高。糠麸类饲料富含B族维生素和维生素E，但缺乏维生素A、维生素D。

2. 常用糠麸类饲料

(1) 稻糠：水稻加工成大米后的副产品，称为稻糠。稻糠包括砻糠、米糠和统糠。砻糠是稻谷的外壳或其粉碎品，其中仅含3%的粗蛋白质，而粗纤维含量超过40%，且粗纤维中50%以上为木质素。营养价值为负值，不能用作单胃动物的饲料。砻糠对反刍动物的饲用价值也很低；米糠是糙米精制时产生的果皮、种皮、外胚乳和糊粉层等的混合物。米糠是很有特色的良好饲料。一般加工100 kg稻谷可得到大米72 kg，砻糠(稻壳)22 kg和米糠6 kg。

统糠则是砻糠和米糠的混合物，统糠营养价值因其中米糠比例不同而异，米糠所占比例越高，统糠营养价值越高，但最好把两者分开。

米糠的营养价值随加工工艺的程度不同而不同。加工精米越白，则进入米糠的胚乳越多，其能值越高。米糠的粗蛋白质含量为13%～15%，高于玉米；粗脂肪含量可为16.5%，最高达22.4%，脂肪酸组成中以不饱和脂肪酸为主，油酸和亚油酸占79.2%，故米糠的有效能值较高；粗灰分含量高，约为10%，钙少磷多，磷以植酸磷为主，铁、锰较为丰富，但铜含量偏低；B族维生素和维生素E含量高，但缺乏维生素A、维生素C和维生素D。

米糠中含有胰蛋白酶抑制因子、生长抑制因子、非淀粉多糖、植酸等抗营养因子，使用时应注意消除其不利影响；另外，应防止脂肪酸氧化酸败而影响适口性和营养价值。米糠是糠麸类饲料中能值最高的，新鲜米糠适口性较好，对猪而言是较好的能量饲料，新鲜米糠在生长猪饲粮中的用量应该控制在12%以内，对于育肥猪，最大用量控制在15%。米糠对鸡的饲用价值较低，为玉米的50%，在鸡饲粮中的最大用量应控制在5%～10%。稻谷的另外一种加工副产物稻壳粉，其承载性较好，在饲料添加剂中多用作载体。

米糠中的胰蛋白酶抑制因子，加热可使其失活，采食过多易造成蛋白质消化不良。此外，米糠中脂肪酶活性较高，长期贮存易引起脂肪变质。米糠适用于饲喂各种家畜，但由于其油脂含量较高，易氧化酸败而不易贮藏，在饲粮中配比过高会引起腹泻及体脂肪发软。一般在猪饲料中的含量控制在20%以下。仔猪不宜使用，以免引起腹泻。

(2) 小麦麸和次粉：小麦麸和次粉均是小麦加工成面粉后的副产品。小麦麸是由小麦的种皮、糊粉层和少量的胚和胚乳组成，即通常所称的麸皮；而次粉则由糊粉层、胚乳和少量细麸组成。小麦精制过程可得到25%左右的小麦麸、3%～5%次粉，而生产普粉可获得15%左右的小麦麸。

小麦麸和次粉的营养价值与加工工艺和出分率有关，以干物质计，粗纤维含量比小麦高8.9%，因而在能量饲料中其生理有效能值较低；粗蛋白质含量比小麦高，是能量饲料中含量最高的，为15.7%，且赖氨酸含量也较丰富，为0.58%，故蛋白质品质比小麦高；富含维生素E和B族维生素，尤其是维生素B_1，但烟酸利用率低，仅为34%，并且缺乏维生素B_{12}；灰分含量为4.9%，矿物质含量高，尤其是铁、锰、锌等微量元素含量高，钙少磷多，磷仍然以植酸磷为主。

小麦麸由于其容重小，常用来调节饲料的能量浓度；另外，由于小麦麸物理结构疏松、吸水性强，可刺激胃肠道的蠕动，因而具有轻泻作用。小麦麸对所有家畜都是较好的饲料，对奶牛和马属动物用量可大一些，肉牛育肥期用量不宜过高。小麦麸的粗纤维含量高，有效能值低，故鸡饲粮中的最大用量应控制在10%～15%；猪饲粮中最大用量以不超过15%为宜。

(3) 其他糠麸类：其他糠麸类主要包括高粱糠、玉米皮和大麦麸等。高粱糠的消化能(猪)和代谢能(鸡)均比小麦麸高。由于其含单宁较多，适口性差，应注意限量用于猪禽饲粮；用于奶牛、肉牛效果较好。玉米皮是玉米制粉过程中的副产物，粗纤维含量较高，为9.1%，营养价值与麦麸相当。对猪有效能值低，一般不宜作为仔猪的饲料原料，而可作为奶牛和肉牛的饲料原料。

(三) 块根块茎瓜果类饲料

1. 块根块茎瓜果类饲料的营养特点 这类饲料主要包括薯类(甘薯、马铃薯、木薯)、甜菜渣及

南瓜等。在新鲜状态下含水量高，一般为75%～90%。干物质中无氮浸出物含量高，主要是淀粉和糖，有效能值高；粗纤维含量通常不超过10%，粗蛋白质也只有5%～10%，且品质较差；矿物质中钙磷含量低，钾含量较高。

2. 常见块根块茎瓜果类饲料

(1) 马铃薯：又名土豆、洋芋、洋山芋、山药蛋，是一种生育期较短、产量较高、饲用价值很高的块茎饲料。马铃薯含干物质约25%，主要成分是淀粉，占干物质的80%以上。粗蛋白质约占干物质的9%，主要是球蛋白，生物学价值相当高。鲜马铃薯中维生素C含量丰富，但其他维生素缺乏。对反刍动物可生喂马铃薯，对猪熟喂效果较好。马铃薯植株中含有一种配糖体(称茄素，有毒)，以浆果含量较高，占鲜重的0.56%～1.08%，正常成熟马铃薯块仅含2～10 mg/100 g，含量在20 mg/100 g以上才有中毒危险，所以用马铃薯作饲料，一般无中毒情况发生。马铃薯耐贮藏，但当贮藏温度较高时也会发芽而产生有毒的龙葵素，马铃薯表皮见到光而变成绿色以后，龙葵素含量剧增。因此，已发芽的马铃薯，喂前必须将芽除掉，并且蒸熟后才能饲喂。

(2) 木薯：木薯是热带地区生长的一种灌木的块茎，成分以淀粉为主(约占80%)。蛋白质含量不仅很低，且半数不能被猪、家禽类消化和利用。木薯中钙多磷少，与其他块根类一样钾含量高，微量元素及维生素含量几乎为零，脂肪含量也相当低。所以如果日粮中木薯含量高，必须注意添加必需脂肪酸、维生素及矿物质。木薯含有生氰糖苷，在动物体内经酶作用后生成剧毒的氢氰酸，以皮中含量最高，可通过加热、干燥、水煮等处理后消除。

木薯在家禽中使用量不应超过10%，蛋鸡可适当增加至20%，除使蛋黄颜色变浅外无其他不良影响。粉碎太细是木薯适口性不好的原因之一，可通过制成颗粒饲料改善。氢氰酸对猪的生长性能影响较大，尤其是小猪，在育肥猪饲料中，品质好且经过制粒加工的木薯可添加到30%～50%；在反刍动物中，随木薯用量的增加，泌乳量减少，所以应适当限制用量；肉牛的用量可适当提高，使用30%也无明显影响。

(3) 甘薯：甘薯也是块根类植物，其成分特征与玉米类似，但不含能生成氢氰酸的物质，所以适用性更广。甘薯含生长抑制因子，经过加热可除去。甘薯有红心、黄心和白心之分，其差别主要是β-胡萝卜素的含量。甘薯易造成饱感，使动物无法得到足够的营养，所以不宜用于雏鸡、肉鸡，其他家禽也应少用。对猪的适口性较好。

(4) 南瓜：南瓜干物质中无氮浸出物占60%～70%，粗蛋白质12.90%，粗脂肪6.45%，粗纤维11.83%。以干物质基础比较，南瓜的有效能值与薯类基本一致，肉质南瓜富含胡萝卜素。南瓜可粉碎后饲喂家畜；南瓜藤叶切短后可直接饲喂牛、羊，也可打浆后喂猪。南瓜及其藤叶，适宜与豆科牧草、青玉米秸、各种野青草和叶菜等混合、切碎后青贮。

(四) 油脂、糖蜜、乳清类饲料

1. 油脂 种类较多，按照产品来源可分为动物油脂、植物油脂、饲料级水解油脂和粉末状油脂。动物油脂是指用家畜、家禽和鱼体组织提取的一类油脂；植物油脂是从种子中提取而得，主要成分为甘油三酯，另含少量的植物固醇与蜡质成分，大豆油、菜籽油、棕榈油等是这类油脂的代表；饲料级水解油脂是指制取食用油或生产肥皂过程中所得的副产品，其主要成分为脂肪酸；粉末状油脂是对油脂进行特殊处理，使其成为粉末状而得到的。

油脂是高能饲料，主要来源于动植物，是家畜重要的营养物质之一。油脂除供能外，可改善适口性，延长饲料在肠道的停留时间，有利于其他营养成分的消化吸收和利用；油脂可作为动物消化道内的溶剂，促进脂溶性维生素的吸收；减少热应激，因为油脂的体增热值比碳水化合物、蛋白质的热增耗值都低。植物油、鱼油等常是动物必需脂肪酸的较好来源；添加油脂可减少粉尘的产生，降低饲料养分损失及畜舍内空气的污染程度，进而降低畜禽呼吸道疾病的发病率；在制粒过程中起到润滑的作用，从而减少饲料加工机械的磨损，延长使用寿命，降低生产成本。

建议添加量：一般在肉鸡前期日粮中添加2%～4%的猪油等廉价油脂；而在后期日粮中添加必需脂肪酸含量高的油脂(大豆油、玉米油等)；在仔猪的人工乳和开食料中，添加3%～5%的油脂；在

Note

肉猪饲料中添加1%～3%的油脂。

2. 糖蜜 又名糖浆，是制糖工业副产品，含碳水化合物53%～55%、水20%～30%。易消化，具甜味，适口性好。糖蜜具有轻泻性，日粮中含量大时，动物粪便发黑变稀。猪、鸡饲料中适宜添加量为1%～3%，肉牛4%，犊牛8%。糖蜜黏稠，呈黑褐色，流动性差，难以直接在配合饲料中混匀，但可以作为颗粒饲料的黏合剂，提高颗粒饲料的质量，饲喂牛时，若在糖蜜中添加适量的尿素，可制成氨化糖蜜，效果更好。

3. 乳清类 乳清是乳品加工厂生产乳制品后的液体副产品。其主要成分为乳糖和灰分。多用作代乳品或仔畜早期饲料的组分，常用作仔猪的能量、蛋白质补充料。仔猪用量一般为5%～15%，效果较好。犊牛代乳品可用到20%，用量过高会引起腹泻，抑制生长。

二、能量饲料的加工利用

1. 粉碎 粉碎是最简单、最常用的一种加工方法。经粉碎后的籽实便于动物咀嚼，增加了饲料与消化液的接触面积，提高了饲料的消化率和利用率。

2. 浸泡 谷类饲料经过浸泡后变得膨胀柔软，便于家畜消化。某些饲料经过浸泡可以减轻一些毒性和异味，从而提高了适应性。将饲料置于池中，按1∶(1～1.5)的比例加入水进行浸泡，浸泡时间随季节和饲料种类而异。

3. 蒸煮 马铃薯不能生喂，其中的龙葵素会引起家畜中毒，蒸煮才可将毒素破坏，同时，蒸煮还可以提高适口性和消化率，但蒸煮时间一般不能超过20 min。

4. 压扁 将玉米、大麦、高粱等去皮、加水，将谷物水分调至15%～20%，用蒸汽加热到120 ℃，再用对辊压片机压成片状后，干燥冷却，即制成压扁饲料。压扁饲料可明显提高消化率，主要用于喂马、牛。

思考与练习

一、选择题

扫码看答案

1. 马铃薯中含有的有毒物质是(　　)。

A. 龙葵素　　B. 植酶　　C. 单宁　　D. 香豆素

2. 下列能量饲料中，哪种饲料的蛋白质含量最高？(　　)

A. 玉米　　B. 高粱　　C. 小麦　　D. 红薯

3. 以下哪个饲料有"能量之王"称号？(　　)

A. 高粱　　B. 豆粕　　C. 大麦　　D. 玉米

4. 在谷类籽实中，以(　　)含生理有效能值最高。

A. 高粱　　B. 稻谷　　C. 玉米　　D. 小麦

5. 高粱中的抗营养因子主要是哪种？(　　)

A. 单宁　　B. 皂苷　　C. 氢氰酸　　D. 红细胞凝集素

6. 下列哪种产品不是稻谷加工的副产物？(　　)

A. 统糠　　B. 砻糠　　C. 米糠　　D. 麸皮

7. 下列哪些饲料属于能量饲料？(　　)(多选)

A. 小麦　　B. 玉米　　C. 油脂　　D. 高粱　　E. 尿素

二、简答题

1. 简述谷类籽实的营养特点。
2. 简述糠麸类饲料的营养特点。
3. 能量饲料的加工方式有哪些？
4. 能量饲料的营养特点是什么？

扫码学课件
2-6

任务六　蛋白质饲料

任务目标

- 了解蛋白质饲料的概念。
- 掌握植物性、动物性蛋白质饲料的营养特性及饲用价值。
- 掌握单细胞蛋白质饲料的生产特点、营养特性及饲用价值。
- 掌握非蛋白氮饲料的合理利用技术。
- 能够对各种蛋白质饲料进行科学合理的分类，掌握各种蛋白质饲料在生产中的应用。
- 了解蛋白质饲料的质量标准，了解饼粕类饲料去毒处理的方法。
- 了解各类蛋白质饲料的加工工艺。
- 领会各类蛋白质饲料的合理搭配技术。

案例引导

某养鸡场饲养一批肉用雏鸡，为了控制饲养的成本，场主自己用豆饼、麦麸和玉米为原材料配制鸡饲料，但是喂养一段时间后发现雏鸡啄肛现象非常严重。当年5月份采购雏鸡10000只，因啄肛死亡878只，死亡率8.78%，7月份采购雏鸡10000只，因啄肛死亡568只，死亡率5.68%。活着的雏鸡表现出精神不足、羽毛蓬乱、生长缓慢的现象；后经过专家会诊分析，建议调整饲料比例，加入1.5%的鱼粉(肉鸡的第一限制性氨基酸蛋氨酸得以满足，矫正了不平衡的氨基酸)；随后，雏鸡的啄肛现象显著减少，精神状态逐渐恢复，羽毛变得有了光泽，生长速度明显加快。根据这个病例，我们必须了解不同的蛋白质饲料对动物的营养和健康带来的影响。让我们带着这些问题开始蛋白质饲料基本知识的学习。

蛋白质饲料是指干物质中粗纤维含量在18%以下，粗蛋白质含量为20%及以上的饲料。在饲料分类系统中属于第五大类，主要包括豆类籽实(5-09-0000)、饼粕类(5-10-0000)、动物性蛋白质饲料(5-13-0000)、工业副产品(5-11-0000)、微生物蛋白质饲料及非蛋白氮饲料。

与能量饲料相比，本类饲料蛋白质含量很高，且品质优良，在能量价值方面差别不大，或者略偏高。在日粮中的用量比能量饲料少得多，一般占10%～20%，但蛋白质饲料是生产中的关键性饲料，蛋白质水平不足将严重影响动物的生产性能。因其蛋白质含量高，能够补充日粮中其他饲料蛋白质的不足，因此，蛋白质饲料也称蛋白质补充料。

一、植物性蛋白质饲料

植物性蛋白质饲料包括豆类籽实、饼粕类及其他工业副产品三大类，是动物生产中使用量最多、最常用的蛋白质饲料。该类饲料具有以下特点：①蛋白质含量高，在20%～50%之间，因种类不同，差异较大；蛋白质质量较好，优于谷类蛋白，主要由球蛋白和清蛋白组成。②粗脂肪含量差异大，油料籽实(如大豆)含量在15%以上，非油料籽实只有1%左右，饼粕类脂肪含量亦因加工工艺不同差异较大，高的可达10%，低的仅1%左右，因此，该类饲料的能量价值各不相同。③粗纤维含量一般不高，基本上与谷类籽实近似，饼粕类稍高些。④矿物质含量与谷类近似，钙少磷多，且主要是植酸磷。⑤维生素种类和含量也与谷类相似，B族维生素较丰富，而胡萝卜素、维生素A、维生素D较缺乏。⑥大多数含有一些抗营养因子，影响其饲喂价值。

（一）豆类籽实

1. 大豆 大豆是世界上重要的油料作物之一，原产于我国，根据种皮颜色可分成黄、青、黑、褐等色，以黄种最多而得名黄豆，其次为黑豆。全脂大豆由于其油脂和蛋白质含量高、质量好，在动物饲料中的用量急剧增加。

（1）营养特性（表 2-6）。

表 2-6 大豆的营养特性

成分	蛋白质	氨基酸	脂肪	碳水化合物	矿物质	维生素
营养特性	蛋白质含量高，在 32%～40% 之间；蛋白质品质好	赖氨酸含量达 2%，含硫氨基酸（蛋氨酸）不足	脂肪含量高达 17%～20%，多属不饱和脂肪酸（必需脂肪酸——亚油酸和亚麻酸占 55%），磷脂（卵磷脂、脑磷脂）占1.8%～3.2%，具有乳化作用；还含有 1%的皂化物，由植物固醇、色素、维生素等组成。应注意温度、湿度等贮存条件，以防止氧化酸败变质	无氮浸出物含量较谷实类低，在 26% 左右，淀粉含量甚微，为 0.4%～0.9%，其中阿聚糖、半乳聚糖和半乳糖酸相结合而形成黏性的半纤维素，存在于细胞膜中，有碍消化	矿物质中钙少，钾、磷、钠多，60% 的磷属植酸磷，钙含量高于谷实类，但钙磷比不适宜	维生素种类和含量与谷实类相似，维生素 B_1 和维生素 B_2 含量略高于谷实类

大豆中抗营养因子及其危害如下。

①胰蛋白酶抑制因子（TI）：抑制生长，使胰腺肥大。

②血细胞凝集素（PHA）：使血液红细胞凝集，降低动物采食量。

③致甲状腺肿物质：使甲状腺肿大。

④抗维生素因子：抗维生素 A、维生素 D、维生素 E 和维生素 B_{12}。

⑤脲酶：迅速分解 NPN。

⑥植酸：影响矿物质、蛋白质利用。

⑦胃肠胀气因子：导致胃肠胀气、腹痛、腹泻。

⑧类雌激素（异黄酮）：导致假发情、卵巢囊肿、不孕或流产。

⑨皂苷：溶血、降血脂、降胆固醇。

⑩大豆抗原蛋白：导致仔猪肠道过敏、损伤、腹泻。

这些抗营养因子影响饲料的适口性、消化性与动物的一些生理过程。其中除了胃肠胀气因子、类雌激素（异黄酮）、皂苷较为耐热外，其他均不耐热，湿热加工可使其丧失活性。但加热不足或过度均会降低蛋白质的生物学效价，加热不足时，抗营养因子被破坏得不充分，加热过度时，一些不耐热的氨基酸分解以及美拉德反应（碳水化合物中的醛基和赖氨酸中的氨基结合）使蛋白质的利用率大大下降，从而引起畜禽生产性能下降。判断大豆适宜加热程度的指标多为采用 pH 增值法测定尿素酶活性，我国规定熟化全脂大豆脲酶活性不得超过 0.4。

（2）饲用价值（表 2-7）。

表 2-7 大豆的饲用价值

饲喂动物	鸡	猪	反刍家畜
饲用价值	生大豆影响采食量，使动物增重降低，导致下痢。加工全脂大豆用于肉鸡时含量宜在10%以下，可使肉鸡胴体和脂肪组织中亚油酸和ω-3脂肪酸含量提高。用于蛋鸡时可取代豆粕，能提高蛋鸡蛋重，改变蛋黄中脂肪酸组成，提高亚麻酸和亚油酸含量，降低饱和脂肪酸含量	生大豆会使仔猪腹泻，降低增重和饲料转化率。加工全脂大豆可代替仔猪饲粮中乳清粉、鱼粉或豆粕，添加10%～15%时增加肥育猪胴体ω-3脂肪酸，添加量过大时影响胴体品质和脂肪硬度；饲喂母猪可产生高脂初乳和乳汁，提高母猪产奶量，提高仔猪断奶体重	牛饲料可使用生大豆，用量不超过精料的50%，但含尿素日粮中不可使用；加工全脂大豆适口性高于生黄豆，具有较高的瘤胃非降解率，可用于催乳和提高乳脂率，肉牛饲料中使用量过高会影响采食量，且有软脂倾向

大豆加工方法不同，饲用价值也不同。焙炒等加热法使产品具有烤豆香味，风味较好，但加热不匀、加热不够或加热过度均影响饲用价值；挤压法使产品脂肪消化率高，代谢能较高。大豆湿法膨化处理能破坏全脂大豆的大部分抗胰蛋白酶和脲酶等活性，使适口性及蛋白质消化率得以明显改善，在肉用畜禽和幼龄畜禽日粮中作为部分蛋白质的来源，使用效果颇佳。

2. 豌豆与蚕豆 豌豆和蚕豆的粗蛋白质含量较低，在22%～25%之间，两者的粗脂肪含量较低，仅1.5%左右，淀粉含量高，无氮浸出物可达50%以上，能值虽比不上大豆，但与大麦和稻谷相似。此外，豌豆籽实与蚕豆籽实中有害成分含量很低，可安全饲喂，无需加热处理。目前我国这两者的价格都贵，很少作为饲料。

（二）饼粕类

饼粕类蛋白质饲料是指富含脂肪的豆类籽实和油料籽实提取油后的副产品。其中，压榨提油后的副产品称为饼（饼块，瓦片状），浸提脱油后的副产品称为粕（粗粉状）。粕油残留少，其他养分含量相应提高。油饼、油粕是我国主要的植物蛋白质饲料，使用广泛，用量大。常见的有大豆饼粕、棉籽（仁）饼粕、菜籽饼粕、花生（仁）饼粕、胡麻饼粕、向日葵（仁）饼粕，此外，还有数量较少的芝麻饼粕、蓖麻饼粕、红花籽饼粕、苏籽饼、椰子饼粕和棕榈饼等。

1. 大豆饼粕 大豆饼粕是我国最常用的一种植物性蛋白质饲料，产量大，品质好，蛋白质含量高，消化率高，是各种动物饲料中最常用的植物性蛋白质饲料，但国产大豆产量很低，主要依赖进口。

（1）营养特性（表 2-8）。

表 2-8 大豆饼粕的营养特性

成分	蛋白质	氨基酸	脂肪	碳水化合物	矿物质	维生素
营养特性	蛋白质含量为40%～50%，蛋白质消化率达80%以上，代谢能值达10.5 MJ/kg	必需氨基酸含量高，组成合理。赖氨酸在饼粕类中含量最高，达2.5%～2.9%，是棉籽仁饼、菜籽饼粕、花生饼的2倍，赖氨酸与精氨酸比例恰当，为100∶130（最佳为100∶120），色氨酸（1.85%）和苏氨酸（1.81%）含量也很高，缺点是蛋氨酸含量较低，为0.46%	脂肪含量因榨油方式不同而异，国标要求小于8%	粗纤维含量低，淀粉含量低，可利用能量较低	钙少磷多，磷多属植酸磷，含量为61%，硒含量低	胡萝卜素、维生素 B_1 和维生素 B_2 少，烟酸和泛酸多，胆碱丰富，维生素E含量较高

（2）饲用价值（表 2-9）。

表 2-9　大豆饼粕的饲用价值

饲喂动物	鸡	猪	反刍家畜	水产动物
饲用价值	大豆饼粕是家禽最好的植物性蛋白质饲料，适用于任何阶段的家禽，用于幼禽效果更好。添加蛋氨酸后可用于配制无鱼粉日粮	大豆饼粕是猪的优质饲料，适于任何种类和任何阶段的猪，但应注意在人工代乳料和仔猪补料中，要限量使用，以10%以下为宜。因含有纤维和低聚糖类，采食太多有可能引起下痢，故乳猪阶段饲喂熟化的脱皮大豆粕效果较好	各阶段牛的饲料中均可使用，适口性好，长期使用不必担心厌食问题，采食太多时虽会有软便现象，但不致引起下痢，对奶牛有催乳效果	草食鱼及杂食鱼对大豆饼粕蛋白质的利用率很高，可达90%左右，能够取代部分鱼粉作为蛋白质的主要来源。肉食鱼对大豆饼粕利用率低，尽量少用

由于大豆饼粕蛋氨酸含量较低，因此，在主要含大豆饼粕的饲粮中，一般都要另外添加 DL-蛋氨酸，才能满足动物的营养需要。未经加热的大豆饼粕中存在抗营养因子，如胰蛋白酶抑制因子、脲酶、致甲状腺肿物质、皂素、凝集素等。这些抗营养因子不耐热，适当的热处理（110 ℃，3 min）即可使其灭活，但加热过度会降低赖氨酸、精氨酸的活性，同时亦会使胱氨酸遭到破坏，从而降低其营养价值。

2. 菜籽饼粕　菜籽饼粕是油菜籽榨油后的副产品。油菜是我国的主要油料作物之一。由于含有毒素，目前用作饲料的菜籽饼粕不足 40%，去毒处理后，用作饲料的比例大为提高。

（1）营养特性（表 2-10）。

表 2-10　菜籽饼粕的营养特性

成分	蛋白质	氨基酸	脂肪	碳水化合物	矿物质	维生素
营养特性	蛋白质含量为 33%～38%	赖氨酸含量为 1.0%～1.8%，蛋氨酸含量为 0.5%～0.9%，氨基酸组成平衡	脂肪含量因榨油方式不同而异，国标要求小于 10%	粗纤维含量为 12%～13%，无氮浸出物含量为 30%，有效能值较低；淀粉不易消化，含 8% 戊聚糖，雏鸡不能利用	钙、磷含量高，磷多属植酸磷，利用率低，富含铁、锰、锌、硒，尤其是硒含量远高于豆饼	胆碱、叶酸、烟酸、核黄素、硫胺素含量比豆饼高，其中，烟酸和胆碱含量尤其高，是其他饼粕类饲料的 2～3 倍

菜籽饼粕中抗营养因子及其危害如下。

①噁唑烷硫铜（OZT）：阻碍甲状腺素的合成，导致甲状腺肿，使动物生长缓慢。

②异硫氰酸酯（ITC）：具有辛辣味，严重影响适口性，并对黏膜有强烈的刺激性，可引起胃肠炎等，还能抑制甲状腺滤泡浓集碘的能力，从而导致甲状腺肿大，降低动物生长速度。

③腈：可引起细胞内窒息，抑制动物生长，引起肝、肾肿大，毒性比 OZT 和 ITC 大得多，但它的含量一般较少。

④芥子碱：一种芥子酸和胆碱构成的酯，在菜籽饼粕中的含量为 1%左右。味苦，可降低饲料的适口性并产生腥味蛋。鸡采食后，芥子碱在肠道分解产生胆碱，进而产生三甲胺，该物质有挥发性，具有鱼腥味。但正常情况下，白壳蛋鸡体内有三甲胺氧化酶，可将三甲胺氧化而除去腥味，故不会产生腥味蛋，而褐壳蛋鸡体内没有这种酶，会产生腥味。

⑤植酸和单宁：影响矿物质和蛋白质的利用。

由于菜籽饼粕具有辛辣味，适口性差，抗营养因子硫葡萄糖苷本身无毒，但是，当油菜籽破碎后，在一定的水分和温度条件下，在自身含有的芥子酶的作用下，硫葡萄糖苷被水解成有毒物质噁唑烷硫铜（OZT）、异硫氰酸酯（ITC）和腈，饲喂价值明显低于大豆粕，并可引起甲状腺肿大，使动物采食

Note

量下降，生产性能下降。因此用量不能多，只能占蛋白质饲料中的少部分。

（2）饲用价值（见表 2-11）。

表 2-11　菜籽饼粕的饲用价值

饲喂动物	鸡	猪	反刍家畜
饲用价值	一般幼雏应避免使用，用于生长鸡、肉鸡时含量为 10%～15%；为防止肉鸡风味变劣，用量宜低于 10%；蛋鸡和种鸡为 8%，超过 12% 即引起蛋重和孵化率下降。褐壳蛋鸡采食很多时，鸡蛋有鱼腥味	硫葡萄糖苷含量高的饼粕，安全限量：母猪、仔猪为 5%，生长肥育猪为 10%～15%，为防止软脂现象，用量应低于 10%。过量使用引起甲状腺肿大、肝肾肿大等。经过去毒处理或低毒品种的饼粕，用量可适当增加	对牛的适口性差，不脱毒时用量一般以 7% 以内为佳。奶牛日饲喂量为 1～1.5 kg，犊牛和妊娠母牛最好不要喂。长期过量使用会引起甲状腺肿大，但比对单胃动物的影响程度小。近年来，"双低"（低芥子酸和低硫葡萄糖苷）品种菜籽饼粕饲养效果明显优于普通品种，可提高使用量，奶牛最高用量可为 25%

菜籽饼粕在饲喂以前，不能用温水浸泡，因为菜籽饼粕中含有配糖体黑芥毒和芥毒，用温水浸泡菜籽饼粕时，配糖体在芥子酶的作用下分解形成有毒物质，如噁唑烷硫酮。它阻碍甲状腺合成，导致甲状腺肿大。若榨油时将菜籽粉碎加热到 100 ℃左右，芥子酶失去活性，则不会产生中毒的危险。为防止中毒，菜籽饼宜干喂，或将菜籽饼粕煮过后再饲喂，较为安全。

（3）菜籽饼粕的去毒：菜籽饼粕脱毒常用以下方法。

①热处理法：包括干热处理法、湿热处理法、压热处理法和蒸汽处理法。缺点是会使蛋白质利用率下降，硫葡萄糖苷仍留在其中，受肠道内细菌酶解而产生毒性。

②坑埋法：挖一土坑，大小视菜籽饼粕用量和周转期而定，坑内铺放塑料薄膜或草席，先将粉碎的菜籽饼粕按 1∶1 加水浸泡，而后按每立方米 500～700 kg 将其装入坑内，接着在顶部铺草或覆以塑料薄膜，最后在上部压上 20 cm 以上的土，30～60 天后即可饲喂，此法可除去大部分毒物。

③水浸法：硫葡萄糖苷具水溶性，因此可用冷水或温水浸泡 2～4 天，每天换水一次。此法脱毒效率高，但干物质损失大，高达 26%。

④醇溶液浸提法：提取硫葡萄糖苷和单宁，可抑制芥子酶活性；缺点是耗用溶剂较多，饼粕中醇溶性物质损失较大。

⑤氨、碱处理法：反应生成无毒的硫脲，挥发性较大的有毒成分也可在蒸煮过程中随蒸汽挥发出去。每 100 份菜籽饼粕用浓氨水（含 NH_3 2.8%）4.7～5 份，或纯碱 3.5 份，用水稀释后，均匀喷洒到饼中，覆盖堆放 3～5 h，然后置蒸笼中蒸 40～50 min 即可喂用。也可在阳光下晒干或炒干后贮备使用。

⑥硫酸亚铁法：原理是亚铁离子可与硫葡萄糖苷及降解产物生成无毒螯合物。用 20% 硫酸亚铁溶液处理，在脱油工序或直接喷入粉碎的干饼粕中。

⑦微生物降解（发酵）法：某些细菌和真菌可以破坏硫葡萄糖苷及其降解产物，因此菜籽饼粕发酵去毒已被国内外所重视，大量研究工作正在进行。

⑧培育低毒油菜品种：以加拿大培育的托尔（Tower）为代表的双低品种（低芥子酸（占 FA 5% 以下），低硫葡萄糖苷（＜2 mg/kg））、三低品种如堪多尔（Candle），可以从根本上解决菜籽中的毒性问题。

3. 棉籽饼粕　棉籽饼粕是棉籽经脱壳取油后的副产品，完全去壳的称为棉仁饼粕。产量仅次于大豆饼粕，是重要的植物蛋白质饲料资源。棉花分为有腺体棉和无腺体棉，有腺体棉含有大量的棕红色色素腺体，其中含有棉酚等有毒物质。游离棉酚对动物毒害大，结合棉酚因不易被动物吸收，毒害较小。游离棉酚是一种原生质毒、血管毒和神经毒，既可以通过刺激引起家畜消化道的炎症从而增加血管壁的渗透性，促使血细胞和血浆渗出，又会引起实质器官的出血和水肿，导致中枢神经系统的机能紊乱。无腺体棉，又称无酚棉，是新培育的品种，饲料利用价值高。

（1）营养特性（表 2-12）。

表 2-12 棉籽饼粕的营养特性

成分	蛋白质	氨基酸	脂肪	碳水化合物	矿物质	维生素
营养特性	蛋白质含量为 33%～40%，其中，棉仁饼粕蛋白质含量为 41%～44%，棉籽饼粕蛋白质含量为 22%，棉籽仁饼粕 34%，蛋白质质量较差	蛋氨酸、赖氨酸含量低，分别为 0.38%和1.3%～1.5%，而精氨酸含量却高达3.6%～3.8%，赖：精比为 100：270，氨基酸利用率低，要与赖氨酸、蛋氨酸含量高，精氨酸含量低的原料搭配	土榨饼、螺旋压榨饼、浸出粕脂肪含量分别为 5%～7%、3%～5%、1%～3%	碳水化合物以戊聚糖为主，粗纤维含量一般为 13%，随脱壳程度不同而异，鸡代谢能低，仅为 7.1～9.2 MJ/kg	钙少磷多，其中 71%左右为植酸磷，含硒少	维生素 B_1 含量较多，胡萝卜素、维生素 D 较少

棉籽饼粕中抗营养因子及其危害如下。

①游离棉酚：棉酚是存在于棉籽色素腺体中的一种毒素。主要是游离棉酚有毒性。游离棉酚的中毒表现：生长受阻，生产能力下降，贫血，呼吸困难，繁殖能力下降甚至不育，严重时死亡。蛋黄中的铁离子与棉酚结合形成复合物使贮存蛋蛋黄变为黄绿色或红褐色，有时出现斑点。50 mg/kg 饲粮以上即可产生。

②环丙烯脂肪酸：棉籽饼残油中含有两种环丙烯脂肪酸，即苹婆酸和锦葵酸。二者在棉籽油中的含量为 1%～2%，它们会使贮存蛋蛋清变为桃红色（卵黄膜通透性提高，蛋黄铁离子转移到蛋清与伴清蛋白螯合成红色复合体）；使蛋黄变硬，经过加热，可形成所谓的“海绵蛋”；使种蛋的受精率和孵化率降低；30 mg/kg 饲粮以上即可产生。

③单宁和植酸：棉籽饼粕均含有一定量的单宁和植酸，对蛋白质、氨基酸和矿物质利用及动物生产性能均有一定影响。

（2）饲用价值（表 2-13）。

表 2-13 棉籽饼粕的饲用价值

饲喂动物	鸡	猪	反刍家畜
饲用价值	注意游离棉酚、脂肪和粗纤维含量。游离棉酚含量小于 0.05%时，肉鸡用量为 10%～20%，产蛋鸡用量为 5%～15%。未经脱毒的土榨饼，日粮中用量不得超过 5%。鉴于环丙烯脂肪酸的不良影响，蛋鸡日粮中棉籽饼粕脂肪含量越低越安全。含壳多的棉籽饼粕，粗纤维含量高，热能低，应避免在肉鸡中使用	色氨酸的重要来源，猪对游离棉酚较为敏感，要注意其含量。一般乳猪、仔猪不用。游离棉酚含量小于 0.05%时，肉猪用量为 10%～20%，母猪用量为 3%～5%；游离棉酚＞0.05%时，慎用。注意补充赖氨酸、钙及胡萝卜素等	瘤胃微生物可使棉酚毒性降低，是反刍家畜良好的蛋白质来源。犊牛用量可占精料的 20%，奶牛占精料的 20%～35%，可提高乳脂率，肉牛可占精料的 30%～40%，用量过高会影响乳脂质量，引起便秘，甚至引起中毒，在成年母牛日粮中不应超过混合精料的 15%，或者喂量不超过 1.4 kg；注意补充胡萝卜素和钙，并与优质粗饲料搭配使用。种用动物禁用，因游离棉酚能够损害动物尤其是雄性的生殖细胞

棉籽饼粕属便秘性饲料原料，须与芝麻饼粕等软便性饲料原料搭配使用。棉籽饼粕与菜籽饼粕搭配不仅可缓冲赖氨酸与精氨酸的拮抗作用，而且可减少D-L-蛋氨酸的添加量。一般棉籽饼粕用量以精料中占20%～35%为宜，过量饲喂需要注意补充胡萝卜素和钙，并与优质粗饲料搭配使用。

(3) 棉籽饼粕的科学利用途径。限制棉籽饼粕饲用的主要因素是存在棉酚、氨基酸和能量利用率低。有效利用棉籽饼粕的途径：①限量使用；②脱毒处理；③平衡饲粮氨基酸，提高粗蛋白质水平，可降低棉酚的毒性，改善生产性能。④推广使用低酚棉品种。

(4) 棉籽饼粕的去毒。棉籽饼粕脱毒常用以下方法。

①硫酸亚铁法：亚铁离子与游离棉酚活性醛基和羟基结合成难吸收的棉酚-铁复合物，这种作用不仅可用于棉酚的去毒和解毒，而且能降低棉酚在肝脏中的蓄积量，起到预防中毒的作用，是目前最常用的方法。按 $FeSO_4$ 与游离棉酚 5∶1 或铁元素与游离棉酚 1∶1 的重量比加硫酸亚铁，配成0.1%～0.2%的 $FeSO_4$ 溶液，加入棉籽饼中混合均匀并浸泡，搅拌几次，一昼夜后即可饲用。

②硫酸铵和生石灰膏碱处理法：在棉籽饼粕中加入氢氧化钠或纯碱的水溶液、石灰乳等，并加热蒸炒，使饼粕中的游离棉酚破坏或形成结合物。本法去毒效果理想，但较费事，且成本高。取200 kg水放入缸中，加入硫酸铵2 kg和生石膏1 kg，搅拌溶解，加入100 kg棉籽饼，充分搅拌，浸泡24 h，再用清水淘洗后饲喂。游离棉酚可以从0.065%下降至0.01～0.02%。

③加热处理法：游离棉酚在蒸、煮、炒热处理时，游离棉酚可与蛋白质和氨基酸结合形成结合棉酚，不易被动物吸收，因而可减轻对动物的毒性，但使赖氨酸有效性降低。方法之一是将粉碎的棉籽饼加适量水煮沸0.5 h并搅拌，冷却后备用。

④微生物发酵法：利用微生物及其酶的发酵作用破坏棉酚，达到去毒目的。

⑤培育无毒品种：选育无腺体棉花品种，可提高饲料利用价值，但病虫害严重，推广受影响。

4. 花生仁饼粕　花生仁饼粕是花生去壳后再经脱油后的副产品，是优质的蛋白质饲料来源。

(1) 营养特性(表2-14)。

表2-14　花生仁饼粕的营养特性

成分	蛋白质	氨基酸	脂肪	碳水化合物	矿物质	维生素
营养特性	花生仁饼粕蛋白质含量约为44%，浸提粕约47%	氨基酸组成不佳，赖氨酸含量(1.35%)和蛋氨酸含量(0.39%)都很低，精氨酸高达5.2%，位于饼粕类之首，赖、精比为100∶380。注意和精氨酸含量低的菜籽饼粕、鱼粉、血粉配合使用	粗脂肪含量为4%～6%，以油酸为主，不饱和脂肪酸占53%～78%	粗纤维含量为5%～12%，无氮浸出物为30%，大多为淀粉、糖分和戊聚糖；有效能值在饼粕类中最高，代谢能高达12.26 MJ/kg	钙、磷含量均少，其他与大豆饼粕相近	B族维生素含量丰富，烟酸、泛酸、硫胺素均高于大豆饼粕，但胡萝卜素、维生素D、维生素C、核黄素含量低

花生仁饼粕中抗营养因子及有害物质：胰蛋白酶抑制剂等抗营养因子含量较少，胰蛋白酶抑制剂只有生大豆的1/5，110 ℃处理3 min即可使其基本灭活；花生仁饼粕易感染黄曲霉，产生黄曲霉毒素，引起动物中毒，造成雏鸡、雏鸭死亡，要注意贮藏好。一般黄曲霉毒素不能超过50 mg/kg。

（2）饲用价值（表 2-15）。

表 2-15 花生仁饼粕的饲用价值

饲喂动物	鸡	猪	反刍家畜
饲用价值	适口性好，育成期可用 6%，产蛋鸡可用 9%。雏鸡避免使用。注意补充蛋氨酸和赖氨酸，或同鱼粉、豆饼、血粉配合使用。日粮中添加蛋氨酸、硒、胡萝卜素、维生素 E，可降低黄曲霉毒素毒性作用	适口性好，平衡氨基酸后，饲喂效果很好，但肉猪饲料中，用量不宜超过 10%，以免下痢和体脂变软	饲用价值与大豆饼粕相近。带壳花生饼也可用，与其他饼粕类饲料配合使用。花生仁饼粕有通便作用。经高温处理的花生仁饼粕，蛋白质溶解度下降，可提高过瘤胃蛋白量。感染黄曲霉的花生仁饼粕，不能喂牛

花生仁饼粕蛋白质含量和有效能值高，适口性好，有香味，是优质的蛋白质饲料，但因氨基酸组成不佳，宜与其他饼粕类搭配饲喂。

（三）工业副产品类

（1）玉米蛋白粉及玉米胚芽饼粕：玉米蛋白粉是生产玉米淀粉的同步产品，又称玉米面筋。去掉纤维素外皮的物料，用远心分离机分离出淀粉和蛋白质，再分别经过脱水、干燥，即得玉米蛋白粉。玉米胚芽饼粕是玉米胚脱油后的副产品，蛋白质含量为 13%～17%，消化能与代谢能属中等。

①营养特性。玉米蛋白粉蛋白质含量为 40%～60%，蛋白质消化率达 81%～98%，赖氨酸和色氨酸不足，但蛋氨酸含量高达 0.8%～1.78%，同鱼粉相当；粗纤维含量低，易消化，代谢能接近玉米；矿物质少，铁较多，钙、磷含量较低；维生素中胡萝卜素含量较高，B 族维生素少；富含色素、叶黄素和玉米黄质，是较好的着色剂。玉米蛋白粉是养鸡业的优质饲料。

②饲用价值。玉米蛋白粉适口性好，易消化吸收，蛋氨酸含量较高，富含色素，着色效果明显，但应注意霉菌含量，尤其是黄曲霉毒素含量。

a. 鸡：可节省蛋氨酸，着色效果明显。因玉米蛋白粉太细，配合饲料中用量不宜过大，否则影响采食量，以 5%以下为宜，颗粒化后可用至 10%左右。

b. 猪：适口性好，易消化吸收，与大豆饼粕配合使用可在一定程度上平衡氨基酸。用量在 15%左右，大量使用时应添加合成氨基酸。

c. 反刍家畜：作为奶牛、肉牛的部分蛋白质饲料原料，因其比重大，可配合比重小的原料使用。精料添加量以 30%为宜，过高影响生产性能。

（2）糟渣类及其他加工副产品：在蛋白质饲料范畴内，包括一些谷类的加工副产品，如粉浆蛋白粉、各种酒糟与豆腐渣等，本类饲料有一个共同特点，即都是在大量提走各种籽实中碳水化合物后的多水分残渣物质。这类饲料含水量高，不易保存，一般趁新鲜时利用。糟渣类饲料干物质中粗蛋白质含量为 25%左右，酒糟浸出液的干燥物还含有未知生长因子（UGF）。常用的有粉浆蛋白粉、玉米 DDGS、鲜豆腐渣、啤酒糟、白酒糟、酱油渣、醋糟、糖糟、浓缩叶蛋白等，这类饲料对提高产奶量效果明显。

玉米 DDGS 是新型蛋白质饲料原料，可替代豆粕、鱼粉，添加比例可达 30%，并且可以直接饲喂反刍动物；酒糟喂猪比例不超过日粮的 1/3，宜与其他饲料搭配，热处理后再饲喂；鲜豆腐渣可提高奶牛产奶量，提高猪日增重，肥育猪使用过多影响酮体品质（软脂）；酱油渣对鸡用量应低于 3%，雏鸡禁用，肥育猪用量宜小于 5%，牛、羊用量可达 20%，肉牛用量不宜超过 10%，否则会软化肉质。

二、动物性蛋白质饲料

动物性蛋白质饲料主要是水产、畜禽加工、缫丝及乳品业等加工副产品。与植物性蛋白质饲料相比，动物性蛋白质饲料的用量要小得多，主要作用不是作为动物的蛋白质来源，而是补充某些必需氨基酸的不足，此外，动物性蛋白质饲料可为家畜提供丰富的矿物质营养，并提供各种 B 族维生素，

Note

是最好的蛋白质补充饲料。常用的动物性蛋白质饲料有鱼粉、肉骨粉、肉粉、血粉、乳清粉、羽毛粉、皮革粉和蚕蛹粉等，不常用的有虾粉、鱼溶粉、脱脂奶粉、酪蛋白粉、蝇蛆粉和黄粉虫粉等。该类饲料具有以下特点：蛋白质含量高达40%～85%，必需氨基酸齐全，氨基酸组成平衡，接近畜禽的需要；碳水化合物特别少(乳品除外)，无粗纤维，能值较高；粗灰分含量高，钙、磷丰富，比例适宜，微量元素也丰富；维生素含量丰富，尤其是核黄素和维生素 B_{12}；含有动物性蛋白因子(APF)，能促进动物生长；易氧化酸败或变质，不宜长时间贮藏。

1. 鱼粉　鱼粉是鱼类加工食品剩余的下脚料或全鱼加工的产品。鱼粉是蛋白质饲料中生物学价值最高、使用效果最好的一类，是平衡畜禽日粮的优质动物性饲料。鱼粉营养成分因原料质量和加工工艺不同，变异较大。

(1) 营养特性(表2-16)。

表2-16　鱼粉的营养特性

成分	蛋白质	氨基酸	脂肪	碳水化合物	矿物质	维生素
营养特性	进口鱼粉粗蛋白质含量高达60%以上，国产为45%～55%，消化率高达90%	氨基酸组成齐全，而且平衡，尤其是主要氨基酸与猪、鸡体组织氨基酸组成基本一致	脂肪含量为6%～12%，消化率约85%	粗纤维含量为5%～12%，无氮浸出物为30%，大多为淀粉、糖分和戊聚糖；有效能值在饼粕类中最高，代谢能高达12.26 MJ/kg	矿物质鱼粉含钙3.8%～7%、磷2.76%～3.5%，钙磷比为(1.4～2)∶1，比例适宜，微量元素硒、碘、锌、铁的含量也很高，食盐含量高达1.5%～5%	富含维生素A、维生素D、维生素E和B族维生素，尤以维生素 B_2 和维生素 B_{12} 含量丰富

鱼粉中未知生长因子以及有害物质如下。

①未知生长因子(UGF)：能刺激动物生长发育。

②肌胃糜烂素：热处理或贮藏不当时，产生游离组氨酸及其代谢产物组胺，与鱼粉中蛋白质发生反应生成深暗红色的肌胃糜烂素，可引起家禽嗉囊肿大、肌胃糜烂、溃疡及穿孔、腹膜炎、硫胺素缺乏等。

(2) 饲用价值(表2-17)。

表2-17　鱼粉的饲用价值

饲喂动物	鸡	猪	反刍家畜
饲用价值	家禽饲粮中使用过多可导致禽肉、蛋产生鱼腥味。脂肪含量约10%时，鸡饲粮中用量10%以下，对于肉鸡，添加抗氧化剂鱼粉，可促进其生长和着色；火鸡宰前8周应停喂鱼粉	断奶前后仔猪最少要使用3%优质鱼粉；肉猪饲粮中用量控制在8%以下，否则体脂变软，肉带鱼腥味，为降低成本，育肥后期饲粮可以不添加鱼粉	在犊牛代乳料中添加5%以下的鱼粉可以减少奶粉的消耗量；在高产奶牛、种公牛精料中少量添加鱼粉可以分别提高乳蛋白率和促进精子生成

(3) 注意事项。鱼粉使用时因伪造掺假、食盐含量过高、发霉变质和鱼粉本身所产生的毒素等质量问题，会给用户造成损失，所以购货时必须检测是否掺假，感官性状是否正常，脱脂效果以及蛋白质含量等。

①掺杂掺假：掺杂物有尿素、糠麸、羽毛粉、锯末、花生壳、砂砾等。

②食盐含量：过高导致中毒，鸡最敏感。进口鱼粉中食盐含量为1%～2%，但使用国产鱼粉要注

意，不能过多。鱼粉带入配合饲料中的氯化钠应视为添加的食盐。

③氧化酸败：脂肪含量多及贮存不当时，不饱和脂肪酸易氧化成醛、酸、酮等，使鱼粉发臭，适口性和品质降低。

④抗硫胺素：鲱鱼及鲤鱼等的体内含有硫胺素酶，鱼粉不新鲜时会释放出来，大量摄入会引起维生素 B_1 缺乏症。在利用劣质鱼粉或加热不充分的鱼粉时应考虑维生素 B_1 的添加量。

⑤肌胃糜烂素：热加工过程中游离组氨酸及其代谢产物组胺与鱼粉中蛋白质发生反应而生成。热处理温度越高，越易产生，颜色为深暗红色。加热温度过高或时间过长，导致肌胃糜烂的可能性大，最好不用。

⑥自燃现象：鱼粉贮存过程游离出单质磷，脂肪氧化，高含量的盐吸潮促进微生物繁殖而升温，容易引起自燃，通过加强贮存鱼粉仓库的通风、透气、倒垛和及时更新等措施加以防止。

2. 肉粉及肉骨粉　屠宰场或肉品加工厂的肉屑、碎肉等处理后制成的饲料称肉粉，而以连骨肉为主要原料制成的，则称肉骨粉。美国饲料管理协会以含磷 4.4% 为界限，含磷量在 4.4% 及以下的称肉粉，在 4.4% 以上的称肉骨粉。

(1) 营养特性：因原料组成和肉、骨的比例不同，肉骨粉的质量差异较大(表 2-18)。

表 2-18　肉粉及肉骨粉的营养特性

成分	蛋白质	氨基酸	脂肪	碳水化合物	矿物质	维生素
营养特性	粗蛋白质含量为 20%～50%，结缔组织蛋白较多	氨基酸组成不佳，赖氨酸尚可(1%～3%)，但蛋氨酸和色氨酸含量低(比血粉还低)	粗脂肪含量为 3%～10%，热能来自脂肪和蛋白质，一般为 7.98～11.72 MJ/kg	粗纤维含量为 5%～12%，无氮浸出物含量为 30%，大多为淀粉、糖分和戊聚糖；有效能值在饼粕类中最高，代谢能高达 12.26 MJ/kg	钙含量为 7%～10%，磷含量为 3.8%～5.0%，含量高且比例适宜，锰、铁、锌含量较高	维生素 B_{12}、烟酸、胆碱丰富，维生素 A、维生素 D 含量少

肉粉及肉骨粉中有毒有害因素影响如下。

①原料不佳：若以腐败的原料制成产品，则品质差，甚至可导致中毒。

②加工不当：热处理过度的产品适口性和消化率均下降。

③贮存不当：脂肪易氧化酸败，影响适口性和动物产品品质。

④沙门氏菌污染：原料易感染沙门氏菌，导致动物发病或中毒，所以加工处理过程中要进行严格的消毒灭菌。

(2) 饲用价值：肉骨粉主要由肉、骨、腱、韧带、内脏等组成，包括毛、蹄、角、皮及血等废弃物，品质差异很大，稳定性差，使用时应进行各项指标的测定，并限制用量。鸡日粮中用量在 6% 以下，用于猪时一般多用于种猪和育肥猪，日粮中用量在 5% 以下，仔猪应避免使用。因疯牛病的缘故，许多国家禁止在反刍动物饲料中利用动物来源性饲料，特别是来自反刍动物的肉骨粉、肉粉。

3. 血粉　血粉是屠宰厂的副产品，是以畜、禽血液为原料，经消毒、干燥和粉碎或喷雾干燥加工而成的红褐色至褐色的粉状动物性蛋白质饲料。动物血液占活体重的 4%～9%，血液固形物约 20%。100 kg 体重产血粉：牛 0.6～0.7 kg，猪 0.5～0.6 kg。血粉的加工方法有喷雾干燥法、蒸煮法、晾晒法及发酵法等。

(1) 营养特性：水分含量为 8%～11.5%，粗蛋白质含量为 75%～85%，赖氨酸含量高达 6%～9%，居天然饲料之首，亮氨酸、缬氨酸含量也较高，但蛋氨酸、异亮氨酸缺乏，总的氨基酸组成非常不平衡，但可当作平衡谷实类、饼粕类饲料原料中赖、精比悬殊的理想蛋白质料。粗脂肪含量为 0.4%～2%，粗纤维含量为 0.5%～2%，粗灰分含量为 2%～6%，钙、磷含量低，钙含量为 0.1%～1.5%，磷含量为 0.1%～0.4%，含多种微量元素，尤其是铁。各种维生素含量较低，品质的好坏差异

很大,由加工方法和加热程度不同所致,低温喷雾法生产的血粉优于蒸煮法生产的血粉。

(2) 饲用价值:血粉的消化率很低,适口性差,氨基酸不平衡,具黏性,过量易引起腹泻,因此饲粮中血粉的添加量不宜过高。一般仔猪、仔鸡饲粮中用量应小于2%,成年猪、鸡饲料中用量不应超过4%,育成牛和成年牛饲粮中用量以在6%~8%为宜。使用血粉要考虑新鲜度,防止微生物污染。血粉的质量可以根据血粉的溶水性来粗略判断,一般溶水性好的产品品质较好。设计配方时与异亮氨酸含量高和缬氨酸含量较低的饲料(如花生仁饼粕或棉籽饼粕)搭配。最新资料表明,喷雾干燥血浆蛋白粉含天然活性免疫球蛋白,适口性好,氨基酸平衡,消化性好,但价格昂贵,主要用作早期断奶仔猪日粮。

4. 羽毛粉 饲用羽毛粉是使家禽羽毛经过蒸煮、酶水解、粉碎或膨化成粉状的饲料。通常为淡黄色,具有水解羽毛粉的正常气味,无异味。

(1) 营养特性:粗蛋白质含量高,达80%~85%。胱氨酸达2.93%,居天然饲料之首,甘氨酸、丝氨酸、异亮氨酸含量较高,分别达到6.3%、9.3%、5.3%,但赖氨酸、蛋氨酸和色氨酸不足;加工适当的羽毛粉粗脂肪含量应小于4%,代谢能达10.04 MJ/kg,代谢能水平越高,标志着羽毛粉的质量越好;矿物质中含硫量高达1.5%,是所有饲料中含硫量最高者,钙、磷含量较少,钙0.4%、磷0.7%。还含钾、氯及各种微量元素,硒含量较高,约0.84 mg/kg;维生素 B_{12} 含量较高,而其他维生素含量则很低。

(2) 饲用价值:水解羽毛粉蛋白质生物学价值低,氨基酸不平衡,适口性差,单胃动物用量不应过高,以1%~5%为宜,主要是补充含硫氨基酸的不足;雏鸡饲料中添加1%~2%的羽毛粉,对防止啄羽等恶癖有效;用于肉鸡、蛋鸡可补充含硫氨基酸,部分取代大豆粕及鱼粉,含量以4%为宜;强制换羽时日粮添加2%~3%,可促进羽毛生长、缩短换羽期;生长猪日粮中含量以3%~5%为宜;在奶牛饲粮中用量应控制在5%以下;鱼、鹿饲料中推荐量为3%~10%。

5. 蚕蛹粉和蚕蛹粕 蚕蛹是蚕丝工业副产物,分为桑蚕蛹和柞蚕蛹,是一种高能量、高蛋白质饲料,既可以用作蛋白质补充料,又可补充畜禽饲料的能量不足,但应用不广泛。蚕蛹粉是蚕蛹经干燥、粉碎后的产物,粗脂肪含量可达22%以上。蚕蛹粕是蚕蛹脱油后的残余物,粗脂肪含量一般在10%左右。蚕蛹粉和蚕蛹粕的蛋白质含量都很高,分别为55%和65%;两者的氨基酸含量虽因蛋白质含量的差异而不同,但在氨基酸组成上的特点是共同的,最大特点是蛋氨酸含量很高,分别为2.2%和2.9%,是所有饲料中的最高者;其次,赖氨酸含量同样也较高,约与进口鱼粉相当;色氨酸含量也较高,达1.25%~1.5%。因此,蚕蛹粉、蚕蛹粕是平衡饲粮氨基酸组成的很好饲料。蚕蛹粕有效能:消化能12.80 MJ/kg(猪),代谢能11.67 MJ/kg(鸡);维生素E和核黄素含量高;钙磷比为1:(4~5),可作为配合饲料中调整钙磷比的动物性磷源饲料。

蚕蛹粉、蚕蛹粕的缺点:因受原料品质和高脂肪含量的影响,很容易发生腐败变质,伴有恶臭,会使动物产品带有特殊味道,同时还会使猪肉脂肪变黄,所以在猪、鸡饲粮中蚕蛹粉的用量应控制在5%以下。

6. 皮革粉 皮革粉是制革工业的副产物,是用各种动物的皮革鞣制前或鞣制后的副产品制成的一种粉状饲料。主要成分是胶原蛋白,因而脯氨酸、羟脯氨酸和甘氨酸含量高,缺乏蛋氨酸、色氨酸和苏氨酸,赖氨酸含量也不高,使用时注意合理搭配或添加合成氨基酸。

皮革粉可作为猪、鸡及水产动物的蛋白质原料。对鱼虾有独特的用途,有天然黏性,既可提高蛋白质含量,又可作营养性黏合剂,延长颗粒饲料水中散开时间,提高饵料的利用率。添加量:蛋鸡日粮3%左右;肉猪日粮用至4%~5%;鱼虾饵料使用4%~10%。

7. 虾粉、虾壳粉、蟹粉 虾粉、虾壳粉是指利用新鲜小虾或虾头、虾壳,经干燥、粉碎而成的一种色泽新鲜、无腐败异臭的粉末状产品。蟹粉是指用蟹壳、蟹内脏及部分蟹肉加工生产的一种产品。这类产品中的成分随品种、处理方法、肉和壳的组成比例不同而异。一般虾粉、虾壳粉蛋白质含量约40%,蟹粉粗蛋白质含量约30%,其中1/2为几丁质(又名甲壳素、甲壳质、壳聚糖等)。粗灰分占30%左右,并含大量不饱和脂肪酸、胆碱、磷脂、固醇和虾红素。

这类产品的共同特点是含有一种被称为几丁质的物质，这种物质的化学组成类似纤维素，很难被动物消化。长期以来其饲用价值并未引起人们的重视。近年来，随着科学技术的发展，人们发现几丁质是由β-1,4键连接的氨基葡萄糖多聚体，分解产物为2-氨基葡萄糖，并证实对于虾、蟹壳的形成具有重要作用，还可供作蛋白质的凝聚剂和鱼生长促进剂。虾、蟹壳粉不仅可为畜禽提供蛋白质，而且还有一些特殊作用。鸡饲料中添加3%，有助于肉鸡脚趾和蛋黄着色。猪料中添加3%～5%，是肠道中双歧乳酸杆菌的生长因子，可提高仔猪的抗病力，改善猪肉色泽。虾料中添加10%～15%，可取得良好的促生长效果。

三、单细胞蛋白质饲料

单细胞蛋白质(SCP)是单细胞或具有简单构造的多细胞生物(包括各种酵母、细菌、真菌和一些单细胞藻类)的菌体蛋白的统称。饲料酵母按培养基不同常分为石油酵母、工业废液(渣)酵母(包括啤酒酵母、酒精废液酵母、味精废液酵母、纸浆废液酵母)。单细胞藻类目前主要饲用的有绿藻和蓝藻两种。

1. 营养特性 粗蛋白质含量高，石油酵母粗蛋白质含量约60%，赖氨酸含量接近优质鱼粉，但缺少蛋氨酸。工业废液酵母一般风干制品中粗蛋白质含45%～60%，赖氨酸为5%～7%，蛋氨酸与胱氨酸总量为2%～3%，蛋白质生物学价值与优质豆饼相当，适口性差；蓝藻的粗蛋白质含量为65%～70%，精氨酸、色氨酸含量高；有效能值与玉米近似；粗脂肪含量为8%～10%，粗脂肪多以结合型存在于细胞质中，不易氧化，利用率较高，蓝藻脂肪酸以软脂酸、亚油酸、亚麻油酸居多；维生素特别是B族维生素和维生素C含量较丰富，但维生素B_{12}不足；矿物质中磷、钾、锌、硒、铁含量高，钙少，碘少；含有未知生长因子。

2. 饲用价值 单细胞蛋白质酵母味苦，适口性差，但赖氨酸含量高，最好用作育成鸡、蛋鸡和肥育猪后期的饲料。精氨酸含量相对较低，适合与饼粕类饲料配伍。含硫氨基酸如蛋氨酸、胱氨酸的含量低，蛋氨酸为其主要的限制性氨基酸，使用时应注意添加。蓝藻适口性好，可大量用作猪、牛、羊饲料，禽类对其利用率稍差，是水产动物的优质饲料。

(1) 鸡：雏鸡饲料中添加2%～3%的酵母，有促进生长的作用。因其适口性差，价格也较贵，在蛋鸡和肉鸡日粮中可使用3%左右，不宜超过5%。

(2) 猪：一般仔猪饲料中可使用3%～5%，肉猪饲料中使用3%。

(3) 反刍家畜：奶牛、肉牛精料中可使用20%的饲料酵母，但因价格昂贵，多用于幼畜饲料中。

3. 单细胞蛋白质饲料存在的问题

(1) 这类产品中有时含有三致(致畸、致癌、致突变)物质，如石油酵母因含有3,4-苯并芘致癌物。

(2) 酵母一般具有苦味，对动物的适口性不好，特别是牛不喜采食，但羊、猪、禽尚能适应，不过一般也以不超过日粮的10%为宜。

(3) 单细胞蛋白质饲料中核酸含量较高，核酸中嘌呤碱基在代谢后形成尿酸。人的尿酸是相对不溶的，易导致肾结石或痛风，而禽类和许多哺乳动物的尿酸在体内尿酸酶作用下进一步代谢为尿囊素，尿囊素能容易排出体外。

四、非蛋白氮

1. NPN的概念和种类 非蛋白氮(NPN)即非蛋白质态的含氮化合物。包括：①尿素及其衍生物类，如缩二脲、异丁基双脲、脂肪酸脲、羧甲基纤维素尿素、磷酸脲等；②氨态氮类，如液氨、氨水等；③铵盐类，如硫酸铵、氯化铵、乳酸铵等；④肽类及其衍生物，如酰胺、胺等。NPN主要用于反刍家畜的日粮以及秸秆的加工调制，作为反刍动物蛋白质营养的补充来源，可以补充日粮蛋白质不足；替代(节约)优质蛋白质饲料，降低日粮成本；平衡日粮中可降解过瘤胃蛋白，以充分发挥瘤胃的功能，促进整个日粮的有效利用。

2. 影响利用的因素 尿素是最常用的非蛋白氮饲料，每千克尿素相当于2.8 kg粗蛋白质，或相

当于 7 kg 豆饼的粗蛋白质含量。饲粮中易被消化吸收的碳水化合物的数量是影响尿素利用效率的最主要因素，建议在喂 1 kg 尿素时，应喂 10 kg 易发酵的碳水化合物，其中 2/3 为淀粉。添加尿素的饲粮中蛋白质水平应保持在 9%～12%，供给适量细菌生命活动所必需的硫、锌、铜、锰等微量元素，保持氮硫比为(10～14)∶1，氮磷比为 8∶1，提供必要的维生素，尤其是维生素 A、维生素 D、维生素 E 的供给。

3. 利用方法 尿素不宜单一饲喂，应与其他精料合理搭配。浸泡粗饲料投喂或调制成尿素青贮料饲喂，与糖浆制成液体尿素精料投喂或做成尿素颗粒料、尿素精料舔砖等也是有效的利用方式。使用尿素要严格控制用量，成年反刍动物商品混合精料中尿素的含量不超过 3%，占饲料干物质的 1%，或占饲料粗蛋白质的 30%～35%。奶牛每天可饲喂 150～180 g 的尿素，但奶牛产奶初期应限制饲喂，幼龄反刍动物因瘤胃发育尚不完全，微生物区系尚未完全建立，不宜喂给尿素。

思考与练习

扫码看答案

一、选择题

1. 在谷实类饲料中粗蛋白质含量最高的是(　　)。
A. 玉米　　B. 小麦　　C. 大麦　　D. 高粱

2. 可以为反刍动物提供廉价粗蛋白质饲料的是(　　)。
A. 大豆粕　　B. 酵母　　C. 尿素　　D. 菜籽饼粕

3. 尿素喂量应占牛日粮干物质的(　　)。
A. 0.25%～0.4%　　B. 0.35%～0.37%
C. 2%左右　　D. 1%

4. 生豆饼粕中含有有害物质(　　)。
A. 胰蛋白酶抑制因子　　B. 噁唑烷硫酮
C. 异硫氰酸盐　　D. 芥子酸

5. 大豆饼粕的蛋白质含量为(　　)。
A. 7.2%～8.9%　　B. 20%～24%　　C. 40%～45%　　D. 75%～80%

6. 下列哪种干草的粗蛋白质及钙的含量较高？(　　)
A. 豆科干草　　B. 禾本科干草　　C. 谷类干草　　D. 叶菜类

7. 下列动物蛋白产品中，哪种蛋白质含量最高？(　　)
A. 鱼粉　　B. 肉骨粉　　C. 血粉　　D. 蚕蛹粉

8. 血粉的氨基酸组成很不平衡，主要表现在哪两种氨基酸的不平衡？(　　)
A. 赖氨酸与精氨酸　　B. 蛋氨酸与胱氨酸
C. 苏氨酸与丙氨酸　　D. 亮氨酸与异亮氨酸

9. 鱼粉在配方中用量被限制的主要原因是(　　)。
A. 食盐含量过高　　B. 价格昂贵　　C. 掺假　　D. 蛋白质含量高

10. 按国际分类法，(　　)属于蛋白质饲料。
A. 青干草　　B. 玉米　　C. 鱼粉　　D. 石粉

11. 玉米粗蛋白质含量为(　　)。
A. 5.2%～6.8%　　B. 7.2%～8.9%　　C. 24%～27%　　D. 35%～41%

12. 用玉米粉、米糠、青绿饲料混合后饲喂生长猪，该混合料还应补充(　　)才能改善饲喂效果。
A. 饼粕类饲料　　B. 甘薯　　C. 青贮饲料　　D. 统糠

13. 在饼粕类蛋白质饲料中以(　　)含赖氨酸最多。
A. 菜籽饼粕　　B. 花生仁饼粕　　C. 芝麻饼　　D. 豆饼

Note

14. 在 10 kg 左右的瘦肉型生长猪日粮中一般用(　　)的鱼粉。

A. 2%～5%　　B. 8%～10%　　C. 10%～12%　　D. 13%～15%

15. 某饲料编号为 5-00-000,可知该饲料属于(　　)饲料。

A. 蛋白质　　B. 能量饲料　　C. 粗饲料　　D. 青贮饲料

16. 下列能量饲料中,哪种饲料的蛋白质含量最高?(　　)

A. 玉米　　B. 高粱　　C. 小麦　　D. 红薯

17. 下列饲料中(　　)是蛋白质饲料。

A. 小麦麸皮　　B. 甘薯　　C. 菜籽粕　　D. 玉米

18. 菜籽饼粕中含有的主要抗营养物质是(　　)。

A. 胰蛋白酶抑制因子　　B. 单宁

C. 异硫氰酸酯　　D. 氢氰酸

19. 产蛋鸡全价日粮中进口鱼粉的用量大约是(　　)。

A. 3%　　B. 8%　　C. 13%　　D. 18%

20. 下列蛋白质饲料中品质最好的是(　　)。

A. 鱼粉　　B. 尿素　　C. 豌豆　　D. 大豆饼

21. 一般菜籽饼粕在单胃动物及禽类日粮中用量不超过(　　),幼龄动物用量更少。

A. 20%　　B. 15%　　C. 10%　　D. 3%

22. 关于尿素饲喂量描述不正确的是(　　)。

A. 为日粮粗蛋白质量的 20%～30%

B. 成年牛每头每天饲喂 60～100 g

C. 不超过日粮 DM(干物质)的 1%

D. 2～3 月龄的犊牛和羔羊每头每天饲喂 6～12 g

23. 在为生长猪配合日粮时,为降低成本,可选用(　　)替代部分豆粕。

A. 肉粉　　B. 膨化大豆　　C. 棉籽粕　　D. 鱼粉

24. 在优质配合饲料中鱼粉不可替代,是因为(　　)。

A. 鱼粉含有对动物生长有利的未知因子　　B. 鱼粉含盐分高

C. 鱼粉中赖氨酸等重要氨基酸含量高　　D. 鱼粉中不含粗纤维

25. 用玉米粉、小麦麸、少量矿物质饲料和添加剂混合后饲喂普通生长猪,应该补充(　　)才能改善饲喂效果。

A. 甘薯　　B. 米糠　　C. 添加剂预混料　　D. 饼粕类饲料

二、判断题

1. 豆科秸秆粗蛋白质含量高,更适合喂牛。(　　)

2. 生豆饼最好生喂以避免其所含的蛋白质因加热而变性。(　　)

3. 可采用硫酸亚铁法给棉酚脱毒。(　　)

4. 玉米籽实中粗蛋白质含量高。(　　)

5. 菜籽饼粕中毒现象多见于猪、鸡,反刍畜对此不敏感。(　　)

6. 大豆粕中脂溶性维生素含量很低。(　　)

7. 大豆籽实中脂肪含量高,粉碎后不易保存。(　　)

8. 血粉粗蛋白质含量可达 75%～85%,因此可作为蛋白质饲料在动物日粮中大量使用。(　　)

9. 生大豆籽实中含抗胰蛋白酶物质,影响消化。(　　)

10. 菜籽饼粕是一种蛋白质含量较高的饲料,由于其含有毒物质,所以要进行去毒加工后再饲

Note

喂。(　　)

11. 棉籽饼中的棉酚可通过氨化法去除。(　　)

12. 尿素是蛋白质饲料,任何动物都可以饲用。(　　)

13. 通过发酵法可以降低菜籽饼粕的有毒物质含量。(　　)

14. 膨化大豆与生大豆相比,适口性好,消化率更高。(　　)

15. 酵母来源丰富,天然,无副作用,可作为新型蛋白质替代饲料,可在动物饲料中添加30%左右。(　　)

16. 羽毛粉蛋白质饲料中氨基酸平衡性差,蛋白质生物学价值低。(　　)

17. 与豆饼相比,豆粕中残油量多,而蛋白质含量少。(　　)

18. 鸡饲料中鱼粉的用量一般应控制在10%左右。(　　)

19. 尿素可以单独饲喂或溶于水中饮用。(　　)

20. 尿素最适合溶解于饮水中喂牛。(　　)

三、填空题

1. 高粱、棉粕、菜粕、亚麻饼及木薯中含有的有害物质分别为__________、__________、__________、__________、__________。

2. 在饼粕类饲料中,豆粕中__________含量最高,芝麻饼中__________含量最高,花生仁饼粕中__________含量最高。

3. 在动、植物蛋白质饲料中,血粉中__________含量最高,羽毛粉中__________含量最高。

4. 大豆中存在的抗营养因子为__________、__________、__________、__________。

5. 蛋白质饲料包括__________、__________、__________、__________四种类型。

6. 大豆经__________取油后的产品称为大豆饼。

7. 菜籽粕味道__________,因含有毒物质,在__________和__________日粮中一般不使用菜籽粕。

8. 芥子碱的降解产物使鸡蛋产生鱼腥味,其名称为__________。

9. 棉籽饼粕因含__________而有毒,在__________、__________日粮中应少用或禁用。

10. 写出五种常见蛋白质饲料:__________、__________、__________、__________、__________。

11. 动物性蛋白质饲料的营养特点是__________;__________;__________;__________;__________。

12. 写出常见的饼粕类饲料:__________、__________、__________、__________。

13. 花生仁饼粕中__________的含量在动植物饲料中最高。

14. 菜籽饼粕被动物采食后,其中含有的硫葡萄糖苷,可在动物消化道内,受__________的作用,分解产生__________和恶噁烷硫酮两种有毒物质。

四、问答题

1. 动物性蛋白质饲料的营养特点是什么?

2. 试述豆粕的主要特点及其应用。

3. 试述棉籽饼粕的主要特点及其应用。

4. 常见的蛋白质饲料有几种?在饲喂动物时应注意什么问题?

5. 生大豆、生豆饼粕为什么不能用作生长肥育猪和鸡的饲料?

6. 怎样合理使用棉籽粕?

7. 简述鱼粉的营养特性。

8. 试述菜籽粕的主要特点及其应用。

9. 试述鱼粉的主要特点及其应用。

扫码学课件 2-7

任务七　矿物质饲料

任务目标

- 了解常量元素矿物质饲料的特性及使用。
- 了解天然矿物质饲料的特性及使用。
- 能对各种矿物质饲料进行分类。

案例引导

某饲料加工厂在配制肉鸡饲料时，先用糠壳粉预混合了硫酸铜、硫酸亚铁、硫酸锰、硫酸锌、亚硒酸钠、碘化钾、磷酸氢钙及一些维生素和氨基酸，制成了复合预混料。为满足畜禽矿物质需求，在配制饲料时，除以上提到的矿物质饲料原料外，我们还可以添加哪些饲料原料？它们各自提供的是哪种营养物质？接下来让我们一起走进矿物质饲料的学习。

矿物质饲料是补充动物矿物质的饲料。它包括人工合成的、天然单一的和多种混合的矿物质饲料，以及配合有载体或赋形剂的痕量、微量、常量元素补充料。矿物质在各种动植物饲料中都有一定含量，虽多少有差别，但由于动物采食饲料的多样性，可在某种程度上满足对矿物质的需要。但在舍饲条件下或饲养高产动物时，动物对矿物质的需要量增多，这时就必须在动物饲粮中另行添加。

一、常量元素矿物质补充饲料

常量元素矿物质补充饲料包括钙源性饲料、磷源性饲料、食盐及含硫饲料和含镁饲料等。

（一）钙补充料

常用的含钙矿物质饲料有石灰石粉、贝壳粉、蛋壳粉、石膏等。

1. 石灰石粉　石灰石粉又称石粉，为天然的碳酸钙（$CaCO_3$），一般含纯钙 35%以上，是补充钙的最廉价、最方便的矿物质原料。石粉的成分与含量见表 2-19。

表 2-19　石粉的成分与含量　　单位：%

干物质	灰分	钙	氯	铁	锰	镁	磷	钾	钠	硫
99	96.8	35.84	0.02	0.349	0.027	2.06	0.01	0.11	0.06	0.04
100	96.9	35.89	0.03	0.350	0.027	2.06	0.01	0.12	0.06	0.04

天然的石灰石中，只要铅、汞、砷、氟的含量不超过安全系数，都可用作饲料。石粉的用量依据畜禽种类及生长阶段而定，一般畜禽配合饲料中石粉使用量为 0.5%～2%，蛋鸡和种鸡可达到 7%～7.5%。单喂石粉过量，会降低饲粮有机养分的消化率，还对青年鸡的肾脏有害，使泌尿系统尿酸盐过多沉积而导致炎症，甚至形成结石。蛋鸡过量摄入石粉，蛋壳上会附着一层薄薄的细粒，影响蛋的合格率，最好与有机态含钙饲料（如贝壳粉）按 1∶1 配合使用。石粉作为钙的来源，其粒度以中等为好，一般猪为 26～36 目，禽为 26～28 目。对蛋鸡来讲，较粗的粒度有助于保持血液中钙的浓度，满足形成蛋壳的需要，从而增加蛋壳强度，减少蛋的破损率，但粗粒影响饲料的混合均匀度。

2. 贝壳粉　贝壳粉是各种贝类外壳（蚌壳、牡蛎壳、蛤蜊壳、螺蛳壳等）经加工粉碎而成的粉状或粒状产品，多呈灰白色、灰色、灰褐色。贝壳粉主要成分也为碳酸钙，含钙量不低于 33%。品质好的贝壳粉杂质少，含钙量高，呈白色粉状或片状，用于蛋鸡或种鸡的饲料中，蛋壳的强度较高，破蛋软

蛋少，尤其片状贝壳粉效果更佳。不同畜禽对贝壳粉的粒度要求不同，猪以25%通过50 mm筛为宜，蛋鸡以70%通过10 mm筛为宜，肉鸡以60%通过60 mm筛为宜。

贝壳粉内常掺杂砂石和泥土等杂质，使用时应注意检查。若贝肉未除尽，加之贮存不当，堆积日久易出现发霉、腐臭等情况，这会使其饲料价值显著降低。选购及应用时要特别注意。

3. 蛋壳粉 禽蛋加工厂或孵化厂废弃的蛋壳，经干燥灭菌、粉碎后即得到蛋壳粉。无论蛋品加工后的蛋壳或孵化出雏后的蛋壳，都残留有壳膜和一些蛋白，因此除了含有34%左右钙外，还含有27%的蛋白质及0.09%的磷。蛋壳粉是理想的钙源饲料，利用率高，用于蛋鸡、种鸡饲料中，与贝壳粉同样具有增加蛋壳硬度的效果。应注意蛋壳干燥的温度应超过82 ℃，以消除传染病源。

4. 石膏 石膏的主要成分为硫酸钙($CaSO_4$)，为灰色或白色的结晶粉末。有天然石膏粉碎后的产品，也有化学工业产品。磷酸工业的副产品因其含有高量的氟、砷、铝等而品质较差，使用时应加以处理。石膏含钙量为20%～23%，含硫16%～18%，既可提供钙，又是硫的良好来源，生物利用率高。石膏有预防鸡啄羽、啄肛的作用。一般在饲料中的用量为1%～2%。

此外，大理石、白云石、白垩石、方解石、熟石灰、石灰水等均可作为补钙饲料。葡萄糖酸钙、乳酸钙等有机酸钙，因其价格较高，多用于水产饲料和宠物饲料中，畜禽饲料中应用较少。微量元素预混料常常使用石粉或贝壳粉作为稀释剂或载体，使用量占比较大时，配料时应注意把其含钙量计算在内。

（二）磷补充料

富含磷的矿物质饲料有磷酸钙类、磷酸钠类、磷酸钾类及骨粉等。在利用这一类原料时，除了注意不同磷源有着不同的利用率外，还要考虑原料中有害物质（如氟、铝、砷等）是否超标。

1. 磷酸钙类 磷酸钙类包括磷酸一钙、磷酸二钙和磷酸三钙等。

（1）磷酸一钙：又称磷酸二氢钙或过磷酸钙，纯品为白色结晶粉末，多为一水盐[$Ca(H_2PO_4)_2 \cdot H_2O$]。市售品是以湿式法磷酸液（脱氟精制处理后再使用）或干式法磷酸液作用于磷酸二钙或磷酸三钙所制成的。因此，常含有少量未反应的碳酸钙及游离磷酸，吸湿性强，且呈酸性。本品含磷22%左右，含钙15%左右，利用率比磷酸二钙或磷酸三钙好。由于本品磷高钙低，在配制饲粮时易于调整钙磷平衡。在使用磷酸二氢钙时应注意脱氟处理，含氟量不得超过标准。

（2）磷酸二钙：又称磷酸氢钙，为白色或灰白色的粉末或粒状产品，又分为无水盐($CaHPO_4$)和二水盐($CaHPO_4 \cdot 2H_2O$)两种，后者的钙、磷利用率较高。磷酸二钙一般是在干式法磷酸液或精制湿式法磷酸液中加入石灰乳或磷酸钙而制成的。市售品中除含有无水磷酸二钙外，还含少量的磷酸一钙及未反应的磷酸钙。含磷18%以上，含钙21%以上，饲料级磷酸氢钙应注意脱氟处理，含氟量不得超过标准。

（3）磷酸三钙：又称磷酸钙，纯品为白色无臭粉末。饲料用常由磷酸废液制造，为灰色或褐色，并有臭味，分为一水盐[$Ca_3(PO_4)_2 \cdot H_2O$]和无水盐[$Ca_3(PO_4)_2$]两种，以后者居多。经脱氟处理后，称作脱氟磷酸钙，为灰白色或茶褐色粉末，含钙29%以上，含磷15%以上，含氟0.12%以下。

2. 磷酸钠类

（1）磷酸一钠：又称磷酸二氢钠，有无水物(NaH_2PO_4)和二水物($NaH_2PO_4 \cdot 2H_2O$)两种，均为白色结晶性粉末。无水物含磷约25%，含钠约19%。因其不含钙，在钙要求低的饲料中可充当磷源，在调整高钙、低磷配方时使用不会改变钙的比例。因其有潮解性，宜保存于干燥处。

（2）磷酸二钠：又称磷酸氢二钠，分子式为$Na_2HPO_4 \cdot xH_2O$，呈细粒状，白色无味，无水物一般含磷18%～22%，含钠27%～32.5%，应用同磷酸一钠。

3. 磷酸钾类

（1）磷酸一钾：又称磷酸二氢钾，分子式为KH_2PO_4，为无色四方晶系结晶或白色结晶性粉末。含磷22%以上，含钾28%以上。本品水溶性好，易为动物吸收利用，可同时提供磷和钾，适当使用有利于动物体内的电解质平衡，促进动物生长发育和生产性能的提高。因其有潮解性，宜保存于干燥处。

(2) 磷酸二钾：也称磷酸氢二钾，分子式为 $K_2HPO_4 \cdot 3H_2O$，呈白色结晶或无定型粉末。一般含磷 13%以上，含钾 34%以上，应用同磷酸一钾。

4. 骨粉 骨粉是以家畜骨骼为原料加工而成的，由于加工方法不同，成分含量及名称各不相同，化学式为[$3Ca_3(PO_4)_2 \cdot 2Ca(OH)_2$]，是补充家畜钙、磷需要的良好来源。

骨粉一般为黄褐色乃至灰白色的粉末，有肉骨蒸煮过的味道。骨粉的含氟量较低，只要杀菌消毒彻底，便可安全使用。但由于成分变化大，来源不稳定，而且常有异臭，在国外饲料工业上的用量逐渐减少。骨粉按加工方法可分为煮骨粉、蒸制骨粉、脱胶骨粉和焙烧骨粉等。

(1) 煮骨粉：将原料骨经开放式锅炉煮沸，直至附着组织脱落，再经粉碎而制成。这种方法制得的骨粉色泽发黄，骨胶溶出少，蛋白质和脂肪含量较高，易吸湿腐败，适口性差，不易久存。

(2) 蒸制骨粉：将原料骨在高压(2.03 kPa)蒸汽条件下加热，除去大部分蛋白质及脂肪，使骨骼变脆，加以压榨、干燥、粉碎而制成。一般含钙 24%，含磷 10%左右，含粗蛋白质 10%。

(3) 脱胶骨粉：也称特级蒸制骨粉，制法与蒸制骨粉基本相同。用 40.5 kPa 压力蒸制处理或利用抽出骨胶的骨骼经蒸制处理而得到。由于骨髓和脂肪几乎全部除去，故无异臭，色泽洁白，可长期贮存。

(4) 焙烧骨粉(骨灰)：将骨骼堆放在金属容器中经烧制而成。这是利用可疑废弃骨骼的可靠方法。充分烧透既可灭菌又易粉碎。

骨粉是我国配合饲料中常用的磷源饲料之一。优质骨粉含磷量可达 12%以上，钙磷比例为2∶1左右，符合动物机体的需要，同时还富含多种微量元素。一般在猪、鸡饲料中添加量为 1%～3%。

值得注意的是，用简易方法生产的骨粉，不经脱脂、脱胶和热压灭菌而直接粉碎制成的生骨粉，因含有较多的脂肪和蛋白质，易腐败变质。尤其是品质低劣、有异臭、呈灰泥色的骨粉，常携带大量病菌，用于饲料易引发疾病传播。有的兽骨收购场地，为避免蝇蛆繁殖，喷洒敌敌畏等药剂，而使骨粉带毒，这种骨粉绝对不能用作饲料。

（三）补充钠、氯的饲料

1. 氯化钠 氯化钠(NaCl)一般称为食盐。精制食盐含氯化钠 99%以上，粗盐含氯化钠 95%。纯净的食盐含氯 60.3%，含钠 39.7%，此外尚有少量的钙、镁、硫等杂质。食用盐为白色细粒，工业用盐为粗粒结晶。

食盐的供给量要根据家畜的种类、体重、生产能力、季节和饲粮组成等考虑。一般食盐在风干饲粮中的用量：牛、羊、马等草食家畜约为 1%，猪和家禽一般以 0.3%～0.5%为宜。草食家畜对食盐的耐受量较大，草食家畜食盐中毒的报道很少。但是对于猪和家禽，尤其是家禽，因饲粮中食盐配合过多或混合不匀易引起食盐中毒。雏鸡饲料中若配合 0.7%以上的食盐，则会出现生长受阻，甚至有死亡现象。产蛋鸡饲料中含盐超过 1%时，可引起饮水增多，粪便变稀，产蛋率下降。

植物性饲料大都含钠和氯的量较少，相反含钾丰富，为了保持生理上的平衡，对以植物性饲料为主的畜禽，应补饲食盐。补饲食盐时，除了直接拌在饲料中外，也可以食盐为载体，制成微量元素添加剂预混料。在缺硒、铜、锌地区，也可以分别制含亚硒酸钠、硫酸铜、硫酸锌或氧化锌的食盐砖、食盐块供放牧家畜舔食。由于食盐吸湿性强，在相对湿度 75%以上时开始潮解，作为载体的食盐必须保持含水量在 0.5%以下，并妥善保管。

2. 碳酸氢钠 碳酸氢钠($NaHCO_3$)俗称小苏打，为无色结晶粉末。碳酸氢钠含钠 27%以上时，生物利用率高，是优质的钠源性矿物质饲料之一。碳酸氢钠不仅可以补充钠，更重要的是其具有缓冲作用，能够调节饲粮电解质平衡和胃肠道 pH 值。奶牛和肉牛饲粮中一般添加量为 0.5%～2%。肉鸡和蛋鸡饲粮中添加量一般为 0.5%。

3. 硫酸钠 硫酸钠(Na_2SO_4)又名芒硝，为白色粉末，含钠 32%以上，含硫 22%以上，生物利用率高，既可补钠又可补硫，特别是补钠时不会增加氯含量，是优良的钠、硫源之一。在家禽饲粮中添加，可提高金霉素的效价，同时有利于羽毛的生长发育，防止啄羽癖。

（四）其他常量矿物质饲料

1. 含硫饲料 硫的来源有蛋氨酸、胱氨酸、硫酸钠、硫酸钾、硫酸钙、硫酸镁等。就反刍动物而言，蛋氨酸的硫利用率为100%，硫酸钠中硫的利用率为54%，元素硫的利用率为31%，且硫的补充量不宜超过饲粮干物质的0.05%。对幼雏而言，硫酸钠、硫酸钾、硫酸镁均可充分利用，而硫酸钙利用率较差。硫酸盐不能作为猪、成年家禽硫的来源，需以有机态硫如含硫氨基酸等补给。

2. 含镁饲料 饲料中含镁丰富，一般都在0.1%以上，因此不必另外添加。但早春牧草中镁的利用率很低，有时放牧家畜因缺镁而出现“草痉挛”，故对放牧的牛羊以及用玉米作为主要饲料并补加非蛋白氮饲喂的牛，常需要补加镁。兔对镁的需要量大，故必须添加镁，多用氧化镁。饲料工业中使用的氧化镁一般为菱镁矿在800～1000 ℃煅烧的产物。此外还可选用硫酸镁、碳酸镁和磷酸镁等。

二、天然矿物质饲料

（一）沸石

沸石是一种天然矿石。世界上已发现的天然沸石有40余种，其中最有使用价值的是斜发沸石和丝光沸石。沸石属铝硅酸盐类，含有25种矿物质。其物理结构独特，大都呈格架结构，晶体内部具有许多孔径均匀一致的孔道和内表面积很大的孔穴（500～1000 m^2/g），孔道和孔穴两者的体积占沸石总体积的50%以上，具有较强的吸附作用。在畜牧生产中，沸石常用作某些微量元素添加剂的载体和稀释剂，还用作畜禽无毒无污染的净化剂，用于改良池塘水质，还是良好的饲料防结块剂，日粮中使用沸石还可以降低畜禽舍的臭味，减少消化道的疾病。沸石用作饲料时，粒度一般为0.216～1.21 mm。

天然沸石在消化道中除可选择性地吸附 NH_3、CO_2 等物质外，还能吸附某些细菌毒素，对机体有良好的保健作用。

（二）麦饭石

麦饭石是一种天然的药物矿石，因其外观似麦饭团而得名，其主要化学成分是二氧化硅和三氧化二铝，二者约占麦饭石的80%。麦饭石有多孔性，具有很强的吸附性，能吸附氨气、硫化氢等有害、有臭味的气体和大肠杆菌、痢疾杆菌等肠道病原微生物。

不同地区的麦饭石的矿物质含量差异不大，均含有钾、钠、钙、镁、铜、锌、铁、硒等对动物有益的常量、微量元素，且这些元素的溶出性好，有利于体内物质代谢。

在畜牧生产中，麦饭石一般用作饲料添加剂，以降低饲料成本；在奶牛、鹅、兔、鱼饲料中添加麦饭石可促进生长发育，提高饲料利用率；也用作微量元素及其他添加剂的载体和稀释剂；可作为除臭剂，改善畜禽环境卫生；还可降低饲料中棉籽饼毒性。

（三）膨润土

膨润土是以蒙脱石为主要组分的黏土，具有阳离子交换、膨胀和吸附性，能吸附大量的水和有机质。膨润土含硅约30%，还含磷、钾、锰、钴、钼、镍等动物所需要的元素。膨润土可用作微量元素的载体和稀释剂，也可用作颗粒饲料的黏合剂。

膨润土含有动物生长发育所必需的多种常量和微量元素，并且这些元素以可交换的离子和可溶性盐的形式存在，易被畜禽吸收利用，可提高动物的抗病能力。

（四）海泡石

海泡石属特种稀有非金属矿石，呈灰白色，有滑感，具有特殊的层链状晶体结构，对热稳定，有很好的吸附和流变性能，可吸附氨，消除畜禽舍的臭味。

常用作微量元素的载体、稀释剂及颗粒饲料的黏合剂。在颗粒饲料加工中，添加2%～4%的海泡石可以增加各种成分间的黏合力，促进其凝聚成团。当加压时海泡石显示出较强的吸附性能和胶凝作用，有助于提高颗粒的硬度及耐久性。特别是饲料中的脂类物质含量较高时，用海泡石作黏合

Note

剂最合适。

（五）凹凸棒石

凹凸棒石是一种镁铝硅酸盐，主要成分为二氧化硅（约为60%），且含多种畜禽必需的微量元素。这些元素及其含量分别是铜21 mg/kg、铁1310 mg/kg、锌21 mg/kg、锰1382 mg/kg、钴11 mg/kg、钼0.9 mg/kg、硒2 mg/kg、氟361 mg/kg、铬13 mg/kg。

凹凸棒石可用作微量元素载体、稀释剂和畜禽舍净化剂等。在畜禽饲料中应用凹凸棒石，可提高畜禽抗病力。

（六）泥炭

泥炭又称草炭或草煤，它是沼泽中特有的有机矿床资源。我国泥炭资源储量丰富，主要分布在我国西部，占全国资源总量的79%。需先进行分离与转化，才能成为牲畜可食的饲料。

对泥炭加工处理后用泥炭腐殖酸作饲料添加剂，或利用泥炭中的水解物质作培养基制取饲料酵母和生产泥炭发酵饲料、泥炭糖化饲料等。

（七）稀土元素

稀土元素是15种镧系元素和与其化学性质相似的钪、钇等17种元素的总称。化学组成一般为铈48%、镧25%、钕16%、钐2%、镨5%，此外，还有4%的钜、铕、钆、铽、镝、钬、铒、铥、镱、镥、钪、钇12种元素。目前，使用的稀土饲料添加剂有无机稀土和有机稀土。

知识拓展与链接

饲料中允许使用的微量元素产品及最高限量

思考与练习

一、填空题

1. 通常用于补充钙的矿物质饲料有______、______、______，用于补充磷的矿物质饲料有______、______。

2. 为补充锌元素，在日粮中可添加含锌化合物______、______或氧化锌。

扫码看答案

二、选择题

1. 下列矿物质饲料中只含钙不含磷元素的是（　　）。

A. 骨粉　　B. 石粉　　C. 膨润土　　D. 过钙

2. 同时含有钙、磷的饲料有（　　）。

A. 饲用石粉　　B. 贝壳粉　　C. 蛋壳粉　　D. 骨粉

3. 以下不属于矿物质饲料的是（　　）。

A. 骨粉　　B. 肉粉　　C. 蛋壳粉　　D. 石粉

4. 生产中常用作微量元素添加剂的载体和稀释剂的矿物质饲料是（　　）。

A. 沸石　　B. 贝壳粉　　C. 蛋壳粉　　D. 石粉

Note

扫码学课件
2-8

任务八 饲料添加剂

任务目标

- 了解饲料添加剂的分类。
- 了解饲料添加剂的应用现状及发展趋势。
- 掌握饲料添加剂的作用。
- 掌握常见饲料添加剂的应用。

案例引导

某育肥猪场采用当年采摘的桑叶，经过风干，粉碎过筛 80 目，设置不同添加梯度将其拌饲在日粮中进行饲喂，每月进行一次称重，在猪达到 180 日龄时，进行屠宰，结果表明添加桑叶粉可以改善育肥猪生长性能，降低背膘厚度，提高瘦肉率，改善猪肉风味，但是添加比例不宜超过 6%。根据以上情况，请同学们思考一下，饲料添加剂是什么？为什么要添加？添加量是多少？注意事项有哪些？

一、饲料添加剂的作用及分类

饲料添加剂是指为了某种目的而以微小剂量添加到饲料中的物质的总称。目前我国饲料添加剂的分类方法有很多，按其作用和性质，可分为营养性饲料添加剂和非营养性饲料添加剂。营养性饲料添加剂是指添加到配合饲料中，平衡饲料养分，提高饲料的利用率，直接对动物发挥营养作用的少量或微量物质，主要包括氨基酸、维生素、微量矿物质、非蛋白氮、酶制剂等。而非营养性饲料添加剂是指加入饲料中用于改善饲料利用率、饲料质量和品质，有利于动物健康或代谢的一些非营养性物质，主要包括以下几大类：①促进营养物质的消化吸收和动物生长，如调味剂、酸化剂、乳化剂、生长促进剂等；②抑制病原，促进动物健康，如酸化剂、微生态制剂、驱虫剂、中草药添加剂、抗应激添加剂、其他药物添加剂等；③饲料保藏与加工辅助剂，如抗氧化剂、防霉剂、霉菌毒素吸附剂、饲料加工辅助剂等；④其他添加剂，如畜产品品质改良剂等。

添加剂添加到饲料中，能提高饲料品质和增加饲料的适口性及畜禽的采食量，具有明显的增重效果和经济效益。通常饲料中的营养物质可能无法满足动物最优生长的需要或实现饲料最大转化效率，因此需要补充营养物质以提高动物的生产性能。在生产条件下，日粮中还经常需要添加外源物质作为防霉剂或抗氧化剂。因此，在饲料中添加消化酶、功能性成分、促生长剂或抗毒素的吸附剂可使家畜、家禽和水产动物更加经济合理地利用饲料原料，并减少未消化的物质（如蛋白质、碳水化合物、钙和磷）和微生物发酵产物（如氨、尿素和吲哚）随粪便的排出。根据定义，任何有意添加到饲料中的物质都是饲料添加剂。在过去 50 年中，饲料添加剂（外源酶制剂和非酶制剂，包括氨基酸、脂肪酸、糖、维生素、矿物质、益生菌、益生元和抗生素）越来越受到营养学家和生产者的重视。在配合饲料中起着完善饲料营养价值和全价性、改善饲料品质、提高饲料利用率、抑制有害物质、防止畜禽疾病及增进畜禽健康等作用，从而达到改进畜产品品质、提高畜禽生产能力、节约饲料及增加经济效益的目的。

对于饲料添加剂，可根据作用、饲喂对象、使用目的等进行分类，目前国内大多采用的分类方法是按其作用用途，将饲料添加剂分为营养性饲料添加剂和非营养性饲料添加剂。但无论哪一种添加剂，都应符合下列基本条件。

Note

(1) 添加到配合饲料中，对饲料品质及畜产品品质有益。

(2) 配合饲料长期添加对畜禽不产生急性毒性与慢性毒性而影响畜禽的生产性能。

(3) 添加剂及其代谢产物在畜产品中的残留量不能超过规定的安全标准。

(4) 添加剂及其代谢产物对人和畜禽不产生致癌、致突变和致畸作用。

(5) 具有一定的稳定性，在一定条件下，贮存一定时间，其稳定性不发生变化。

(6) 产品中重金属含量不允许超出国际允许范围。

(7) 对畜禽正常生殖机能及胚胎不产生有害作用。

(8) 添加剂及其代谢产物对内外环境不能产生危害作用。

二、饲料添加剂的应用现状与发展趋势

"十三五"以来，我国饲料产业总体保持稳健的发展势头。2016 年以来，我国饲料工业总产量逐年增加，继续占据世界首位，2019 年全国工业饲料总产量 22885.4 万吨，较 2015 年增长 14.38%，年均增长率为 3.41%，年产量增幅呈逐年下降态势，这主要是产业结构逐步调整和非洲猪瘟疫情影响所致。饲料工业总产值总体增加，2018 年达到最高值 8872 亿元，较 2015 年增加 13.6 个百分点，受国内生猪产能下降和国际贸易形势变化等的共同影响，2019 年我国饲料工业总产值同比下降，降至 8 088.1 亿元(图 2-18)。从产品类别看，"十三五"时期配合饲料产值增加较为明显，2019 年高达 21 013.82亿元，较 2015 年增加 20.8 个百分点，年均增长率达 4.84%；浓缩饲料和添加剂预混合饲料的年产值波动减少，分别较 2015 年下降 36.67 和 16.91 个百分点(图 2-19)。总的来看，"十三五"以来我国饲料工业产量和产值均保持平稳较快的发展势头，产业发展取得较为显著的进展。

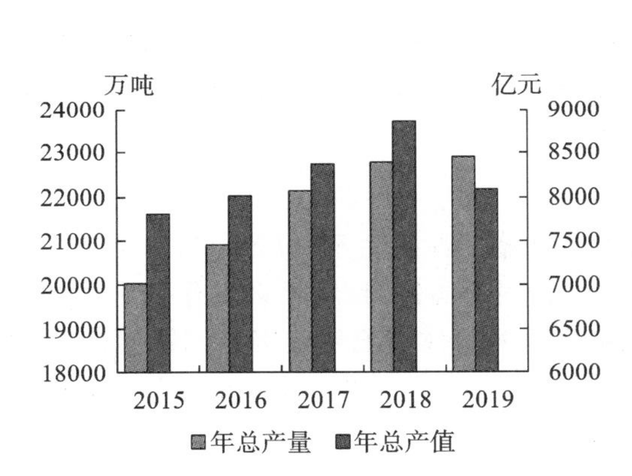

图 2-18　2015—2019 年中国饲料总产量和总产值

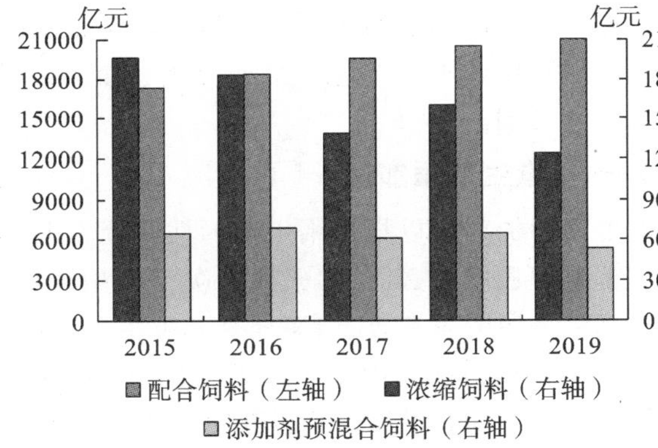

图 2-19　2015—2019 年中国 3 种重要饲料产值

自 2015 年我国蛋氨酸完全依赖进口的局面彻底扭转后，"十三五"期间，我国饲料添加剂生产能力继续提升，饲料添加剂企业不断壮大，截至 2018 年底，全国饲料添加剂生产企业达 2024 家，较 2017 年增加 13.4%，饲料添加剂产量、产值和营业总收入也由小幅增长转为大幅增长，其中，酶制剂和微生物制剂等生物饲料产品发展势头强劲。"十三五"以来，我国饲料添加剂年产值和年总营业收入总体上涨迅速，2018 年全国饲料添加剂产品产值为 944 亿元，营业收入为 875 亿元，分别较 2015 年显著增长 53.25%和 55.42%；2019 年受行业总体形势下行影响有所下降，但总体增长趋势明显(图 2-20)。2016 年以来，全国饲料添加剂产量较快增长，2019 年总产量达 1199.2 万吨，年均增长率达 10.09%，主要品种氨基酸、酶制剂和矿物质产品的产量分别达 330 万吨、19.72 万吨和 590 万吨，分别比 2015 年增长 113.59%、101.22%和 40.41%，酶制剂等生物饲料产品产量增长势头强劲(图 2-21)。

"十三五"以来，各部门多措并举大力推动饲料科学研究，不断加大饲料产业创新扶持力度，饲料技术研发水平和产品创新能力不断提高，在饲料原料、饲用酶技术、微生物制剂和高密度发酵技术等领域获得显著成就。自新饲料审定制度建立以来，全国新获批的饲料添加剂达 60 个，涉及多个热点研究领域，产品国际竞争力进一步增强。其中，2016 年以来新产品创制在改善饲料和诱食物质、强

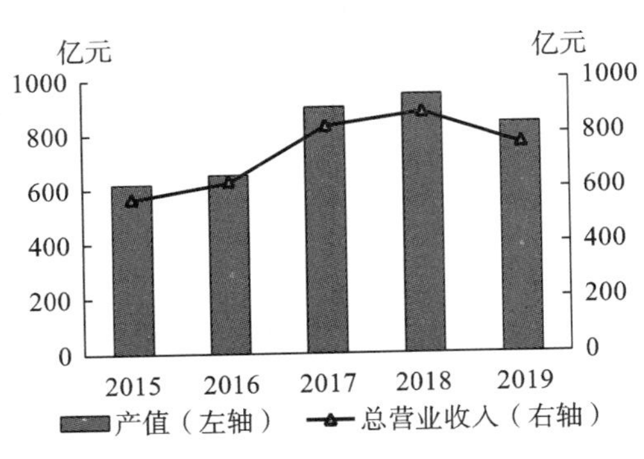

图 2-20　2015—2019 年中国饲料添加剂年产值和年总营业收入

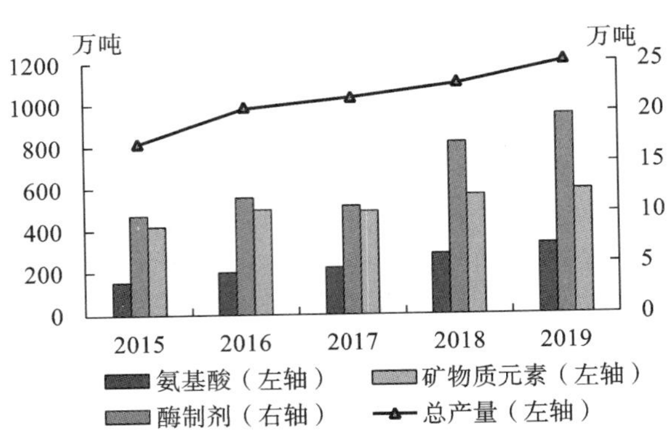

图 2-21　2015—2019 年中国饲料添加剂年产量

化氨基酸添加、促进肉鸡生长、提高饲料转化效率、增强机体抗氧化能力和改善动物肠道菌群结构等方面进行了开拓性产品研发，并获得上市许可证书。从研发主体看，科研机构和高等院校在饲料技术和产品研发上发挥了重要的领军作用，如中国农业科学院在酶制剂研发领域发挥了较大优势。随着国有控股企业和龙头企业自主独立创新能力的提高，从"研学产"到"产学研"的融合创新模式逐步确立，通过产学研联盟模式创设国家级企业研发中心，饲料产业技术研发能力明显增强，促进饲料产业整体竞争力登上更高台阶。

三、营养性饲料添加剂

营养性饲料添加剂的作用主要是平衡或加强饲料中的营养，使饲料中营养均衡、配比科学，更容易被畜禽所利用和吸收。这一类的饲料添加剂又可以分为维生素添加剂、微量元素添加剂、氨基酸添加剂及酶制剂。

（一）维生素添加剂

维生素添加剂可以根据维生素的性质分为水溶性维生素和脂溶性维生素，很多维生素都是维持畜禽正常生理机能所必需的，一般情况下维生素的补充要结合饲喂的饲料，如果以农作物的秸秆为主要粗饲料来源的畜禽，应当额外补充维生素 A，产前根据畜禽的身体情况还应当补充维生素 D 和维生素 E 等。胆碱作为甲基供体可以起到改善神经传导，抑制脂肪肝形成的作用，在高产牛的泌乳早期应当酌情添加，以满足泌乳需要（详见维生素与动物营养）。

1. 使用维生素应注意的事项

（1）掌握需要量和实际供给量之间关系。除遵循饲养标准规定使用维生素添加剂外，还应注意区分开需要量和供给量之间的差别。实际生产中，许多种维生素的缺乏症多混淆在一起，不易判明，不能很好地判断畜禽到底缺乏哪一种维生素，因此维生素的供给量要大于畜禽需求量，才能满足畜禽的需要，避免出现维生素缺乏的现象。应将畜禽维生素需要量的建议标准视为一种参考数值，应根据实际情况在推荐量的基础上增加维生素添加 25%～50%（但应注意部分维生素有最高限量，农业农村部第 2625 号公告中有规定）。

（2）控制维生素添加剂的保存环境和生产日期。维生素添加剂随着保存时间的延长，效价会逐渐降低。如阳光直射、温度过高、湿度过大，或与其他物质制成合剂时，均会导致维生素的稳定性下降，使效价降低。一般维生素添加剂的贮存，要求容器密封、避光、防湿、温度<20 ℃，短期内用完。因此，在购买维生素添加剂时，应购买出厂时间短、包装符合要求的产品。

（3）注意维生素的效价，按说明使用。对鸡来说，与人工合成维生素 A 比较，人工合成的维生素 A 效价为 100%，而鱼肝油中维生素 A 的生物效价仅为 30%～75%。目前市面上出售的维生素添加剂有多种，有单项的，有复合的，更多的是复合的，使用时要注意其有效成分含量。

（4）综合考虑畜禽的生长情况。配合饲料中含有正常条件下需要的全部维生素，但是畜禽处于不佳环境时，获取量容易不足，应额外补加。如高温、寒冷、气候骤变、疾病、接种疫苗、整群、运输、密

集饲养、小鸡2周龄前、仔猪断奶前、产蛋高峰、断喙、强制换羽、限饲等应激情况下，需要在饲料中加倍添加维生素以补充应激带来的维生素损耗。

(5) 注意维生素添加剂的预混。维生素添加剂在配合饲料中占的比例很小，不能直接加入饲料中，应先用少量玉米粉等载体预混，然后再逐级扩大混匀，以防止因混合不匀造成某些畜禽采食的维生素量差异过大，采食量过少的容易出现维生素缺乏症。充分预混能显著减少维生素缺乏症的发病机会，因此《饲料质量安全管理规范》明确规定饲料中的维生素预混料、微量元素预混料和其他微量组分的少量成分必须事先制成预混合饲料再生产。

2. 维生素的贮存与制备 大多数维生素要避光避湿保存，对温度也有要求。相关文件规定维生素饲料添加剂应在25 ℃下热敏库存放。大多数维生素都是不稳定的，只有解决维生素的稳定性，维生素才能在运用领域得到推广和广泛应用。某些维生素的溶解度、物理状态、浓度等限制其应用的因素，以及贮存时间、环境、温度、避光都影响维生素的效价。大多数维生素产品可用下列方法制备：合成稳定的衍生物，加稳定剂(抗氧化剂)，用适当的填充剂使其标准化，适宜载体的包膜技术等。生产中常采用上述四种维生素制剂技术或采用其中一种或多种，制备方法的选择取决于所要求的物理性状与生物活性及与维生素的使用有关的最重要的性质和常见的商品形式。其核心技术为水溶性维生素转化为脂溶性的衍生物，脂溶性维生素转化为水溶性的衍生物或能在水中分散的制剂。

(二) 微量元素添加剂

不论是常量元素还是微量元素，均对畜禽的生产性能、繁殖能力有着重要的作用。如果钙磷摄入不足或比例失衡，容易造成佝偻病，出现骨骼发育不良和运动障碍等。钠离子、氯离子对机体内的酸碱平衡、体液渗透压正常等均有一定的作用，所以在日常饲养过程中应当补充食盐、石粉和磷酸氢钙等。牛需要补充的微量元素有铁、铜、锰、锌、碘、硒、钴。

微量元素的商品形式一般为多种微量元素预混剂，购买时应选择质量有保证和信誉较好的正规产品；要注意其微量元素品种、含量和比例是否与所采用的饲养标准相符，以免过量使用；同时，要注意有害元素氟、铅、汞等是否超标，以免使用后产生不良作用。

使用微量元素时应注意的事项如下。

(1) 严格执行饲养标准，使用时混合均匀。目前，矿物质标准(特别注意：农业部第2625号公告中指出部分微量元素有使用的最高限量)是中国国家标准和美国NRC标准。NRC标准的数据较全面，且经常更新，因此实际应用中多以NRC标准为参考，再根据一些实际情况和影响因素进行相应调整。使用微量元素添加剂，一定要混合均匀，如果混合不均匀，各组分之间的差异大，有的组分中元素含量过高，容易引起急性中毒；而有的组分中元素含量不足，又会影响饲养效果。

(2) 选择合格产品，提高有效利用率。在天然的铜、锌、铁、锰等氧化物和矿物质原料中，常伴有铜、砷、镉、汞等物质，这些元素对动物健康具有不利影响，并可能造成重金属中毒。因此，使用矿物质添加剂时，应先根据其化合物的纯度、有效含量和利用率折算成矿物质的有效利用率后，再确定用量。同时，在生产过程中，应制订相应的预处理措施，以保证所用原料及最终产品的卫生质量。鸡和猪的微量元素预混料及复合预混料中，铅和砷的最高允许量分别为小于或等于30 mg/kg和小于或等于10 mg/kg。

(3) 正确掌握用量，谨防过量中毒。由于微量元素添加量很少，基础料中微量元素含量变化大，而且分析起来费事，因此，饲料配方常以饲养标准规定的量进行添加，将原有饲料中该元素的含量忽略不计。一些富含某种微量元素的地区，应对饲料中该元素的含量进行分析，适当减少添加量。确定微量元素添加量时，应考虑各元素的中毒剂量与添加量的比值，即安全系数。锌、铁等元素的安全系数为50倍，用量较多；钴、碘等元素的安全系数较高，用量较少，所以实际应用中发生中毒的可能性较小。

(4) 配比合理平衡，注意相互影响。矿物质之间可相互影响，如磷与镁，锌与铁、铜等可相互抑制吸收；饲料中钼和硫不足时，会使动物吸收铜量增多，引起铜中毒。在应用时应注意这些影响，尽可能使配方比例合理，保持相对平衡。

（5）选用微量元素氨基酸螯合物。微量元素氨基酸螯合物是一种新型的微量元素添加剂，具有较好的稳定性和较高的生物效价，容易吸收利用，无刺激，安全性高，且能促进生长和提高动物繁殖性能，是一种较理想的微量元素添加剂，但价格相对较高，有条件的可根据需要选用。

（6）合理利用，帮助生产性能提升。在一定条件下，合理应用某些矿物质可显著提高动物的生产性能。例如，在仔猪饲料中添加 125～250 mg/kg 铜，可有效减少仔猪腹泻等常见疾病，促进生长，提高饲料利用率；在怀孕母猪中添加高剂量的镁，可有效防止母猪便秘等现象；在蛋鸡饲料中添加 80 mg/kg 左右的锰，可提高蛋壳的硬度和质量等。

（三）氨基酸添加剂

1. 氨基酸添加剂的种类 近年来，随着饲料配方技术的发展，饲料配方已由传统的能量蛋白模式慢慢向可利用氨基酸模式转变。实践证明，以可利用氨基酸模式设计饲料配方更为科学和合理。而为了使饲料配方中氨基酸的比例更为平衡和合理，使用氨基酸添加剂就显得较为方便和必要。目前，氨基酸饲料添加剂由发酵法、化学合成法、酶与化学酶法等方法工业化生产，主要品种有以下几类。

（1）L-赖氨酸盐酸盐：最常用的赖氨酸，为白色或淡褐色粉末或颗粒状，有特殊气味，易溶于水，有旋光性，含量在 98%以上，实际 L-赖氨酸含量在 78%左右。

（2）L-赖氨酸硫酸盐：淡黄色颗粒，除含有 51%的赖氨酸外，还含有不少于 15%的其他氨基酸，可为动物提供更为全面的、均衡的营养。另外它的生产工艺比 L-赖氨酸盐酸盐对环境污染小，生产成本降低。

（3）DL-蛋氨酸：最常用的蛋氨酸饲料添加剂，为白色或淡黄色结晶或结晶粉末，有特异气味，流动性好，微溶于水，易溶于稀盐酸，无旋光性，含量在 98%以上。市场上也有 L-蛋氨酸销售。

（4）蛋氨酸羟基类似物：又称羟基蛋氨酸，或 MHB，是一种深褐色、有硫化物特殊气味的黏性液体，有效含量大约为 88%，效价为蛋氨酸的 80%左右。

（5）N-羟甲基蛋氨酸钙：是羟基蛋氨酸的钙盐，是一种流动性较好、有硫化物特殊气味的白色粉末。蛋氨酸含量大约为 67%，效价为 86%左右。

（6）L-色氨酸：白色至黄白色晶体或结晶性粉末，无臭或微臭，稍有苦味，有效含量在 99%以上。

（7）L-缬氨酸：白色粉末，无臭，味苦，有效含量在 98%以上。

（8）L-异亮氨酸：白色结晶小片或结晶性粉末，略有苦味，无臭，有效含量在 99%以上。

2. 合理应用氨基酸添加剂

（1）选用可靠的产品。氨基酸添加剂是一类使用较为广泛的作用较大的饲料添加剂，因此应谨慎选用产品，除蛋氨酸添加剂（日本产的曹达、德国产的迪高沙、法国产的罗纳普郎克等产品）外，目前大多数使用国产产品。

（2）注意氨基酸添加剂的有效含量和效价。商品化的氨基酸添加剂多有一定的有效含量和效价，赖氨酸的饲料添加剂是 L-赖氨酸盐酸盐和 L-赖氨酸硫酸盐，纯度为 98.5%以上，其实含 L-赖氨酸为 78%和 51%左右，效价可以 100%计算，而 DL-赖氨酸则只能以效价 50%计算；蛋氨酸的饲料添加剂有 DL-蛋氨酸、蛋氨酸羟基类似物和 N-羟甲基蛋氨酸钙等，DL-蛋氨酸的有效含量多在 98%以上，其效价以 100%计算，蛋氨酸羟基类似物的效价按纯品等于 DL-蛋氨酸的 80%计算，N-羟甲基蛋氨酸钙的蛋氨酸含量为 67%左右。因此在实际应用氨基酸添加剂时，应先折算其有效含量和效价。

（3）注意使用对象。氨基酸添加剂使用于禽畜饲料，特别是动物幼小阶段，以及为减少鱼粉等一些高蛋白原料的用量而使用，而牛、羊等由于反刍能利用微生物合成多种氨基酸，不存在限制性氨基酸和非限制性氨基酸的区别，因此一般不使用氨基酸添加剂；对于水产类动物对化学合成氨基酸的利用率还存在争议，一些研究和实验报道，化学合成氨基酸在鱼类中的利用率不高，因此水产类配合饲料还是谨慎使用氨基酸添加剂为好。

（4）氨基酸的添加种类。饲料添加剂所用的氨基酸一般为必需氨基酸，特别是第一和第二限制性氨基酸，动物对氨基酸的利用有一个特性，即只有第一限制性氨基酸得到满足时，第二和其他限制

Note

性氨基酸才能得到较好的利用，以此类推。如果第一限制性氨基酸只能满足需要量的70%，第二和其他限制性氨基酸含量再高，也只能利用其需要量的70%，因此，在饲料中应用氨基酸添加剂时，应根据饲料原料配方的实际的氨基酸含量，首先考虑第一限制性氨基酸，再依次考虑其他限制性氨基酸。目前在饲料中应用主要考虑第一和第二限制性氨基酸，猪的第一限制性氨基酸为赖氨酸，第二限制性氨基酸为蛋氨酸，而鸡等禽类的第一限制性氨基酸为蛋氨酸，第二限制性氨基酸为赖氨酸，因此应根据实际的配方品种依次应用合适的氨基酸种类。

3. 注意氨基酸的平衡和相互影响 氨基酸平衡是指饲料中氨基酸的品种和浓度符合动物的营养需求，如果饲料中各氨基酸的比例不合理，特别是某一种氨基酸的浓度过高，则影响其他氨基酸的吸收和利用，使氨基酸的利用率整体降低，这也称为氨基酸的拮抗作用，因此在应用氨基酸添加剂时，应综合、平衡考虑，不要盲目添加，否则可能适得其反，影响生产性能和造成浪费。

（四）酶制剂

酶是由活细胞产生的、催化特定生物化学反应的一种生物催化剂。酶制剂是酶经过提纯、加工后的具有催化功能的生物制品，主要用于催化生产过程中的各种化学反应，具有催化效率高、高度专一性、作用条件温和、降低能耗、减少化学污染等特点，其应用领域遍布食品、纺织、饲料、洗剂剂、造纸、皮革、医药以及能源开发、环境保护等方面。酶制剂产业是知识密集型高技术产业，是生物工程领域的重要组成部分。随着饲料中全面禁止使用抗生素，饲用酶制剂的应用备受关注。大量试验研究表明，饲料中添加饲用酶制剂可以增强动物免疫力，提高平均日增重、屠宰性能、经济效益。饲用酶制剂作为高效、绿色的外源添加剂，在未来畜牧业发展中将会有很大的应用前景。

1. 酶制剂的种类 饲用酶制剂的分类方法很多，目前主要根据酶的剂型、性质、作用对象等进行以下分类。按照剂型可分为单一酶制剂和复合酶制剂。单一酶制剂基本上分五类：非淀粉多糖酶、蛋白酶、淀粉酶、植酸酶、脂肪酶等。复合酶制剂按功能特点可分为以蛋白酶与淀粉酶为主的复合酶、以β-葡聚糖酶为主的复合酶、以纤维素酶和果胶酶为主的复合酶，配制和发酵复合酶制剂时可以根据实际需求考虑酶系组成。例如，对于消化道发育不完善，消化酶分泌不足的幼龄动物，可以添加以蛋白酶、淀粉酶为主的复合酶。粗纤维含量较高、非淀粉多糖含量较高的日粮中可以添加以纤维素酶、木聚糖酶、果胶酶为主的复合酶。可以发挥破坏植物细胞壁，释放细胞中营养物质，降低胃肠道内容物的黏度，消除抗营养因子，促进动物消化吸收的作用。以动物种类分类，酶制剂又分为猪、禽等单胃动物饲用酶制剂和反刍动物饲用酶制剂。根据饲料源分类，酶制剂可分为麦类日粮酶制剂、杂粕型日粮酶制剂以及玉米-豆粕型日粮酶制剂等。

2. 酶制剂的作用机制

（1）提高营养消化利用率、生产性能，促进减排环保。目前，酶制剂产品的应用以提高饲料营养消化利用率为主，这是饲料酶制剂最基本的应用领域。酶制剂可提高营养消化利用率，能够提高动物生产性能，在环境保护压力越来越大的情况下，酶制剂在减少日粮成分排放和养殖污染方面的价值和意义已经被重视。酶制剂提高消化功能表现在两个方面：一是消除日粮中的抗营养因子，提高动物对于非常规饲料的消化利用率；二是补充消化道酶的不足，当前的养殖模式下，营养的不平衡造成动物体内的酶对玉米-豆粕型日粮的消化障碍。越来越多的研究表明，玉米实际上并不是我们想象的那么容易消化利用，可以借助一些外源酶，提高玉米、豆粕等原料的消化利用率。具有营养功能的酶制剂按其功能分为两类：第一类可直接水解营养底物，如蛋白酶、淀粉酶、脂肪酶等；第二类可去除抗营养因子等影响营养消化利用的成分，包括第二代饲料酶如非淀粉多糖酶（木聚糖酶、β-葡聚糖酶、纤维素酶等）和植酸酶等，以及第三代饲料酶如特异碳水化合物酶（α-半乳糖苷酶、β-甘露聚糖酶、甲壳素酶、壳聚糖酶等）。

酶制剂可通过三种途径改善营养消化利用：第一种途径是一种酶制剂仅提高一类营养成分的消化利用，如蛋白酶只能提高蛋白质的消化利用率，作用单一明确；第二与第三种途径是一种酶制剂同时提高几类营养成分的消化利用率，如木聚糖酶理论上可以提高所有营养的消化利用率，作用综合复杂。如果外源酶的添加量适当，对体内酶的分泌是具有诱导促进作用的，但是如果过量，长时间添加会造成一种依赖性，影响体内酶的分泌。

（2）多途径参与动物肠道健康的构建。动物肠道健康概念有不同的方面和层级，其中重要的有肠道的微生物菌群的微生态平衡，肠道各段发育状况与比例，肠道黏膜的微细结构，肠道理化指标参数和肠道免疫组织器官与功能五个方面。理论上，种类繁多的酶制剂可以参与动物肠道健康的构建与维护。比较受到重视的功能是调节肠道健康的功能，其中最典型的是具有促进肠道健康功能的酶制剂——非淀粉多糖酶。主要通过两个机制来实现：一是利用酶制剂的物理作用降低肠道食糜黏性；二是利用酶制剂的生化代谢作用，其产生的寡糖可促进肠道正常蠕动，促进有益菌的增殖，抑制有害菌的定植。

（3）消除饲料中的抗营养因子。阻碍饲料中的养分消化、吸收和利用的一类物质称作抗营养因子。在饲料研发过程中需要对一些饲料原料中的抗营养因子进行处理，来保证饲料的安全性，比如棉籽饼中的游离棉酚、小麦等饲料原料中的非淀粉多糖等。饲料中的非淀粉多糖会降低食糜通过胃肠消化道的速度，加厚胃肠黏膜上的不动水层，还会使营养物质被肠道消化吸收的速度减慢，使胃的排空速度变慢，从而阻碍动物的消化和吸收。孙云章等研究发现，棉酚影响瘤胃微生物的发酵，影响反刍动物的消化能力，尤其对瘤胃真菌的影响最为显著。

（4）补充内源酶的不足。动物消化器官分泌的消化酶主要有脂肪酶、胃蛋白酶、二肽酶、氨基肽酶、胰蛋白酶和葡萄糖淀粉酶等。但是幼龄畜禽经常会出现内源酶分泌不足，表现为断奶仔猪腹泻等，需要通过添加饲用酶制剂来改善动物的状况。为了促进日粮养分的消化，需要添加的饲用酶制剂一般为动物自身可以分泌的脂肪酶和蛋白酶等。

（5）解离金属元素。钙和磷可以有效地改善动物肠道微生物环境。磷多以植酸磷的形式存在于饲料原料中，而动物不能直接吸收和利用植酸磷，且植酸磷与金属离子 Ca^{2+}、Fe^{2+}、Zn^{2+}、Cu^{2+} 等具有很强的络合作用，经过一系列化学反应会形成稳定的植酸盐，进而阻碍其吸收。添加饲用酶制剂将饲料中的植酸磷分解，可大大提高动物对磷的利用率，从而减少饲料中金属元素的浪费。在饲料中可利用磷的含量和植酸酶的添加剂量有剂量效应。

（6）增强机体免疫力。饲用酶制剂可以使饲料中非淀粉多糖降解产生低木聚糖。低木聚糖可抑制动物肠道中大肠杆菌和链球菌的繁殖。同时，低木聚糖也有利于改善动物的免疫系统并增强动物的免疫力。

此外，饲用酶制剂还可以分解植物细胞壁，使细胞内容物充分释放出来，为动物所吸收；将饲料中的纤维素分解为双糖和单糖，提高饲料利用率；水解半纤维素，降低饲料溶解后的食糜黏度，有利于动物消化道中内外源酶的扩散，加强营养同化，提高生长速度；多种水解酶能将动物消化道内蛋白质等大分子营养物质转化为小分子，以利于动物消化吸收；补充、保持动物体内酶的活性，从而维持动物体内对酶的正常需要；促进动物的食欲，强化对营养物质的吸收功能，加速动物的生长，同时，由于动物消化饲料比较彻底，肠道中不残留养分，从而也减少了畜禽疾病的发生。

3. 酶制剂的应用效果 酶是一类具有生物催化性的蛋白质，也可以说是一种生物催化剂，一切生物的全部新陈代谢都是在各种酶的作用下进行的。酶是通过生化反应促进蛋白质、脂肪、淀粉和纤维的分解，因此有提高饲料利用率和促进动物增重的作用。幼龄动物特别是初生动物或受断奶应激的仔猪，因消化道尚未发育完全或因断奶使小肠绒毛长度缩短，导致酶产量和肠道吸收能力降低，因此对谷实及其他植物性饲料的消化能力减弱。若在幼龄动物日粮中添加适量酶制剂，则有助于减少甚至逆转上述不良后果，有利于营养物质的消化吸收。在哺乳仔猪饲料中添加 0.01%淀粉水解酶和糊精水解酶，可使增重提高 10%，饲料消耗量可降低 10%。在断乳仔猪饲料中添加 0.2%淀粉酶，可使增重提高 10%左右。在肉鸡日粮中添加复合酶制剂可使增重提高 0.75%～5.33%（平均 2.98%），饲料转化率提高 1.92%～8.3%（平均 4.69%）；在雏鸡、犊牛或乳牛饲料中添加酶制剂，亦可获得良好的增重或增乳效果。在牛、羊饲料中添加酶制剂尤其是纤维素酶可明显提高牛、羊对饲料中粗纤维的利用率；在奶牛饲料中添加真菌纤维素酶，可使泌乳量和饲料利用率提高；在育肥牛的饲料中添加 α-淀粉酶和蛋白酶，可使日增重增加。在水产动物饲料中添加酶制剂可有效减轻水质污染，降低动物排泄物中氮、磷的浓度，改善饲养环境。

饲用酶制剂的应用效果主要取决于酶的组分、活性及与动物种类和日粮的匹配性。由于酶的种类多，动物日粮的组成也比较复杂，针对具体情况可从以下几个方面考虑。

（1）动物日粮组成的特异性。

（2）畜禽的特征。选用酶要适应胃和小肠的生理特点，通常情况下，猪和牛的消化道要比禽长，禽类对饲料的消化利用率较低，酶的添加比例需要高些；水产动物饲料中酶的添加比例则应更高些。另外，幼龄动物消化系统发育不完善，各种消化酶的分泌量不足，需要添加饲用酶，且量要高。成年畜禽消化酶分泌充足，一般不需要添加酶制剂，但如果日粮的营养水平较低，其内的抗营养因子含量高，可选用以消除抗营养因子为主的复合酶。

（3）酶的特性。不但要考虑酶的合理搭配和酶的稳定性，还要考虑贮藏期的问题。

四、非营养性饲料添加剂

（一）酸化剂

酸化剂最先应用于猪生产中。早在 20 世纪 90 年代，日粮酸化在仔猪日粮中应用以促进仔猪生长的报道在国内外陆续出现，仔猪日粮酸化在营养学上的效果得到验证。经过几十年的探索和研究，酸化剂得到广泛的应用和推广，陆续被应用在畜禽、水产等养殖业中。目前，畜牧业中“禁抗”已成为共识。多个国家都已制定了减少畜牧业中抗生素使用的法规或政策，包括禁止使用促生长类抗生素。根据农业农村部第 194 号公告，自 2020 年 7 月 1 日起，饲料企业要停止使用含有促生长类药物饲料添加剂（中草药类除外）的商品饲料。酸化剂作为功能性饲料添加剂在众多替抗产品中有较大的优势。

1．酸化剂的种类

（1）有机酸化剂：有机酸因为基本是纯天然食品，适口性较好，抑菌效果突出，应用较为广泛。主要有柠檬酸、延胡索酸、乳酸、苹果酸、甲酸、乙酸、丙酸。现在广泛且使用得较好的是柠檬酸和延胡索酸。其中柠檬酸无色有味，能溶于水，健康无毒，具有良好的稳定性和金属配位性。延胡索酸为白色粉末，对周围环境的适应性比较强，无毒无害，在畜牧生产中，作为抗应激剂。

（2）无机酸化剂：pH 值较高的酸化剂一般是无机酸化剂，如盐酸、硫酸等，无机酸化剂也包括磷酸。磷酸是一种两用酸，也就是说磷酸可以提供日粮酸化剂与磷酸。无机酸成本低、酸性强、解离速度快，可使胃内 pH 值迅速下降，抑制胃液和消化酶的正常分泌。但大部分无机酸会破坏饲粮的电解质平衡，不利于动物健康生长。

（3）复合酸化剂：复合酸化剂是将几种单酸按一定的比例配制而成，可以是酸加盐、无机酸加有机酸（以无机酸为主）、有机酸加无机酸（以有机酸为主）。复合酸化剂是无机酸和有机酸的综合体，很大程度上不轻易改变 pH 值。饲料酸化剂发展的方向是优化复合酸化剂，其实用价值大于有机酸和无机酸。

2．酸化剂的作用及机制

（1）调节机体代谢。酸化剂调节机体代谢的作用机制可以分为两个方面。一是能够有效降低胃内 pH 值，促使胃蛋白酶发挥作用，加快蛋白质代谢，进而促进胰蛋白酶分泌，提高机体内消化酶的活性，达到提升蛋白质消化能力的目的；二是为机体代谢提供能量，有机酸如富马酸、柠檬酸、苹果酸等可以参与动物机体内三羧酸循环，为机体糖、蛋白质、脂肪的代谢提供能量。

（2）改善动物肠道微生态环境。有害菌在碱性环境下易存活，通过在饲料中添加酸化剂，降低胃内 pH 值，改善肠道菌群平衡，使有益菌增殖、有害菌失活。

（3）抑制和杀灭动物肠道中的致病菌。不同种类酸的抑菌和杀菌作用机制不同。挥发性有机酸盐的抗菌效果受溶解性的影响，如钠盐溶于水，体外抑菌效果优于钙盐。有机酸的抑菌作用具有广谱性，可抑制多种霉菌、细菌和酵母，如甲酸和丙酸对沙门氏菌和芽孢杆菌有较强抑制作用，富马酸和乳酸可杀灭大部分革兰氏阴性菌。

Note

(4) 提高日粮稳定性,防止日粮霉变。适量添加酸化剂,能提高日粮稳定性,防止日粮被霉菌毒素污染。延胡索酸通过稳定维生素,维持饲料稳定性;山梨酸参与人体新陈代谢,是一种天然防腐剂,饲料中添加山梨酸,可有效防止饲料霉变。

此外,酸化剂还能减缓食物在胃中的排空速度,促进营养物质在胃肠中的消化,改善适口性;增加机体抗应激能力,提高免疫性能;提高日粮中微量元素的利用率,增强食欲,助消化等。

3. 酸化剂的应用 在猪的应用上,酸化剂的生物学价值在于能够降低日粮系酸力和动物胃肠道 pH 值,从而影响肠道微生物生长繁殖,调节胃肠道各种消化酶的分泌,促进机体对营养物质的吸收利用,最终提高生产性能。酸化剂可弥补断奶仔猪胃酸分泌不足的缺点,显著降低仔猪腹泻发生概率。复合酸化剂可使仔猪的血糖及尿素氮浓度下降,并提高总蛋白含量,提高血液中碱性磷酸酶含量,改善仔猪的生长性能。研究表明,添加延胡索酸和柠檬酸可使仔猪日增重分别提高 5.3%和 5.1%,饲料利用率分别提高 4.9%和 6.5%。

在家禽的应用上,由于家禽消化道比较短,对营养物质的消化吸收能力较差。在家禽饲粮中使用酸化剂,可有效降低消化道 pH 值,改善肠道形态结构,提高肠道消化酶活力和肠道有益菌的数量,抑制有害菌的繁殖,为营养物质的消化提供更好的环境条件。延胡索酸可用于工业化养禽业,是一种很有前途的应激保护剂。饲喂延胡索酸期间,肉用雏鸡的存活率可提高 10%,屠宰时平均体重可增加 3.6%。在泌乳奶牛中添加异位酸可使其每天多产奶 1.8~2.3 kg。复合酸化剂可显著降低肉仔鸡饲粮 pH 值和系酸力,显著提高各阶段饲粮干物质、能量、蛋白质、磷的表观消化率,以 0.15%添加量效果最好。

部分学者认为饲用酸化剂影响鱼类生长,主要表现在两个方面:提供大量氧离子,降低消化道 pH 值,加快营养物质的消化;提供有机酸,抑制革兰氏阴性菌的生长。

4. 影响酸化剂使用效果的因素

(1) 酸化剂的种类和用量。不同种类酸化剂因所含有效成分不同,效果也相差甚远,比如柠檬酸、延胡索酸、磷酸等是效果较好的酸化剂,而盐酸、硫酸、苹果酸等酸化剂效果较差,甚至会影响动物机体,危害动物健康。由于酸化剂的种类较多,结构各异,用量过多或过少均会造成不良影响,用量不足则达不到预期效果,用量过多会影响适口性,降低采食量,可能会改变体内的酸碱平衡,甚至危害动物健康。胃内过低的 pH 值会降低胃酸和胃蛋白酶分泌水平,对小肠酶活性也有不利影响。

(2) 日粮的原料及配方。畜禽日粮系酸力随日粮原料和配方的不同而改变,一般来说,饲料中蛋白质、矿物质等含量越高,日粮系酸力越强,在消化道中吸附的游离酸则越多,使动物机体在进食后胃肠道 pH 值快速升高,动物机体消化时所需要的酸就越多。乳制品的适宜消化 pH 值为 4.0,而鱼粉和豆粕适宜消化 pH 值为 2.5。因此畜禽日粮的原料和配方是影响酸化剂使用效果的重要因素之一。

(3) 年龄或体重的影响。仔猪饲粮酸化的重要理论依据是仔猪胃酸分泌不足。随着仔猪年龄和体重的增长,消化道机能逐步完善,胃酸分泌功能逐步增强,因此,加酸效果将降低。研究表明,在仔猪早期断奶后的头 1~2 周内酸化效果明显,断奶 3 周以后效果逐步降低,断奶 4 周以后基本没有效果。

(4) 畜禽的日龄和体重。幼龄畜禽由于肠道器官发育不完全,免疫系统不完善,此时使用酸化剂,可改善胃肠道环境,抑制肠道有害菌生长,提高幼龄动物免疫力。成年以后,由于动物机体各个器官发育完全,使用酸化剂效果不明显。对瘦弱的动物使用酸化剂在改变采食量、调节肠道吸收能力、增加体重方面有显著效果,反之对肥胖动物效果不明显。

(5) 畜禽的饲养环境。实践证明,畜禽饲养环境与酸化剂的使用效果息息相关,畜禽圈舍的温度、湿度、饲养密度等都会影响酸化剂的使用效果。如潮湿阴暗的圈舍易滋生细菌,提高酸化剂的使用量,有益于畜禽生长。在生产实践中,饲养环境较差的圈舍,酸化剂使用效果优于饲养环境较好的圈舍。

（二）益生素

饲用益生素是一种微生物制剂，在畜牧行业中，它具有促进动物生长发育、防治疾病的作用。从目前的应用情况来看，它有望成为替代抗生素的无毒、安全的饲料添加剂。

1. 常见种类 益生素菌种的主要来源是动物肠道正常生理菌和非生理菌。不同菌种对动物生理代谢有不同的效果。根据作用效果可将不同益生菌分为生长促进剂和微生态治疗剂；按所用菌种的不同可将益生素分为乳酸菌制剂、酵母菌制剂和芽孢杆菌制剂等；按菌种组合不同可将益生素分为单一菌制剂和复合菌制剂。目前，我国常用的益生素菌种有6种：芽孢杆菌、乳酸杆菌、粪链球菌、酵母菌、黑曲霉、米曲霉。

（1）芽孢杆菌。芽孢杆菌包括枯草芽孢杆菌、地衣芽孢杆菌、东洋芽孢杆菌、蜡样芽孢杆菌及短小芽孢杆菌等。芽孢杆菌具有耐受性较好的芽孢，其具有耐酸、耐高温（100 ℃）、耐盐及耐挤压等特性，具有较高的稳定性。芽孢杆菌还具有较强的蛋白酶、脂肪酶、淀粉酶、植酸酶及纤维素酶活性，能够有效降解复杂的碳水化合物。芽孢杆菌进入肠道，在肠道内定植，可消耗肠道内大量的氧气，保持肠道厌氧环境，抑制致病菌的生长，维持肠道正常生态平衡。

（2）乳酸菌。乳酸菌是一类可分解碳水化合物产生乳酸的细菌的总称，其中有益菌以嗜乳酸杆菌、双歧杆菌和粪链球菌为代表。乳酸菌可以在肠道内合成维生素D、维生素K、B族维生素和氨基酸等物质，可提高矿物质的生物学活性，改善矿物质的吸收功能，进而为宿主提供必需的营养物质，以增强动物的营养代谢，促进机体生长。乳酸菌还能产生乳酸菌素、有机酸等酸性代谢产物，使肠道环境偏酸性，可有效抑制大肠杆菌、沙门氏菌等病原微生物的生长。

（3）酵母菌。酵母菌中酵母的种类主要有酿酒酵母、石油酵母、热带假丝酵母、产朊假丝酵母、红色酵母等。其主要特点是好氧，喜生长在多糖、偏酸环境中，不耐热，体内富含蛋白质和多种B族维生素。大量研究证明，酵母菌类益生素添加剂在提高动物生产性能、提高动物免疫力和减少应激等方面均起到一定作用。

（4）光合细菌。光合细菌类益生素是具有光合作用的一类微生物，其能为动物体提供丰富的维生素、蛋白质、矿物质等营养物质，且可产生类胡萝卜素、番茄红素等天然色素以及辅酶Q等生物活性物质，提高动物宿主的免疫力。另外，光合细菌还可以吸收分解水中的硫化氢、氨等有毒物质，具有消除污染、净化水质的作用。

2. 作用机制 益生素的作用机制可能是：产生乳酸，使消化道中pH值降低；产生过氧化氢，从而起到杀菌作用；产生天然抗菌物质，如链球菌产生的乳酸链球菌肽和乳酸杆菌产生的嗜酸素；产生一种主要能抗大肠杆菌肠毒素作用的抗肠毒活性物质；改进小肠对营养物质（蛋白质、干物质、矿物质）的消化、对氨基酸和矿物质的吸收、肠道内氮的经济合理利用及饲料效率；改变肠道菌群，选择性地促进有益菌（如双歧杆菌）的生长，从而促进肠道和全身免疫系统的发育。

3. 对机体的主要作用

（1）增强动物机体免疫力。益生素与致病菌有相同或相似的抗原物质，刺激动物机体产生对致病菌的免疫力。同时，研究也发现益生素能够促使动物机体免疫器官发育。张春杨等用产蛋白酶的益生菌制备成益生菌剂，饲喂肉鸡，发现能显著促进肉鸡免疫器官的生长发育，脾脏、胸腺和法氏囊指数分别提高了18.47%、41.46%和6.42%。

（2）维持动物肠道微生态平衡。益生素能够抑制动物体内致病菌和腐败菌的生长，改善动物微生态环境，提高动物机体的免疫力。有试验证明，乳酸菌和双歧杆菌在肠道内产生醋酸和乳酸，降低肠道pH值，从而抑制大肠杆菌和梭菌类的生长，抑菌率为80%。

（3）促进畜禽生长，提高饲料利用率。益生素在消化道产生有机酸（乳酸），其酸化作用可提高饲粮养分利用率，促进动物生长，防止腹泻；产生淀粉酶、蛋白酶、多聚糖酶等碳水化合物分解酶，消除抗营养因子，促进动物的消化吸收，提高饲料利用率；合成维生素、螯合矿物质，为动物提供必需的营养补充。

（4）净化动物肠道微生态环境。动物自身及许多致病菌都会产生有毒物质（如毒性胺、氨、细菌

毒素、氨自由基等）。益生素中有硝化菌，可阻止毒性胺和氨的合成，净化动物肠道微生态环境。

(5) 抑制有害物质产生，减少环境污染。饲料中添加益生素使鸡舍环境中的氨气水平、粪便 pH 值、水分含量、挥发性有机物质和恶臭气体浓度明显降低，显著改善畜舍空气质量，降低其对环境的污染。首先，益生素可以通过对有害菌的竞争排斥作用，抑制其产生有害物质如氨、吲哚、酚、硫化氢等。其次，益生素还可以通过促进营养物质的消化吸收，提高氮的利用率，减少氨气、生物胺、硫化氢等的形成，从而减少排泄物中氮磷的排放。

4. 益生素的应用 影响益生素作用效果的因素很多，包括动物种类、动物年龄与生理状态，环境卫生状况，益生素的种类、使用剂量，饲料加工贮藏条件及饲料中添加剂(如矿物质)的使用情况等。

(1) 动物种类和年龄。动物的生理、肠道菌群和免疫状态随着动物的年龄变化而不断变化。许多研究发现，仔猪对添加益生素反应的效果比生长肥育猪好。同样，不同泌乳阶段的奶牛对真菌类益生素的反应是不同的。仔猪在生长早期，肠道菌群更容易受到影响，随着年龄的增长，其肠道菌群变得稳定，因此，益生素应当在动物出生后尽可能早使用。

(2) 水分。益生素在相当干燥条件下，水分对菌群活力有明显影响，在贮藏条件下，提高水分含量，菌群活力可能明显下降。水分对芽孢杆菌的活力影响最小，其次是粪链球菌，水分对乳酸菌影响甚大。有人认为，受水分影响大的有益微生物不宜作微生态添加剂使用。为了保证微生态制剂中菌群活力，配合饲料中含水量越低越好，含水量低于 10% 比较理想。

(3) pH 值对益生素制剂的影响。大多数微生物在 pH 4～5 的条件下均会自动死亡。芽孢杆菌耐受低 pH 值的能力强。因此认为作为益生素制剂作用的微生物在干燥收获以前，置于 pH 6～7 的中性条件下培养比较适宜。基于微生物这一特性，在配合日粮中使用时不宜与酸化剂混合使用。

(4) 温度对益生素制剂的影响。不同种类的微生物对温度耐受力不同，芽孢杆菌能耐受较高温度，52～102 ℃范围内损失很小。加入配合饲料中，在 102 ℃条件下制粒，贮藏 8 周后仍然比较稳定，经长时间贮存变化也很小。乳酸菌在温度 66 ℃或更高时几乎完全失去活性。链球菌在 71 ℃条件下，活菌损失 96% 以上；酵母菌在 82～86 ℃条件下完全失去活性。

(5) 营养物质对益生素的影响。研究证明，一些营养物质与微生态制剂混合，能显著影响微生物的活性，不饱和脂肪酸对微生态制剂具有拮抗作用。配合日粮中添加微生态制剂时应尽量避免与添加的油脂直接接触。也有研究表明，饲料中的油脂，在制粒过程中对微生态制剂耐受温、热、压的能力具有保护作用，但饲料中的矿物质、防霉剂、抗氧化剂对微生物有拮抗作用，可降低其活性，使其不能发挥正常作用。

5. 使用注意事项 益生素应保存于阴凉、通风干燥处，以防温度、湿度和紫外线对活菌的破坏作用；对饲料混合时产生的瞬时高温敏感的益生素(如乳酸杆菌、双歧杆菌)，应先制成预混料后再混入饲料中；饲料中的水分对活菌有较大影响，故无微胶囊保护的活菌制剂须在与饲料混合后当天用完，以免降低其使用效果；益生素与其他饲料添加剂的混合使用应先进行试验以防其他添加剂降低益生素的效果；对于容易失活的乳酸菌等菌株，应采用微胶囊包埋技术对活菌体进行包埋，从而使更多的菌体达到肠道，真正起到益生素的作用。

益生素具有改善肠道菌群结构、增强畜禽机体免疫力、提高生产性能等功效，是抗生素的替代品之一，已被广泛应用于养殖业，在畜牧生产上具有广阔的应用前景。为了进一步提高其应用效果，今后应从细胞水平和分子水平上进一步深入研究益生素的作用机制；通过基因工程手段获得能永久性定居在肠道的益生菌和多功能微生态制剂；加强益生素与酸化剂、中草药制剂等绿色饲料添加剂的协同效应和作用机制研究；加强益生素最佳添加时期和添加方式的研究，以保证其发挥最佳功效。

(三) 中草药添加剂

1. 中草药添加剂的分类

(1) 抗细菌、真菌的天然物中草药：

①广谱抗菌类(包括抗金黄色葡萄球菌、链球菌、肠炎菌、痢疾、伤寒菌等)：金银花、连翘、大青叶、板蓝根、黄连、黄芩、黄柏、紫花地丁、蒲公英、鱼腥草、穿心莲、龙胆草、夏枯草、大叶桉、虎杖、百

Note

部、地胆草、乌柏、大黄、五倍子、柳树枝、草蒲。

②抗真菌类：芭蕉心、菖蒲汁、芦荟、白藓皮、百部、五倍子、草蒲、艾叶等。

(2) 抗病毒的天然物中草药：大青叶、板蓝根、金银花、连翘、射干、黄芩、黄连、野菊花、紫草、侧柏叶、大蒜、紫荆枝、一枝黄花、芫花、木花生(喜旱莲子草)等。

(3) 抗螺旋体的天然物中草药：土茯苓、穿心莲、大青叶、板蓝根、黄芩、黄连、黄柏、栀子、虎杖、青蒿等。

(4) 抗原虫的天然物中草药：青篙、川辣子、白头翁、苦参、蛇床子、仙鹤草、苦楝根皮等。

(5) 抗肠寄生虫的天然物中草药：使君子、贯众、石榴皮、雷丸、槟榔、鹤草芽、榧子、南瓜子、鹤虱、大蒜、川楝子、鸦胆子、辣椒粉、生姜、食盐、菖蒲、苦楝。

(6) 调节免疫的天然物中草药：

①促进细胞免疫的天然物中草药：党参、黄芪、刺五加、补骨脂、仙茅、薏苡仁、桑寄生、白芍等。

②促进体液免疫的天然物中草药：甘草、枸杞子、党参、黄芪、刺五加、香菇、附子、生姜、仙芽、淫羊藿、当归、北沙参、丹参等。

③降低病原微生物毒素作用的天然物中草药：甘草等。

(7) 抗肿瘤的天然物中草药：八角莲、白花蛇舌草、半枝莲、石上柏、七叶一枝花、美登木、紫杉等。

(8) 解毒的天然物中草药：土茯苓、甘草、白芷、半枝莲、葎草、生姜、金钱草、绿豆等。

(9) 保证鱼苗成活率的天然物中草药：黄芪、甘草、陈皮、麦芽、香薷等。

(10) 改善鱼肉质、增鲜的天然物中草药：杜仲叶、山栀子、苦参、枳实、甘草、淫羊藿、葛根、香附。

2. 中草药添加剂的作用

(1) 保障动物健康生长。主要用途：增强免疫力、抗感染、健胃消食、养血安神、抗应激、抗过敏、止泻、止血、止咳平喘等。

①增强免疫功能：许多中草药，尤其是补养类中草药能增强机体的特异性和非特异性免疫功能，从而增强机体的抗病力。

②抵抗感染：许多中草药，尤其是清热解毒类中草药，能抑制或杀灭侵入机体的细菌、病毒和寄生虫，防止传染性疾病发生。

(2) 提高畜禽产品质量。许多中草药添加剂能提高动物的生产性能，从而增加动物产品的产量。主要体现在促进动物生长发育和生殖两方面。

①促进生长：许多中草药添加剂能促进动物生长发育，催肥增重，从而提高肉、毛、皮、茸等产量。中草药的某些有益成分在动物产品中沉积，可提高畜禽产品的质量，主要表现在改善肉、蛋、奶的质量。

②改善肉质：在猪饲料中添加松针粉、大蒜等，可使猪肉的品质提高，如猪肉鲜嫩可口。肉鸡饲料中添加大蒜、辣椒，不但可使鸡的食欲提高、抗病力增强，而且肉质也会明显改善。

③改善蛋质：在蛋鸡饲料中添加海藻粉，可使鸡蛋的含碘量提高、蛋黄颜色加深；用主要成分为沙棘果渣的饲料添加剂饲喂蛋鸡，可明显提高其蛋黄指数。

④改善乳质：在奶牛日粮中添加5%海藻粉，奶中含碘量明显增加，牛奶的营养价值提高；用党参、当归、黄芪、王不留行、苍术、益母草等中草药制成的饲料添加剂可以提高产乳量，使乳脂率提高11.2%。

(3) 促进生殖。许多中草药添加剂具有催情促孕作用，从而提高繁殖率和蛋、乳等与生殖相关产品的产量。

(4) 改善饲料品质。许多中草药富含蛋白质、氨基酸、糖、淀粉、脂肪、矿物质、维生素、常量元素和微量元素等营养成分，能改善饲料中某些营养物质的含量和比例，从而满足动物的营养需要。

①增香除臭：许多中草药具有特殊的香味，既能矫正饲料的味道，改善饲料的适口性，促进动物消化液的分泌，又能减少畜舍臭味，从而改善畜舍环境，促进动物健康生长发育。

②防腐保鲜:某些中草药有防霉防腐作用,如土槿皮、白鲜皮、花椒等有防腐作用,红辣椒、儿茶等有抗氧化作用。能使饲料在贮存期内不变质、不腐败,延长贮存时间。

(5)抗应激。应激反应是由各种紧张性刺激物(应激源)引起的个体非特异性反应。外部环境中的不利刺激,例如疲劳、寒冷、高温、缺氧、高加速负荷和辐射等,均能构成应激源,并使动物处于压力状态。长期的应激反应会引起人体的代谢紊乱,使抵抗力下降,进而诱发一系列疾病,甚至导致重病或死亡。一些中草药能够增强动物的免疫力,缓解应激。

(6)抗氧化。当动物体受到病原微生物的侵害或者应激反应的损害时,体内自由基会积累进而使脂质过氧化,生成大量的丙二醛(MDA),破坏细胞膜的生理功能,进而损害细胞。一些中草药能够提高机体内抗氧化酶的活性,减少丙二醛,例如黄芪多糖能够清除羟基自由基。

3. 中草药添加剂的应用

(1)中草药添加剂在反刍动物饲喂中的应用成果:在小尾寒羊基础日粮中添加1.5%中草药复方制剂后,饲料利用率显著提高。

(2)中草药添加剂在养猪生产上的应用成果:中草药添加剂能够增加断奶仔猪的抗氧化酶活性,增强机体的抗氧化能力,从而缓解应激反应。

综上所述,复方中草药添加剂有促进生长、提高瘦肉率和改善肉质等作用。通过研究中草药添加剂的中国专利文献,发现中草药添加剂位列第三位的主要功能为改善肉质、增加风味,其中能够改善鸡肉风味的研究多达26项。

大量研究表明,复方中草药添加剂能提高家禽的饲料转化率、生长性能,改善家禽的胴体品质和肌肉嫩度,调节氨基酸和多不饱和脂肪酸含量,提高脂类物质代谢效率,从而改善肉品质和风味。将由黄芪、神曲、何首乌、羊红膻、贯众以及青蒿等配伍组成的增免散复方添加至1日龄的艾维茵肉鸡基础日粮中,可以显著提高鸡苗的免疫力和抗体水平,长时间饲喂后增免散复方组的饲料利用率较对照组提高了10%,可以达到促进维鸡生长发育的目的。以不同比例的艾蒿水提物代替抗生素添加到肉仔鸡的日粮中,艾蒿水提物可显著提高平均日增重,一定程度增加了肉仔鸡胸肌的百分比,同时还能提高肉色亮度以及减少滴水损失和蒸煮损失指标。

(四)饲料品质调节剂

1. 抗氧化剂 饲料中的油脂或饲料中所含有的脂溶性维生素、胡萝卜素及类胡萝卜素等物质易被空气中的氧气氧化、破坏,使饲料营养价值下降,适口性变差,甚至导致饲料酸败变质,所形成的过氧化物对动物还有毒害作用。在饲料中添加一定的抗氧化剂,可延缓或防止饲料中物质的这种自动氧化作用。以下是常见抗氧化剂及其特性。

(1)乙氧基喹啉:乙氧基喹啉又称乙氧喹、山道喹、抗氧喹、衣索金、埃托克西金等,是人工合成的抗氧化剂,被公认为首选的饲料抗氧化剂,尤其对脂溶性维生素的保护是其他抗氧化剂无法比拟的。商品制剂有两种,一种以水作溶剂,另一种以甘油作溶剂,喷于饲料后可有效防止饲料中油脂酸败和蛋白质氧化,防止维生素A、维生素E、胡萝卜素变质。在维生素A、维生素D等饲料添加剂中使用量为0.1%~0.2%,全价配合饲料中添加量为50~150 mg/kg。

(2)二丁基羟基甲苯:二丁基羟基甲苯是人工合成的抗氧化剂,一般对动物无害,为各国常用的一种饲料抗氧化剂。其作用与乙氧基喹啉类似,对饲料中脂肪、叶绿素、维生素、胡萝卜素等都有保护作用,对蛋黄和胴体的色素沉着、家畜体脂碘价的提高和猪肉香味的保持具有促进作用,广泛应用于猪、鸡、反刍动物及鱼类饲料中,用量一般为60~120 mg/kg,在鱼粉及油脂中的用量为100~1000 mg/kg。

(3)丁基羟基茴香醚:丁基羟基茴香醚是人工合成的抗氧化剂,与乙氧基喹啉的作用相似,一般不在畜禽体内积存,多用作油脂抗氧化剂,与柠檬酸、抗坏血酸等互作具有较好的协同效应,在饲料中的通常用量为60~120 mg/kg,在鱼粉及油脂中的用量为100~1000 mg/kg。

(4)二氢吡啶:二氢吡啶是人工合成的抗氧化剂,具有天然抗氧化剂维生素E的某些作用。牛、羊饲料中的添加量为100 g/t,家禽饲料中添加150 g/t,长毛兔饲料中添加200 g/t,水貂饲料中添加

Note

0.1%。

(5) 没食子酸丙酯:没食子酸丙酯(PG)是人工合成的抗氧化剂,可有效地抑制脂肪氧化,适用于各种畜禽配合饲料、含脂率高的饲料原料、动物性饲料和油脂。没食子酸丙酯的商品制剂为粉剂,用于动物性脂肪或油脂,其添加量不超过0.01%,用于畜禽配合饲料的添加量不超过200 mg/kg。

2. 防霉剂 防霉剂因其具有抑制微生物的新陈代谢及霉菌毒素的产生等作用,能够减少饲料贮存过程中由于高温、高湿等各种原因引起的化学反应和营养成分的损失。特别是夏季,饲料容易发霉变质,畜禽一旦吃了霉变的饲料,不仅影响畜禽的生长繁殖,还会传播疾病,严重者甚至会中毒死亡,给养殖户造成重大的经济损失,甚至危害人类健康。

目前应用的防霉剂主要分为三类:有机酸防霉剂、有机酸盐防霉剂、复合防霉剂。有机酸防霉剂防霉效果好,但其腐蚀性较大,主要包括苯甲酸、丙酸、乙酸、脱氢醋酸、山梨酸、富马酸等,其中以富马酸在生产中使用较多。有机酸盐防霉剂防霉效果比有机酸防霉剂效果差,但它的腐蚀性较小,该类防霉剂主要包括苯甲酸钠、丙酸盐、山梨酸钠等,其中苯甲酸类防霉剂最为常用,其特点是抗菌谱广,对酵母菌、霉菌、肠道细菌、球菌等都具有良好的抑制作用。复合防霉剂是将防霉剂和抗氧化剂配在一起使用的一类防霉剂,腐蚀性比较小,万香宝、克霉霸等都属于该类防霉剂。

一款合格的防霉剂除了能够抑制饲料内霉菌的生长繁殖外,还必须具备以下条件:①微量添加,安全,无刺激性,不影响适口性;②可溶解至防霉浓度;③贮存稳定,性状无变化,不破坏饲料营养成分或与其他成分起反应;④无异味,不影响饲料适口性,如乙酸、丙酸等有机酸类易挥发,有刺激性,使饲料产生不适口感,使用相应的盐类或酯类效果更佳;⑤抑霉范围广。满足以上要求的防霉剂是优良的防霉剂。防霉剂在使用浓度下,无"三致"不良反应,无残留,不会引起动物急、慢性中毒。

目前防霉剂在饲料加工工艺中的使用方式分为三种:预混合时添加、混合时添加及包装袋口使用高剂量防霉剂封口。有研究使用上述三种使用方式在301、302鸡颗粒饲料中进行试验,结果表明,在预混合阶段添加防霉剂的防霉效果最佳。

防霉剂的溶解度、使用方法,饲料的pH环境、水分含量,环境温度,饲料营养成分、霉菌污染程度均影响着防霉剂的使用效果。饲料中是否使用防霉剂或使用量主要由季节和饲料含水量决定。秋冬干燥、凉爽,饲料含水量<11%时,一般不使用防霉剂;而水分超过12%就应使用防霉剂;当在高温高湿季节、饲料含水量较高、贮存时间长时,防霉剂的使用还应加倍。

3. 调味剂 饲料调味剂在实际生产中具有很多生理作用,对促进动物生长、增加采食量、提高饲料转化率以及降低生产成本都有很大的指导意义。

(1) 调味剂的作用机制:巴甫洛夫指出"食欲即消化液",没有食欲就不可能有消化液的分泌,而使饲料消化受阻。调味剂是通过香气与味觉作用,以动物采食行为和采食心理为基础,使动物受到刺激,产生食欲,分泌更多的消化液,提高采食量,促进消化酶的分泌,并可提高酶活性,进而提高饲料的利用率。

(2) 调味剂的主要作用:掩盖饲料气味,增强动物食欲,改善生产性能;在饲料中添加调味剂,还可以增强动物的身体健康状况,使动物的肉质得到改善,满足人们对动物肉制品等商品的需求,进而增强动物产品的市场竞争力。

(3) 常用饲用调味剂及其在饲料中的应用:

①香料及引诱剂:香料是目前应用最为广泛的饲用调味剂之一。主要有以下几种。

a. 鸡用香料:多用于产蛋鸡和肉鸡饲料。主要从大蒜和胡椒中得到。

b. 牛用香料:主要用于产奶牛饲料和犊牛人工乳或代乳品中。奶牛喜欢柠檬、甘草、茴香等。

c. 猪用香料:主要用于人工乳、代乳料、补乳料和仔猪开食饲料,促进采食,防止断奶期间生产性能下降。添加的香料主要为乳香型、水果香型等。

d. 鱼用香料:可以增加采食量,提高饵料利用率,有很好的效果。

②鲜味剂:谷氨酸钠为常用鲜味剂,按0.1%的添加量添加在猪用饲料或人工代乳料中能提高食欲。

Note

③甜味剂:常用的甜味剂有糖精及糖精钠,为无色至白色结晶或白色风化粉末,无臭。稀溶液味甜,大于0.026%时则味苦。易溶于水(66%,20 ℃),难溶于乙醇。其甜度约为蔗糖的500倍。能改善饲料的适口性,但在配合饲料中禁止超过150 mg/kg。

4. 着色剂 饲料着色剂是为改善成品饲料色泽的一类饲料添加剂,其主要目的是掩盖原料中的一些不良颜色,满足养殖者的购买需要。着色剂的使用应严格按照《饲料添加剂品种目录(2013)》农业部第2045号公告执行,例如家禽饲料中可以使用辣椒红和天然叶黄素等。

着色剂的作用:使饲料增色,提高商品质量;使动物产品增色,如蛋黄等;有利于促进动物采食。着色剂主要是化学合成的类胡萝卜素及其衍生物。

(1) 天然色素着色剂:选择富含类胡萝卜素的动物、植物和微生物,经过特定工艺提取及浓缩,然后按照相关标准进行配制而成的一类色素产品,称为天然色素着色剂。天然色素着色剂产品都含有胡萝卜素类和叶黄素类,是家禽优良的着色剂。国际市场使用较多的色素以从万寿菊花(金盏菊)中提取的叶黄素类为主。从当前市场使用情况来看,天然色素着色剂占据主导优势。

(2) 人工合成色素着色剂:应尽量避免使用人工合成色素着色剂,提倡健康养殖。

5. 黏结剂 黏结剂有助于颗粒的形成,保证一定的颗粒硬度和耐久性,增加水产饵料在水中的稳定性,改进饵料的弹性、滑软性,增加饵料适口性,促进鱼虾采食,并且能减少加工过程中的粉尘。某些黏结剂对有些活性成分还有很好的稳定作用,可减少活性微量组分在加工、贮存过程中的损失。

可作为黏结剂的物质很多,天然的及化学合成或半合成物质都可用于黏结剂。它们主要是高分子有机物,包括碳水化合物、动植物蛋白类等天然高分子有机物和含羧甲基、羟基、羧基等基团的化学合成或半合成高分子物质,如α-淀粉、琼脂、阿拉伯胶、瓜尔胶、蚕豆胶、西黄蓍胶、膨润土、褐藻酸钠、羧甲基纤维素钠、羧甲基纤维素、聚丙烯酸钠等。

6. 载体及预混料

(1) 预混料:由两种或两种以上微量成分和载体或稀释剂组成的均匀混合物,是通过用载体来“载带”或稀释剂逐步“稀释”的办法,保证微量组分均匀分布于饲料中,提高配料精度和配料速度。在预混料的生产加工过程中,载体、预混合次数、混合时间、设备性能和投料顺序等因素都影响预混料效果。通过科学选择载体,可以解决某些微量成分的稳定性差及各类添加剂间理化特性不一致等问题。

(2) 载体:可以承载微量活性成分,改善活性成分的分散性,具有良好的化学稳定性和吸附性的可饲物料。载体不仅可以改善微量成分的分散性,还具有稀释微量成分、提高流散性及使预混料更容易在日粮中均匀分布的作用。载体大体可以分为有机载体和无机载体两种。有机载体通常是指植物及其副产品类的载体,如玉米粉、麦麸、脱脂米糠、砻糠、小麦粗粉、玉米芯粉、稻壳粉、大豆粕、花生壳粉、豆秸粉、玉米蛋白粉、淀粉渣、酒糟粉和淀粉等。无机载体一般是指无机盐类的载体,如膨润土、石灰石、沸石、磷酸氢钙、麦饭石、海泡石、食盐、凹凸棒石、贝壳粉、矽土、珍珠岩、骨粉等。

①载体的选择:对于预混料质量具有重要影响。维生素稳定性差,容量低,在生产维生素预混料时,以保持维生素的活性为主要目的,应选择表面粗糙、表面积大、承载性能好、在振动分级过程中不易出现分离的载体,如脱脂米糠、砻糠粉等,虽然玉米价格低,但承载性能差,且易分级,用作载体效果不佳。对于微量元素预混料载体,应选用化学性质稳定、比重与之相近的物质,可选用二氧化硅含量高达60%的沸石粉,其次是磷酸氢钙、石粉。复合预混合饲料含有维生素和微量矿物质等,组分复杂,粒度、容重、混合特性等差异大,需要选择承载能力强的载体(如麸皮、砻糠、脱脂米糠、大豆皮粉等)。在预混料生产过程中,使用由多种载体按照一定比例组成的复合载体的效果好于单一载体,其中有机载体用以吸附水分,无机载体有助于增加复合载体的容重。

②载体的用量:一般而言,预混料配方中需要为载体留出足够的空间以避免活性成分之间的化学反应。但由于预混料在配合饲料中添加比例较小,载体的添加量应该适度,添加量过大会增大预混料在配合饲料中的添加比例,挤占配合料配方空间;添加量过少则承载能力不够,影响预混料的质量。一般认为载体的承载能力不会超过载体的自重。载体的使用量可以用下面的公式确定:

$$W = XY - \sum Z$$

式中：W 为载体重量；X 为预混料占配合料的比例；Y 为配合料质量；$\sum Z$ 为其他添加剂用量总和。

知识拓展与链接

基因工程技术在饲料添加剂原料生产中的应用

思考与练习

一、名词解释

1. 饲料添加剂
2. 酶制剂
3. 中草药添加剂

扫码看答案

二、填空题

1. 广义的饲料添加剂分为__________、__________。
2. 营养性饲料添加剂有__________、__________、__________。
3. 一般维生素添加剂的贮存要求温度低于__________。
4. 猪的第一限制性氨基酸是__________，鸡的第一限制性氨基酸是__________。
5. 按剂型酶制剂可分为__________、__________。
6. 益生素在肠道内可以合成的微生物有__________。
7. 抗菌肽有 3 种抗病毒原理：__________、__________和__________。

三、问答题

1. 使用饲料添加剂的目的有哪些？
2. 使用氨基酸添加剂的注意事项有哪些？
3. 简述饲用酶制剂的作用机制。
4. 简述益生素的主要作用。
5. 饲料品质调节剂有哪些？简述其作用。

Note

项目三　饲料常规成分检测

学习目标

▲知识目标

1. 了解饲料常规成分(水分、粗蛋白质、粗灰分、粗脂肪等)的测定原理。
2. 熟悉饲料常规成分(水分、粗蛋白质、粗灰分、粗脂肪等)测定仪器的使用。
3. 掌握饲料常规成分(水分、粗蛋白质、粗灰分、粗脂肪等)的测定步骤。

▲能力目标

1. 能精准检测饲料原料及成品的常规营养成分。
2. 能独立操作凯氏定氮仪、粗脂肪测定仪、高温炉等测定仪器。
3. 能对营养成分的测定结果进行分析和评价。
4. 能撰写饲料营养成分的测定总结报告。

▲课程思政目标

1. 培养学生认真负责、爱岗敬业的工作态度和严谨求实、一丝不苟的工匠精神。
2. 培养学生认真负责、实事求是的学习态度。
3. 培养学生尊尚科学、大胆创新的精神。
4. 培养学生思考问题能力和团队合作能力。
5. 通过对高温炉和电炉使用时注意事项的讲解,提高学生的安全意识。

思维导图

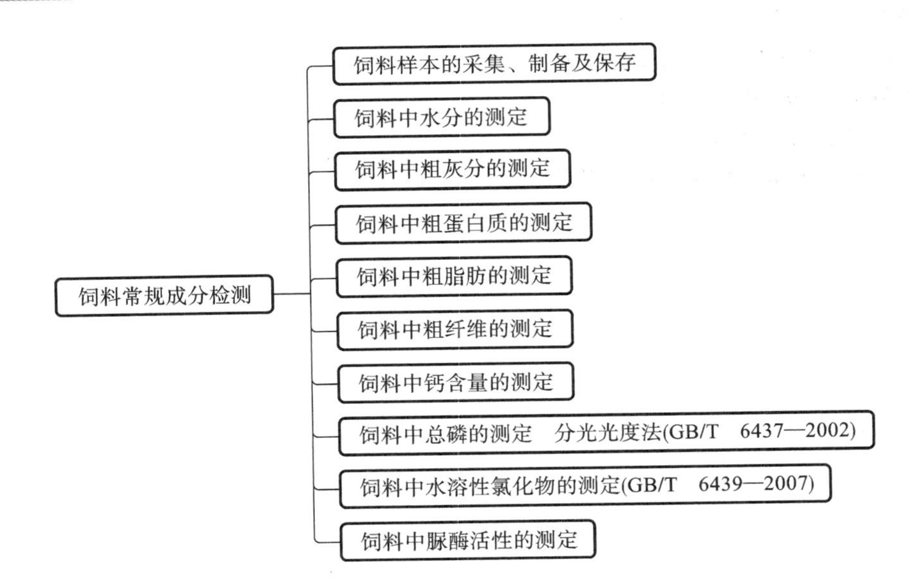

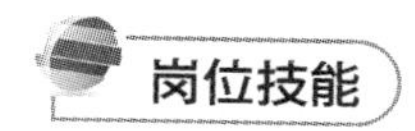

岗位技能

岗位技能4　饲料样品的采集、制备及保存

案例引导

如果你是一名饲料厂化验员，现在客户送来一批玉米，我们如何对其进行样品的采集、制备与保存？

一、实训目的

掌握样品的采集、样品的制备和样品的登记与保存。

二、主要仪器设备

主要仪器设备包括采样工具、粉碎机(图3-1)。

图3-1　粉碎机

三、操作步骤

（一）饲料样品的采集

采样是从大量的饲料中采集供分析用的少量样品的过程；制样是把采集的少量样品按一定的方法与要求(以四分法或等体积法将少量样品缩减，并制备成风干样品，粉碎、过筛等)进行处理，制成分析样品的过程。饲料分析结果的准确性，不仅取决于饲料分析方法的科学性和准确性，也取决于前期饲料样品的采集和制备。

一般情况下，我们对饲料的化学成分的分析，均以少量样品的分析结果来评定，且饲料的化学成分因饲料的品种、生长阶段、栽培技术、土壤、气候条件以及加工调制和贮存方法等因素不同而有很大差异，故饲料样品采集必须具有代表性。

饲料样品要有代表性，则采样需遵循如下原则：①采集的样品数量足够；②取样的位置、角度、数量能代表原有饲料；③采集样品前混匀。

1. 采样工具及采样方法

(1) 采样工具：剪刀、刀、取样铲、采样器(适用颗粒料)、套管采样器(适用于粉状饲料)、扦样玻璃管、扦样筒(适用于散状液体饲料)等(图3-2)。

(2) 采样方法：基本方法有两种，即四分法和几何法。

①四分法：用于粉料、粒料或切短的粗饲料的采样。具体操作：将原始样品置于一张塑料布上，提起塑料布两对角，让饲料充分混匀；再提另外两对角，让饲料充分混匀，反复多次后将饲料铺平，用分样板或药铲以十字或对角线划分样品为四等份，弃去对角的两份；将剩余两份如前述方法缩减，直至剩余样品质量与测定所需的质量接近为止(图3-3)。

②几何法：把一整堆饲料看成具有一定规则的几何体如立方体、圆柱体、圆锥体等，采样时设想把这个几何体分成若干体积相等的部分(这些部分必须在全体中分布均匀，即不只是在表面或只是在一面)，然后从每部分中取出体积相等的样品。

2. 样品采集　因饲料种类繁多，来源、组成复杂，均匀程度差异大。正确采样应该从不同的有代表性的区域取几个样点，然后把这些样品充分混合，再从中分出一小部分作为分析样品用。

(1) 谷物籽实、糠麸及粉状饲料：

①散装：饲料堆成规则几何图形，至少选5点，每个点分布三层(上层为表面以下10 cm处，中层在中间，下层在地面以上10 cm处)，每个点取样量0.2 kg以上，总量不少于1 kg。

②袋装：用抽样锥随机从不同袋中取样，取样袋数至少为总袋数的10%，中小颗粒状饲料如玉米、小麦等不少于总袋数的5%，粉状饲料不少于总袋数的3%。取样时，若袋子是直立的，从上下两个部分采样；若袋子平放的，将取样锥槽口向下，从袋口一角沿对角线进入，转动取样柄使槽口向上，

标准的探管（探枪）

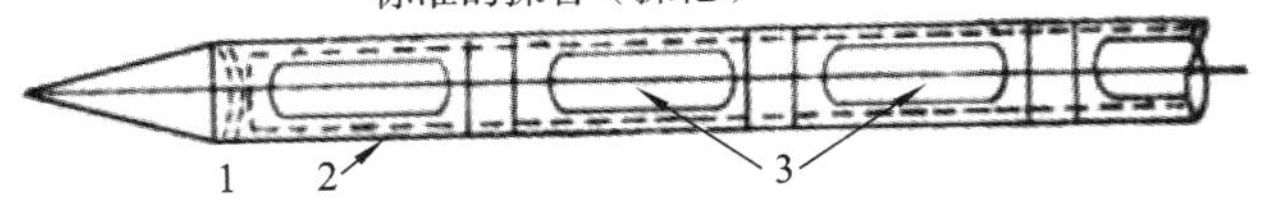

图示小室及开孔

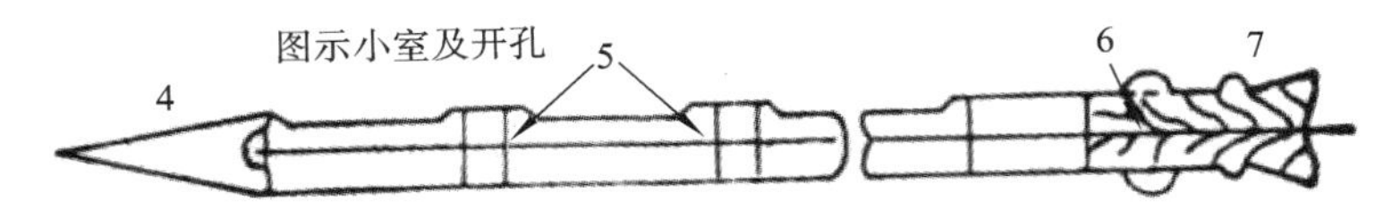

1.外层套管；2.内层套管；3.分隔小室；4.尖顶端；5.小室间隔；6.锁扣；7.固定木柄

(a) 谷物取样管

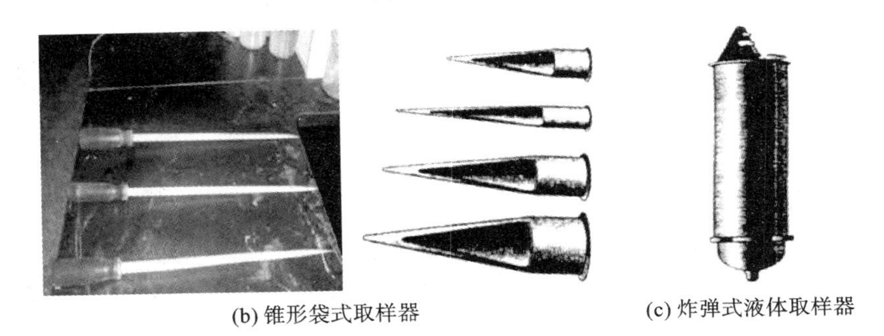

(b) 锥形袋式取样器　　(c) 炸弹式液体取样器

图 3-2　采样工具

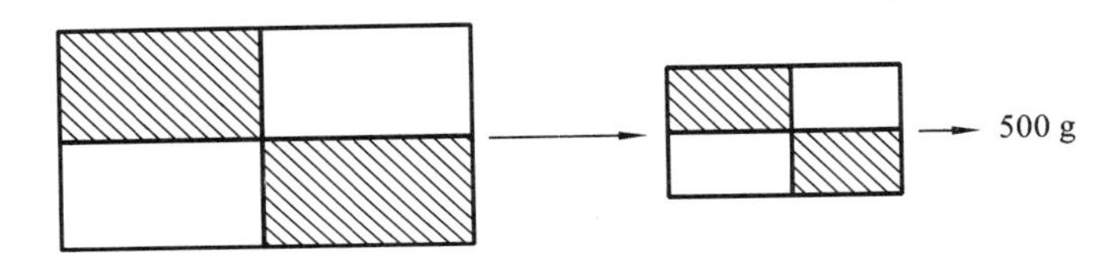

图 3-3　四分法

取出样品。

（2）青绿饲料。

①田间地头：天然牧地或田间，划区分点采样，每区选 5 个以上点，每点 1 m^2，在此范围内离地 3～4 cm处割取青绿料，将各点采得原始样品剪碎，混合均匀后用四分法取 0.5～1 kg。人工栽培田间据田块大小，按前面方法等距离分点，每点采 1 株或多株，然后切碎混合后取分析样品，水生饲料也可采用此法，但采样后晾干样品后再切碎取分析样品。

②饲喂前：可在切短草堆中多次重复取样，不少于 20 kg，再将此样品切短到 2～3 cm，混匀，再用四分法缩小到 0.5～1 kg 分析样品。

（3）青贮饲料。

①圆形窖：在窖中的表层 0.5 m 以下，底层 0.5 m 以上的不同深度和同一平面的不同点，分阶段采样 3 次以上。

②长方形青贮窖：在窖的不同垂直切面取样 3 次以上，同一平面的不同点上分阶段采样。

（4）块根、块茎和瓜果类：在生长块根、块茎和瓜果类的田间或贮藏窖的不同位置随机采取新鲜完整的样品约 30 kg，清除杂物和泥土，按大、中、小分级堆放，按相等的比例随机取 10 kg 初级样品，再用几何法缩样至 0.5～1 kg 分析样品。

（5）块状饲料。

①圆形：按直径分成 16～32 块，随机取对角 2 块，直至 10 块。

②方形：分成 16～32 长块，随机取对角线 2 块，直至 10 块。

（二）饲料样品的制备

饲料样品制备是将原始样品或次级样品经过一定的处理成为分析样品的过程，包括烘干、粉碎、混匀的过程。据原始样品含水量，饲料样品制备分为风干样品制备和新鲜样品制备。

1. 风干样品制备 风干样品是饲料中不含游离水，仅含有吸附水（在15%以下）。先将风干样品粉碎过40目分析筛，取筛下物进行四分法缩样至250～500 g，混匀装入磨口广口瓶，瓶上贴标签，注明样品名称、采样日期、抽样日期、抽样人等信息。

2. 新鲜样品制备 新鲜样品大多数是青绿饲料、青贮饲料、叶菜类等含水量达70%～90%的饲料，这类饲料采集后必须快速制备样本。因为新鲜样品中营养素（例如维生素）在贮存或受热过程中损失，故新鲜样品按照四分法或几何法，取得分析样品，再除去初水分，制成风干样品，再按风干样品制作方法制成分析样品。

3. 初水分测定步骤

（1）瓷盘称重：取一个装200～300 g样品的瓷盘（清洗干净，晾干），用普通天平称重。

（2）样品称重：用前面已称重瓷盘在普通天平上称取样品200～300 g。

（3）灭酶：将装有新鲜样品的瓷盘放入120 ℃烘箱（图3-4）中烘干10～15 min。目的是让新鲜样品中存在的各种酶失去活性，减少后期烘干样品时营养成分损失。

（4）烘干：将瓷盘迅速放入60～70 ℃烘箱中烘干8～12 h，直到样品干燥容易磨碎为止。

（5）回潮和称重：取出瓷盘，放置在室内自然条件下冷却24 h，用普通天平称重。

（6）再烘干：将瓷盘放入烘箱烘干2 h。

（7）再回潮和称重：取出瓷盘，以同样方式在室内自然条件下冷却24 h，用普通天平称重。

图3-4 烘箱

如果两次称重质量之差超过0.5 g，则将瓷盘再次放入烘箱中，按照步骤（6）和（7），直至两次称重质量之差不超过0.5 g。最低质量为半干样品质量，半干样品粉碎到40目以上细度为分析样品。

（8）计算公式：

$$初水分含量(\%)=\frac{M_1-M_2}{M_1}\times 100\% \quad (3\text{-}1)$$

式中：M_1 为新鲜样品质量，单位为g；M_2 为半干样品质量，单位为g。

（三）饲料样品的保存

将制备后的饲料装入磨口广口瓶或样品袋，瓶上或袋上贴标签，注明样品名称、采样日期、制样日期、制样人等信息。

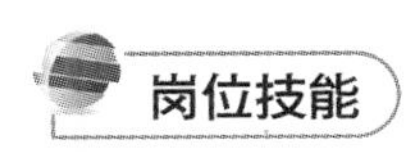

岗位技能5 饲料中水分的测定

一、实训目的

本实训通过介绍GB/T 6435—2014，使学生掌握烘箱干燥法测定配合饲料和单一饲料水分的方法。

二、实训原理

风干样品（注：本实验所用样品均为风干样品）在105 ℃烘箱中，在一个大气压下烘干到恒重（两次质量之差小于规定数值称为恒重），样品减少的质量即为水分。

三、主要仪器设备

(1) 实验室用样品粉碎机或研钵。

(2) 分样筛:孔径 0.44 mm(40 目)。

(3) 分析天平:感量 1 mg。

(4) 电热干燥箱:温度可控制为(105±2) ℃。

(5) 干燥器:用氯化钙(干燥试剂)或变色硅胶作为干燥剂。

(6) 称样瓶:玻璃材质,直径 50 mm、高 30 mm 或者直径 70 mm、高 35 mm。

四、测定步骤

(一) 试样的准备

1. 试样选取 首先选取具有代表性的试样,其试样量应在 1000 g 以上。

2. 试样制备 用“四分法”将原始样品缩减至 500 g,风干后粉碎至 40 目,再用“四分法”缩至 200 g,装入密封容器,贴上标签,放阴凉干燥处保存。如试样是多汁的鲜样,或无法粉碎,应预先干燥处理,称取试样 200～300 g,先在 105 ℃烘箱中烘 15 min,然后将烘箱的温度立即降至 65 ℃,再烘 5～6 h,取出后,在室内空气中冷却 4 h,称重,即得风干试样。

(二) 测定步骤

1. 称样皿的准备 首先将洁净称样皿放于(105±2) ℃烘箱中烘 1 h,取出,在干燥器中冷却 30 min,称准至 0.0002 g,再烘干 30 min,同样冷却,称重,直至两次质量之差小于 0.0005 g 为恒重。

2. 试样的干燥 将已恒重称样皿编号,然后称取两份平行样,每份 2～5 g(含水量 0.1 g 以上,样品厚度 4 mm 以下),准确至 0.0002 g,不盖称样皿盖,在(105±2) ℃烘箱中烘 3 h,以温度到达 105 ℃开始计时,然后取出,盖好称样皿盖,在干燥器中冷却 30 min,称重。

3. 重复 再同样将试样烘干 1 h,冷却,称重,直至两次称重之质量差小于 0.002 g。

五、试验记录与结果计算

(一) 记录称量结果

饲料中总水分测定结果(精确至 0.0001 g)记录见表 3-1。

表 3-1 饲料中总水分测定结果记录

编号	样品名称	已恒重的称样皿质量 M_0/g	烘干前称样皿和试样质量 M_1/g	烘干后称样皿和试样质量 M_2/g	水分/(%)

(二) 计算

$$试样水分含量(\%)=\frac{M_1-M_2}{M_1-M_0}\times 100\% \tag{3-2}$$

式中:M_0 为已恒重的称样皿质量,单位为 g;M_1 为烘干前称样皿和试样质量,单位为 g;M_2 为烘干后称样皿和试样质量,单位为 g。

计算:总水分 1(%)=

总水分 2(%)=

(三) 计算结果重复性

应对每个试样进行两个平行样的测定,以其算术平均值作为最后测定结果。要求两个平行样测定值相差不得超过 0.2%,否则视为结果无效,需重新进行测定。

六、注意事项

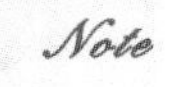

(1) 本次试验采取的是“烘箱干燥法”,本方法不能用于测定用作饲料的动植物油脂、矿物质和

奶制品。

(2) 如果采集的试样为多汁的鲜样或无法粉碎的试样，其水分按式(3-3)计算。

$$M(\text{原试样总水分})(\%)=\text{预干燥减重}(\%)+(100-\text{预干燥减重}(\%))\times\text{风干试样水分}(\%) \quad (3\text{-}3)$$

(3) 整个操作过程需佩戴手套，防止手直接接触称样皿。

(4) 试样在烘干过程中，不得将称样皿盖紧，而进行冷却和称量时应盖严称样皿盖子。

(5) 整个操作过程要快和稳，防止试样吸收外界水分，影响试验结果。

(6) 对于一些特殊样品，如含脂肪高的样品，因其脂肪易氧化，烘干前质量比烘干后大，应以烘干前的称量为准；如样品糖分含量高，则易发生分解或焦化，应选用减压干燥法测定水分。

(7) 此外，试样中若含有一些挥发性物质(如青贮料中含挥发性脂肪酸)，则可能在加热过程中与水分一起损失，影响试验结果。

七、实训思考

(1) 饲料中的水分有哪几种存在形式？为什么水分测定是饲料常规分析项目之一？

(2) 请列举饲料水分测定的方法。各有哪些特点？

(3) 影响水分测定的因素有哪些？烘干时间对测定结果有何影响？

(4) 水分测定的实际温度比要求的温度高或者低对结果有何影响？

扫码看答案

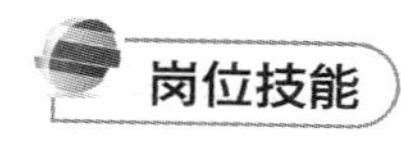

岗位技能 6　饲料中粗灰分的测定

扫码学课件
3-2

一、目的要求

(1) 掌握高温炉(马福炉)的使用方法。

(2) 掌握配合饲料、浓缩饲料及各种单一饲料中粗灰分测定的方法及原理。

二、主要仪器设备

(1) 实验室用样品粉碎机或研钵。

(2) 分样筛：孔径 0.44 mm(40 目)。

(3) 分析天平：精确到 0.0001 g。

(4) 高温炉：有高温计且可控制炉温在(550±20) ℃。

(5) 坩埚：瓷质，容积 50 mL。

(6) 坩埚钳。

(7) 瓷盘。

(8) 干燥器：用氯化钙(干燥试剂)或变色硅胶作干燥剂。

三、实训原理

将试样中的有机质灼烧分解，对所得灰分称量。

四、操作步骤与方法

(一) 样品采集和处理

取有代表性的试样粉碎过筛后，用“四分法”缩减至 200 g，装瓶加封，贴标签，待测。

(二) 坩埚准备

将清洁、干燥的坩埚(含盖)编号，然后放入高温炉中，在(550±20) ℃条件下灼烧 30 min，取出，在自然条件下冷却 1 min 左右，放入干燥器冷却 30 min，称重。再重复灼烧、冷却、称重，直至两次质量之差小于 0.0005 g 为恒重。记录空坩埚质量为 M。

Note

（三）称样、炭化

用第二步准备好的坩埚称取试样 2～5 g（准确到 0.0002 g），记录质量 M_1，然后将坩埚放在电炉上进行炭化（坩埚盖不可完全将坩埚盖严），低温炭化至无烟（炭化过程中要防止温度过高，出现试样四溅）。取下炭化的坩埚，待放入高温炉。

（四）高温灼烧（灰化）

事先将高温炉温度调到（550±20）℃，将炭化后的坩埚移入高温炉中，灼烧 3 h，取出，在自然条件下冷却 1 min 左右，放入干燥器冷却 30 min，称重。再重复灼烧 1 h，冷却、称重，直至两次质量之差小于 0.001 g 为恒重。记录坩埚和灰分总质量为 M_2。

五、实验记录与结果计算

（一）结果记录

实验记录及结果计算见表 3-2。

表 3-2　实验记录及结果计算

编号	样品名称	已恒重空坩埚的质量 M	试样质量 M_1	（550±20）℃灰化后坩埚和灰分总质量 M_2	粗灰分含量/（%）

（二）计算

$$试样粗灰分含量(\%)=\frac{M_2-M}{M_1}\times 100\% \tag{3-4}$$

式中：M 为已恒重空坩埚的质量，单位为 g；M_2 为灰化后坩埚和灰分总质量，单位为 g；M_1 为试样质量，单位为 g。

（三）计算结果重复性

应对每个试样进行两个平行样的测定，以其算术平均值作为最后测定结果。

ASH_1（%）＝

ASH_2（%）＝

（四）精密度

当粗灰分含量在 5%以上时，允许相对偏差为 1%。

当粗灰分含量在 5%以下时，允许相对偏差为 5%。

六、注意事项

（1）每次试验时，坩埚需进行编号。首先将坩埚及坩埚盖清洗干净、烘干，然后用浓度为 5 g/L 的氯化铁墨水溶液进行编号，放入 550 ℃高温炉灼烧 30 min 即可。（5 g/L 的氯化铁墨水：称取 0.5 g 的 $FeCl_3\cdot 6H_2O$ 溶于 100 mL 蓝墨水中）

（2）试样加入坩埚后，为了避免其氧化不足，应蓬松放在坩埚内，不可压得过紧。

（3）在进行炭化时，一般先在高温下炭化至无烟，然后调至低温炭化，并要防止电炉温度过高，造成试样从坩埚中飞溅出来。

（4）炭化时，坩埚盖应部分打开，便于气体流通；进入高温炉时，也不能完全盖严坩埚。

（5）炭化后，坩埚在进入或取出高温炉时，坩埚钳需在高温炉口预热 1 min 左右再夹取坩埚，且在炉口停留 1 min 左右使其能适应周围温度后再放进高温炉或从高温炉取出来，避免温度的骤然变化，引起坩埚炸裂。

（6）高温炉的温度设定不宜超过 600 ℃，否则会引起部分硫、磷挥发而损失，也会造成灰化不完全。

(7) 试样在高温炉中的灼烧时间因样品不同而不同;灼烧后残渣的颜色也与试样中各元素含量有关,若为红棕色,则表示样品含铁量高,若为淡蓝色,则表示含锰量高。但如果残渣中有明显的黑色炭粒时,则表示炭化不完全,需延长灼烧时间。

(8) 测定特殊的微量元素时,可选择铂坩埚或石英坩埚。

七、实训思考

(1) 什么是粗灰分? 其测定原理是什么?

(2) 如何进行试样的炭化? 为什么在进行炭化时,温度应该逐渐升高,而且要半掩坩埚盖?

(3) 为什么要在(550±20)℃进行高温灼烧? 灼烧时间对结果有何影响? 不同的试样,灼烧后残渣颜色为什么不一样?

扫码看答案

(4) 为什么坩埚在进入或取出高温炉时均要在高温炉口放置一定时间?

(5) 如何降低坩埚的破损率?

(6) 为什么从高温炉中取出坩埚后,放入干燥器前,要在空气中放置 1 min?

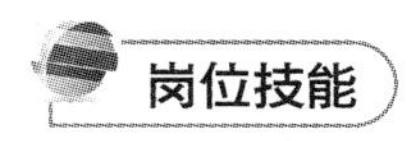

岗位技能 7　饲料中粗蛋白质的测定

扫码学课件
3-3

一、实训目的

(1) 掌握半微量凯氏定氮装置的组装、使用方法。

(2) 掌握半微量凯氏定氮法测定粗蛋白质含量的原理、步骤。

(3) 了解蛋白质系数在蛋白质含量计算中的应用。

二、实训原理

有机物中的氮在强热和浓 H_2SO_4 作用下,生成 $(NH_4)_2SO_4$,在凯氏定氮器中与碱作用,通过蒸馏释放出氨,用硼酸将氨吸收后以盐酸标准溶液滴定,根据酸的消耗量乘以换算系数,计算蛋白质含量。即在催化剂作用下,用硫酸破坏有机物,使含氮物转化成硫酸铵;加入强碱进行蒸馏使氨逸出,用硼酸吸收液吸收后,再用酸滴定;测出氮含量,将结果乘以换算系数 6.25,计算出粗蛋白质的含量。由于测定结果中除蛋白质外,还有氨基酸、铵盐和部分硝酸盐、亚硝酸盐等,故称粗蛋白质。

$$2NH_2(CH_2)_2COOH+13H_2SO_4 \rightarrow (NH_4)_2SO_4+6CO_2+12SO_2+16H_2O$$

$$(NH_4)_2SO_4+2NaOH \rightarrow 2NH_3+2H_2O+Na_2SO_4$$

$$2NH_3+4H_3BO_3 \rightarrow (NH_4)_2B_4O_7+5H_2O$$

$$(NH_4)_2B_4O_7+2HCl+5H_2O \rightarrow 2NH_4Cl+4H_3BO_3$$

三、主要仪器设备与试剂

(一) 仪器设备

(1) 实验室用样品粉碎机或研钵。

(2) 分样筛:孔径 0.44 mm(40 目)。

(3) 分析天平:感量 0.0001 g。

(4) 消煮管:250 mL。

(5) 电炉或消煮炉。

(6) 凯氏烧瓶:100 mL,250 mL。

(7) 凯氏蒸馏装置:半微量式凯氏装置。

(8) 锥形瓶:100 mL,250 mL。

(9) 容量瓶:100 mL。

Note

(10) 酸式滴定管:25 mL。

(11) 吸量管:5 mL、10 mL。

(12) 通风橱。

(二) 试剂

(1) 硫酸铜:化学纯。

(2) 无水硫酸钾或无水硫酸钠:化学纯。

(3) 浓硫酸:化学纯。

(4) 硼酸溶液(20 g/L):20 g 硼酸(化学纯)溶于 100 mL 水中。

(5) 氢氧化钠溶液(400 g/L):40 g 氢氧化钠(化学纯)溶于 100 mL 水中。

(6) 混合指示剂:1 g/L 甲基红乙醇溶液与 5 g/L 溴甲酚绿乙醇溶液,两溶液等体积混合。

(7) 盐酸标准溶液

①先配制 0.1 mol/L 盐酸溶液:吸取浓盐酸(比重 1.19)8.47 mL,用蒸馏水稀释至 1000 mL。

②标定:精确称取经 150 ℃干燥 2～3 h 的基准无水碳酸钠 0.1 g(精确度达小数点后第四位)2～3 份,各放在锥形瓶内,加入 30 mL 蒸馏水,加甲基橙 2 滴,用待标定的盐酸溶液滴定至溶液从黄色到橙色为止。操作误差不大于 2%。计算公式如式(3-5)所示。

$$C=\frac{W}{M\cdot V}\times 2000 \tag{3-5}$$

式中:C 为盐酸溶液的物质的量浓度,单位为 mol/L;V 为滴定时所消耗的盐酸的量,单位为 mL;W 为基准无水碳酸钠的准确质量,单位为 g;M 为基准无水碳酸钠的分子质量,单位为 g/mol。

将标定好的盐酸溶液再稀释,即可得到待应用的 0.1 mol/L 或 0.02 mol/L 盐酸标准溶液。

(8) 硫酸铵:分析纯,干燥。

(9) 蔗糖:分析纯。

四、测定步骤与方法

(一) 采样和试样制备

取具有代表性的试样用“四分法”缩减至 200 g 后,粉碎过 40 目分析筛,装入密封容器,贴上标签待用。

(二) 试样消煮

1. 凯氏烧瓶消煮 平行做两份试验。称取试样 0.5～2 g(含氮量 5～80 mg,准确至 0.0001 g),置于凯氏烧瓶中,加入 6.4 g 混合催化剂(即 0.4 g 硫酸铜和 6 g 无水硫酸钾或无水硫酸钠),混匀,加入 12 mL 硫酸和 2 粒玻璃珠(试样受热均匀,防爆沸),将凯氏烧瓶置于电炉上,开始于约 200 ℃温度下加热,待试样焦化、泡沫消失后,再提高温度至约 400 ℃,直至呈透明的蓝绿色,然后继续加热至少 2 h。取出,冷却至室温。

2. 消煮管消煮 平行做两份试验。称取试样 0.5～2 g(含氮量 5～80 mg,准确至 0.0001 g),放入消煮管中,加入 2 片凯氏定氮催化剂片或 6.4 g 混合催化剂(即 0.4 g 硫酸铜和 6 g 无水硫酸钾或无水硫酸钠)、12 mL 硫酸,于 420 ℃消煮炉上消煮 1 h。取出,冷却至室温。

(三) 氨的蒸馏

待试样消煮液冷却,加入 20 mL 水,转入 100 mL 容量瓶中,冷却后用水稀释至刻度,摇匀,作为试样分解液。将半微量蒸馏装置的冷凝管末端浸入装有 20 mL 硼酸吸收液和 2 滴混合指示剂的锥形瓶中。蒸汽发生器的水中应加入甲基红指示剂数滴、硫酸数滴,在蒸馏过程中保持此液为橙红色,否则需补加硫酸。

准确移取试样分解液 10～20 mL 注入蒸馏装置的反应室中,用少量水冲洗进样入口,塞好入口玻璃塞,再加 10 mL 氢氧化钠溶液,小心提起玻璃塞使之流入反应室,将玻璃塞塞好,且在入口处加水密封,防止漏气。蒸馏 4 min,降下锥形瓶使冷凝管末端离开吸收液面,再蒸馏 1 min,至流出液 pH

为中性。用水冲洗冷凝管末端，冲洗液均需流入锥形瓶内，然后停止蒸馏。

（四）滴定

将蒸馏后的硼酸吸收液立即用 0.1 mol/L 或 0.02 mol/L 盐酸标准溶液滴定，溶液由蓝绿色变为灰红色即为滴定终点。

（五）空白测定

精确称取蔗糖 0.5 g（精确至 0.0001 g），代替试样，按以上步骤进行空白测定，消耗 0.1 mol/L 盐酸标准溶液的体积不得超过 0.2 mL。消耗 0.02 mol/L 盐酸标准溶液体积不得超过 0.3 mL。

（六）蒸馏步骤的查验

精确称取 0.2 g 硫酸铵（精确至 0.0001 g），代替试样，按蒸馏和滴定两个操作步骤进行测定，测得的硫酸铵含氮量应为(21.19±0.2)%，否则应检查加碱、蒸馏和滴定各步骤是否正确。

五、实验记录与结果计算

（一）结果记录

粗蛋白质测定实验记录表见表 3-3。

表 3-3 粗蛋白质测定实验记录表

编号	样品名称	风干样品质量 m	吸取试样分解液蒸馏用体积 V_0	滴定试样消耗盐酸溶液体积 V_2	空白试验消耗盐酸溶液体积 V_1	粗蛋白质/(%)

（二）计算

$$粗蛋白质含量(\%)=\frac{(V_2-V_1)\times c\times 0.0140\times 6.25}{m\times \frac{V'}{V}}\times 100\% \quad (3\text{-}6)$$

式中：V_2 为滴定试样时所需盐酸标准溶液体积，单位为 mL；V_1 为滴定空白时所需盐酸标准溶液体积，单位为 mL；c 为盐酸标准溶液浓度，单位为 mol/L；m 为试样质量，单位为 g；V 为试样分解液总体积，单位为 mL；V' 为试样分解液蒸馏用体积，单位为 mL。0.0140 是与 1.00 mL 盐酸标准溶液[$c(HCl)=1.0000$ mol/L]相当的、以 g 为单位表示的氮的质量；6.25 是氮换算成蛋白质的平均系数（即 16% 的倒数）。

（三）计算结果重复性

应对每个试样进行两个平行样的测定，以其算术平均值作为最后测定结果。

CP_1(%)＝

CP_2(%)＝

（四）精密度

当粗蛋白质含量在 25% 以上时，允许相对偏差为 1%。

当粗蛋白质含量在 10%～25% 之间时，允许相对偏差为 2%。

当粗蛋白质含量在 10% 以下时，允许相对偏差为 3%。

六、注意事项

(1) 所取样品要充分粉碎、过筛、混合均匀。

(2) 若所测试样脂肪含量较高，则在操作过程中需增加硫酸用量；若试样为硝酸盐类饲料，用该法会造成硝酸盐还原而损失。

(3) 在试样消化过程中，要注意控制消化温度，防止消化液蒸干或溢出；若凯氏烧瓶壁上附着黑

色固体，则应等烧瓶冷却后，通过轻轻摇动，利用其中的消化液将固体洗入消化液内。

(4) 消化结束后，要无损地将凯氏烧瓶中的消化液转入容量瓶，可通过反复少量多次洗涤瓶壁完成。

(5) 在进行蒸馏操作时，需缓慢加入氢氧化钠溶液，不可提起活塞，保持进样口的密封，防止产生的氨气从此处溢出，影响氮元素的吸收；在氨气接收端，即冷凝管先浸入装有接收液的锥形瓶，再加氢氧化钠溶液，而蒸馏结束后，则应该先取开锥形瓶，再关闭蒸汽，防止接收液的倒流。

七、实训思考

扫码看答案

(1) 什么是粗蛋白质？国标法测定粗蛋白质的原理和主要步骤是什么？

(2) 凯氏定氮法测定粗蛋白质时，加入硫酸、硫酸铜和硫酸钾的作用是什么？

(3) 在粗蛋白质测定时，试样消化的温度为何不能过高？

(4) 在进行试样的蒸馏过程中，要注意哪些操作问题？在滴定过程中，如何判断滴定终点？

(5) 导致粗蛋白质测定结果偏低的原因主要有哪些？

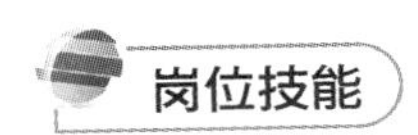

岗位技能 8　饲料中粗脂肪的测定

案例引导

某饲料厂生产的一批鸭饲料适口性差、酸味大，初步排查认定饲料原料粗脂肪含量较高、贮存时间较长，现测定其粗脂肪含量，优化饲料配方。

一、实训目的

(1) 理解饲料中粗脂肪的测定原理。

(2) 熟悉饲料中粗脂肪的测定所需仪器(图 3-5)、试剂。

(3) 掌握饲料中粗脂肪的测定步骤。

二、实训原理

饲料中的油脂均可溶解于乙醚中。在索氏(Soxhlet)脂肪提取器中用乙醚反复浸提饲料样品，使其中脂类物质溶于乙醚，并收集于盛醚瓶中，然后将乙醚蒸发，瓶中所剩提取物的质量即为饲料的脂肪量。索氏脂肪提取器中的乙醚提取物，除脂肪外还有有机酸、磷脂、脂溶性维生素、叶绿素等，因而测定结果称粗脂肪或乙醚提取物(EE)。

三、主要仪器设备与试剂

(一) 仪器设备

(1) 实验室用样品粉碎机或研钵。

(2) 分样筛：孔径 0.45 mm(40 目)。

(3) 分析天平或电子天平：感量 0.0001 g。

(4) 电热恒温水浴锅：室温至 100 ℃。

(5) 恒温烘箱。

(6) 索氏脂肪提取器(图 3-6)：100 mL 或 150 mL。

(7) 滤纸或滤纸筒：中速，脱脂，12.5 cm。

(8) 干燥器：用氯化钙(干燥级)或变色硅胶作为干燥剂。

(二) 试剂

无水乙醚：分析纯。

图 3-5 脂肪测定仪

(a)

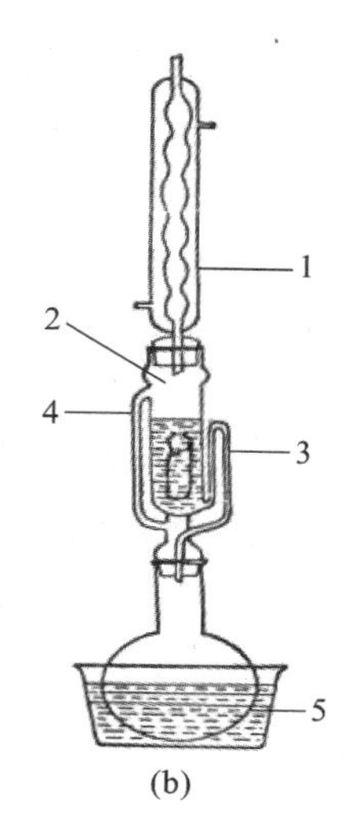

(b)

图 3-6 索氏脂肪提取器

1.冷凝器;2.抽提管;3.虹吸管;4.连接管;5.抽提瓶

四、测定步骤与方法

(一) 采样和试样制备

先取有代表性的试样,粉碎至 40 目,用四分法缩减至 200 g,装于密闭容器中,防止试样成分的变化与变质。

(二) 样品测定

(1) 准备恒重抽提瓶。索氏脂肪提取器应干燥无水。抽提瓶(内有沸石数粒)在(105±2) ℃烘箱中烘干 30 min,干燥器中冷却 30 min,称重。再烘干 30 min,同样冷却、称重,两次称重质量差小于 0.0008 g为恒重。

(2) 安装好整个装置。

(3) 称取试样 2 g,准确至 0.0002 g,放于滤纸筒中,或用滤纸包好,放入 150 ℃烘箱中,烘干 2 h(或称测水分后的干试样,折算成风干样重),滤纸筒应高于提取器虹吸管的高度,滤纸包长度应以可全部浸泡于乙醚中为准。将滤纸筒或包放入抽提管,在抽提瓶中加无水乙醚 60~100 mL,在 60~75 ℃的水浴(用蒸馏水)中加热,使乙醚回流,控制乙醚回流次数为每小时约 10 次,共回流约 50 次(含油量高的试样约 70 次)或以抽提管流出的乙醚挥发后不留下油迹为抽提终点。(注意打开冷凝管)

(4) 取出试样,仍用原提取器回收乙醚直至抽提瓶中乙醚几乎全部收完,取下抽提瓶,在水浴中蒸去残余乙醚。擦净瓶外壁。将抽提瓶放入(105±2) ℃烘箱中烘干 1 h,干燥器中冷却 30 min,称重,再烘干 30 min,同样冷却称重,两次称重质量之差小于 0.001 g 为恒重。(若为恒重脂肪包,方法同上)

五、结果计算

(1) 脂肪含量(%)$=(W_2-W_1)/W\times100\%$

式中:W 为样品质量,单位为 g;W_1 为已恒重的抽提瓶质量,单位为 g;W_2 为已恒重的盛有脂肪的抽提瓶质量,单位为 g。

(2) 用残余法计算粗脂肪含量,以饲料样品浸提前与浸提后质量之差,来计算粗脂肪含量。

$$脂肪含量(\%)=(W_2-W_1)/W\times100\%$$

式中:W 为样品质量,单位为 g;W_1 为浸提后脂肪包质量,单位为 g;W_2 为浸提前脂肪包质量,单位为 g。

六、注意事项

(1) 称量时不能直接用手接触抽提瓶,应戴手套操作。
(2) 整个操作过程应禁止烟火,以防发生火灾。
(3) 应控制适宜温度。
(4) 整个装置应密封严密。
(5) 有乙醚的抽提瓶烘干时,应先半开烘箱门,半小时后,再关门。
(6) 测完脂肪的抽提瓶应用碱的醇溶液洗涤。

七、实训思考

扫码看答案

(1) 测定用饲料样品、抽提器、抽提用有机溶剂是否都需干燥无水?
(2) 为什么饲料样品要适宜的粉碎粒度?

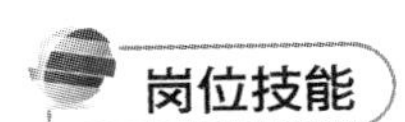

岗位技能9　饲料中粗纤维的测定

案例引导

猪饲料粗纤维含量要适宜。粗纤维是饲料中质地坚硬、粗糙、适口性差、猪吃后不易消化的部分,但在猪日粮中是不可缺少的成分。因为它体积大,可以起到填充作用,猪食后有饱感,对以后的育肥有利。粗纤维有刺激胃肠蠕动的机械作用,有利于消化和排烘粪正常。粗纤维的含量视猪生长阶段不同而有差异,一般幼猪阶段应量小,在中猪阶段相对量大。试验表明,猪日粮干物质中粗纤维的适宜含量:种公猪为7%,妊娠母猪为12%,哺乳母猪为7%。饲养商品瘦肉猪,其日粮中粗纤维的含量应适当减少,不宜超过7%。

一、实训目的

(1) 理解饲料中粗纤维的测定原理。
(2) 熟悉饲料中粗纤维的测定所需仪器(图3-7)、试剂。
(3) 掌握饲料中粗纤维的测定步骤。
(4) 能撰写饲料中粗纤维的测定总结报告。

二、实训原理

用固定量(200 mL)的酸碱,在特定条件下消煮样品,除去酸碱可溶物,再用乙醇、乙醚除去脂溶物,剩下粗纤维和粗灰分,经高温灼烧扣除矿物质的量,即为粗纤维。它不是一个确切的化学实体,只是在公认强制规定的条件下,测出的概略养分。其中以纤维素为主,还有少量半纤维素和木质素等。

三、主要仪器设备与试剂

(一) 仪器设备

(1) 实验室用样品粉碎机或研钵。
(2) 分样筛:孔径0.45 mm(40目)。
(3) 分析天平或电子天平:感量0.0001 g。
(4) 电热恒温箱:可控制温度在130 ℃。
(5) 高温炉(茂福炉):电加热,有高温温度计,且可控制温度在550～600 ℃。
(6) 古氏坩埚:30 mL,预先加入30 mL酸洗石棉悬浮液,抽干,以石棉厚度均匀、不透光为宜。
(7) 消煮器:有冷凝球的高型烧杯(50 mL)或有冷凝管的锥形瓶。
(8) 过滤装置:抽真空装置、吸滤瓶及漏斗。

(9) 滤器:200 目不锈钢网和尼龙网,或 G2 号玻璃滤器。

(10) 干燥器:用氯化钙(干燥试剂)或变色硅胶作干燥剂。

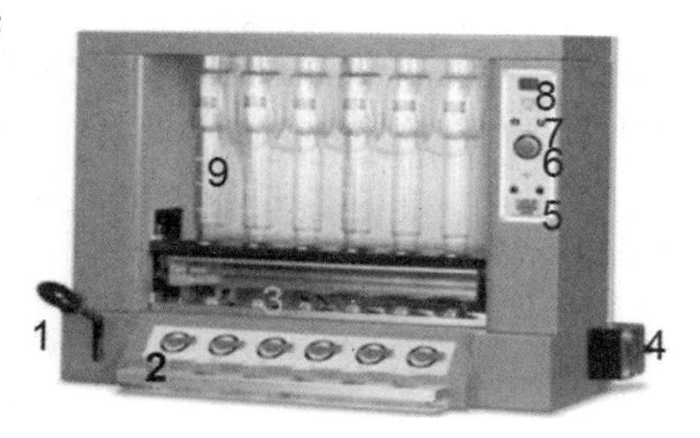

图 3-7 纤维测定仪

1. 升降装置;2. 冲洗打开旋钮;3. 放坩埚处;4. 真空泵;5. 反冲真空泵按钮;6. 温度旋钮;7. 时间按钮;8. 计时显示屏;9. 消煮管

(二) 试剂

(1) 硫酸:分析纯,配成浓度为(0.255±0.005)mol/L 的硫酸溶液,需用氢氧化钠标准溶液标定。

(2) 氢氧化钠:分析纯,配成浓度为(0.313±0.005)mol/L 的氢氧化钠溶液,需用邻苯二甲酸氢钾标定,应不含或微含碳酸钠。

(3) 酸洗石棉:市售或自制。具体做法:取中等长度的酸性石棉在 1∶3 的盐酸中煮沸 45 min,过滤后于 550 ℃灼烧 16 h,用 0.255 mol/L 硫酸溶液浸泡且煮沸 30 min,过滤并用水洗净硫酸;再用 0.313 mol/L氢氧化钠溶液煮沸 30 min,过滤并用少量硫酸溶液洗一次,再用水洗净,烘干后于 550 ℃灼烧 2 h,其空白试验结果为每克石棉含粗纤维值小于 1 mg。

(4) 95%乙醇:化学纯。

(5) 乙醚:化学纯。

(6) 正辛醇:分析纯,防泡剂。

四、试样的选取与制备

先取有代表性的试样,粉碎至 40 目,用四分法缩减至 200 g,装于密闭容器中,防止试样成分的变化与变质。

五、测定步骤

(1) 称样:称取 1~2 g 试样,准确至 0.0002 g,放入消煮杯中。如果脂肪含量<1%,可不脱脂,脂肪含量为 1%~10%可不必脱脂,但建议脱脂,脂肪含量>10%必须脱脂,或用测脂肪后残渣。

(2) 酸煮:加入(0.255±0.005) mol/L 煮沸的硫酸 200 mL 和 1 滴正辛醇,使其在 2 min 沸腾,且连续微沸(30±1) min。注意保持硫酸浓度不变(即一直保持 200 mL),且样品不可离开液体,粘在瓶壁上而损失。

(3) 过滤:安装好过滤装置,铺好滤布后,快速过滤,并用沸水洗涤数遍,直至中性。

(4) 碱煮:将酸洗不溶物放入原容器中,加浓度为(0.313±0.005) mol/L 且已沸的氢氧化钠溶液 200 mL,同样微沸 30 min。

(5) 过滤:步骤同(3),再用乙醇 20 mL 冲洗残渣。

(6) 烘干,灰化:取下坩埚,放入(105±2) ℃烘干至恒重 W_1(方法同水分测定,注意先半开烘箱门半小时或置于通风橱待乙醇挥发完再烘干)。(550±25) ℃灼烧 30 min,冷却称重至恒重 W_2(方法同粗灰分测定)。

六、结果计算

$$CF(\%)=(W_1-W_2)/W\times 100\% \tag{3-7}$$

式中:W_1 为 105 ℃烘干后的坩埚加试样残渣质量,单位为 g;W_2 为 550 ℃灼烧后的坩埚加试样残渣质量,单位为 g;W 为试样(脱脂前)的质量,单位为 g。

七、粗纤维测定仪操作流程

(1) 用重铬酸钾硫酸溶液浸泡玻璃坩埚 2 天,冲洗干净后,烘干称重至恒重 W_1。

(2) 称取 1.0000 g 样品(已过 40 目筛),放入玻璃坩埚中。

(3) 将玻璃坩埚安装在粗纤维测定仪上，从上孔缓慢加入 100 mL 中性洗涤剂。

(4) 先打开粗纤维测定仪上的冷凝管，再打开粗纤维测定仪，设置温度和时间，先加热使其煮沸(1 min 内)，然后保持微沸 1 h。

(5) 关掉粗纤维测定仪，停止加热。

(6) 打开抽气阀将洗涤剂抽滤干净，再用沸水反复冲洗直至冲洗、抽滤干净。

(7) 用 10 mL 丙酮冲洗、抽滤干净。

(8) 在 105 ℃烘干至恒重 W_2。

(9) 在 550 ℃灼烧至恒重 W_3。

八、实训思考

扫码看答案

(1) 用本方法测定的结果为什么称“粗纤维”？

(2) 鱼粉本身含粗纤维吗？

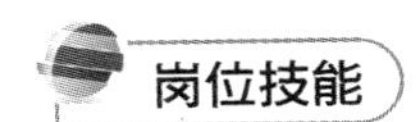

岗位技能 10　饲料中钙含量的测定

案例引导

猪、鸡的配合料中钙、磷含量应达到的标准如下：乳猪料 Ca 0.64%～0.83%，P 0.54%～0.63%；仔猪料 Ca 0.6%～0.7%，P 0.5%～0.6%；中猪料 Ca 0.5%，P 0.41%；肥猪料同中猪料。蛋鸡：生长蛋鸡(20 周龄前)Ca 0.8%～1.2%，P 0.6%～0.8%；产蛋鸡 Ca 3.0%～3.8%，P 0.5%～0.8%。

一、实训目的

(1) 理解饲料中钙含量的测定原理。

(2) 熟悉饲料中钙含量测定所需的仪器、试剂。

(3) 掌握饲料中钙含量的测定步骤。

(4) 了解常用钙源性饲料。

二、高锰酸钾法

(一) 实训原理

将试样中有机物破坏，使 Ca 变成溶于水的 Ca^{2-}，用草酸铵定量沉淀生成草酸钙沉淀，在酸性条件下用高锰酸钾滴定草酸根离子，从而间接测定 Ca 含量。

$$CaCl_2+(NH_4)_2C_2O_4 \longrightarrow CaC_2O_4+2NH_4Cl$$

$$CaC_2O_4+H_2SO_4 \longrightarrow CaSO_4+H_2C_2O_4$$

$$2KMnO_4+5H_2C_2O_4+3H_2SO_4 \longrightarrow 10CO_2+2MnSO_4+8H_2O+K_2SO_4$$

(二) 仪器和设备

(1) 实验室用样品粉碎机或研钵。

(2) 分样筛：孔径 0.45 mm(40 目)。

(3) 分析天平或电子天平：感量 0.0001 g。

(4) 高温炉：电加热，可控制温度在(550±20) ℃。

(5) 坩埚：瓷质。

(6) 容量瓶：100 mL。

(7) 滴定管：酸式，25 mL 或 50 mL。

(8) 玻璃漏斗：直径 6 cm。

(9) 定量滤纸：中速，$\Phi7\sim9$ cm。

(10) 移液管：10 mL、20 mL。

(11) 烧杯：200 mL。

(12) 凯氏烧瓶：250 mL 或 500 mL。

（三）试剂

(1) 盐酸：分析纯，1：1 和 1：3 水溶液。

(2) 硫酸：分析纯，1：3 水溶液。

(3) 氨水：分析纯，1：1 和 1：50 水溶液。

(4) 草酸铵：分析纯，4.2%水溶液。

(5) 甲基红指示剂：分析纯甲基红 0.1 g 溶于 100 mL 95%的乙醇中。

(6) 0.05 mol/L 高锰酸钾标准溶液：

①标准溶液的配制：称取高锰酸钾约 1.6 g，溶于 1000 mL 蒸馏水中，煮沸 10 min，冷却且静置 1～2天，用烧结玻璃滤器过滤，并保存于棕色试剂瓶中。

②标定：准确称取草酸钠 0.1 g(用前于 105 ℃下干燥 2 h，置于干燥器中冷却备用)，溶于 50 mL 蒸馏水中，加入 1：3 硫酸溶液 10 mL，将此溶液加热至 75～85 ℃，然后用配制的高锰酸钾标准溶液进行滴定，直至溶液刚刚呈现粉红色且 1 min 内不褪色为滴定终点。滴定结束时，要求温度在 60 ℃以上。高锰酸钾标准溶液当量浓度按式(3-8)计算。

$$N=\frac{W}{V\times\frac{134.0}{2}}\times1000=\frac{W}{V\times0.6070}\times1000 \tag{3-8}$$

式中：W 为草酸钠质量，单位为 g；V 为滴定时所消耗高锰酸钾溶液的体积，单位为 mL；$\frac{134.0}{2}$为草酸钠的克当量数。

（四）试样的选取与制备

选取具有代表性的试样，粉碎至全部通过 40 目分析筛，再用四分法缩小至 200 g，装入密闭容器，防止试样成分氧化或变质。

（五）测定步骤

1. 试样的分解(灰化液或消化液的制备)

(1) 干法：称取试样 3～5 g 于坩埚中，准确至 0.0002 g，在电炉上小心炭化，再放入高温炉于 550 ℃灼烧 3 h(或测定粗灰分后接续进行)。在盛灰坩埚中加入盐酸溶液 10 mL 和浓硝酸数滴，小心煮沸。将此溶液转入 100 mL 容量瓶(定性滤纸)，冷却至室温；用蒸馏水稀释至刻度，摇匀，即为试样分解液。

(2) 湿法：称取试样 2～5 g 于凯氏烧瓶中，准确至 0.0002 g。加入硝酸(化学纯)30 mL，加热煮沸，低温加热至二氧化氮黄烟逸尽，冷却后再缓缓加入 70%～72%高氯酸(分析纯)10 mL(注意必须冷却并远离火源，以防爆炸)，小心煮沸至溶液无色(注意不要烧干，以防爆炸，危险!)。冷却后缓慢加蒸馏水 50 mL，并煮沸以驱逐二氧化氮，冷却后转入 100 mL 容量瓶，用蒸馏水稀释至刻度，摇匀，即为试样分解液。

一般而言，样品钙含量低时，用干法；钙含量高时，用湿法。但两种方法所制备的溶液，均可测定钙、磷、铁、锰等矿物质。

2. 草酸钙的沉淀

(1) 用移液管准确吸取 20～50 mL(含钙 20 mg 左右)消化液或灰化液，放入烧杯中。

(2) 加入 2 滴甲基红指示剂，溶液呈现红色。

(3) 逐滴加入 1：1 的氨水，调节 pH 为 5.6(即溶液为橘黄色)。

(4) 加入数滴 1：3 盐酸溶液，调节 pH 为 2.5～3.0(即溶液为红色)。

(5) 加 50 mL 蒸馏水冲淡溶液。

(6) 小心煮沸，慢慢滴加热的4.2%草酸铵溶液10 mL(注意先慢后快)，并不断搅拌。如溶液变橙色，应补滴盐酸溶液至红色。

(7) 煮沸数分钟，使溶液草酸钙沉淀颗粒增大，易于分出，放置过夜使沉淀陈化(或水浴加热2 h)。

3. 草酸钙的洗涤

(1) 次日用定量滤纸过滤，将烧杯中的沉淀全部倒入滤纸中，弃取滤液。

(2) 用1∶50的氨水冲洗烧杯及滤纸上的草酸钙沉淀6～8次，直至草酸钙洗净为止(接滤液数毫升，加硫酸数滴，加热至80 ℃，再加高锰酸钾1滴，呈微红色，应30 s内不褪色)。

4. 滴定 将沉淀和滤纸转入原烧杯，加1∶3硫酸10 mL，蒸馏水50 mL，加热至75～85 ℃，用0.05 mol/L高锰酸钾溶液滴定，溶液呈粉红色，以30 s内不褪色为终点，同时进行空白溶液的测定。

(六) 结果计算

$$\text{钙含量}(\%)=\frac{(V-V_0)\times c\times 0.02}{m\times\frac{V'}{100}}\times 100\%=\frac{(V-V_0)\times c\times 200}{m\times V'}\times 100\% \tag{3-9}$$

式中：V为0.05 mol/L高锰酸钾溶液的用量，单位为mL；V_0为空白测定时0.05 mol/L高锰酸钾溶液的用量，单位为mL；c为高锰酸钾标准溶液的浓度，单位为mol/L；V'为滴定时移取试样分解液的体积，单位为mL；m为试样的质量，单位为g；0.02为与1.00 mL高锰酸钾标准溶液[$c(\frac{1}{5}KMnO_4)=1.000$ mol/L]相当的以g为单位表示的钙的质量。

(七) 注意事项

(1) 高锰酸钾标准溶液浓度不稳定，至少每月标定一次。

(2) 每一种滤纸的空白值不同，所消耗高锰酸钾标准溶液的体积也不相同，因此至少每盒滤纸做一次空白测定。

三、乙二胺四乙酸二钠络合滴定法

(一) 实训原理

钙离子在碱性溶液中能与EDTA络合，置换出钙红指示剂，从而使溶液变成纯蓝色以指示反应终点。通过用三乙醇胺和盐酸羟胺来消除溶液中其他金属离子的干扰，可迅速地测定饲料中钙的含量。

(二) 仪器、设备及试剂

(1) 所用仪器、设备与高锰酸钾法基本相同。

(2) 氢氧化钠或氢氧化钾：用分析纯试剂配制成20%溶液。

(3) 三乙醇胺：用分析纯配成1∶1水溶液。

(4) 盐酸羟胺：分析纯。

(5) 钙红指示剂(钙-羟酸指示剂)：1 g与99 g氯化钠(分析纯)混匀研细即可。

(6) 孔雀石绿指示剂：称取0.1 g溶于100 mL水。

(7) 乙二胺四乙酸二钠(EDTA二钠)：取分析纯试剂3.7 g，加入1000 mL蒸馏水，加热溶解后冷却。用含钙1 mg/mL的钙标准溶液10 mL，按与试样测定同样的方法进行滴定，此EDTA溶液对钙的滴定度T可按式(3-10)计算。

$$T(\text{Ca},\text{mg/mL})=\frac{1\times 10}{V'} \tag{3-10}$$

式中：V'为滴定所用乙二胺四乙酸二钠溶液体积，单位为mL。

(三) 测定步骤

(1) 试样分解：与高锰酸钾法相同。

(2) 试样测定:准确移取试样分解液 10 mL,置于三角瓶中,加入三乙醇胺溶液 2 mL、蒸馏水 50 mL、孔雀石绿指示剂 1 滴,滴加 20%氢氧化钠(或氢氧化钾)溶液至颜色变为无色,并加入 0.1 g 盐酸羟胺,充分摇匀溶解后加钙红指示剂少许。立即用乙二胺四乙酸二钠溶液滴定,至溶液刚变为纯蓝色为滴定终点,需做空白测定。

(四) 结果计算

$$\text{钙含量}(\%)=\frac{T\times V}{W\times\frac{10}{V_0}\times 1000}\times 100=\frac{T\times V\times V_0}{W\times 100} \tag{3-11}$$

式中:T 为 EDTA 二钠标准溶液对钙的滴定度,单位为 mg/mL;V 为滴定试样时所用 EDTA 二钠标准溶液的体积,单位为 mL;V_0 为试样分解液的总体积,单位为 mL;W 为试样重量,单位为 g。

四、实训思考

常用的含钙饲料主要有哪些?

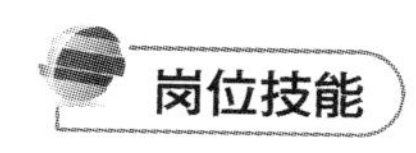

岗位技能 11 饲料中总磷的测定 分光光度法(GB/T 6437—2002)

案例引导

某蛋鸡场一批蛋鸡产蛋中期产软壳蛋,经初步排查认定饲料中总磷含量不足,造成钙磷比例失调;现需测定饲料中总磷含量。

一、实训目的

(1) 理解饲料中总磷的测定原理。
(2) 熟悉饲料中总磷测定所需仪器、试剂。
(3) 掌握饲料中总磷的测定步骤。

二、实训原理

将试样中有机物破坏,使磷游离出来,在酸性溶液中,用钒钼酸铵处理,生成黄色的磷-钒-钼酸复合体[$(NH_4)_3PO_4\cdot NH_4VO_3\cdot 16MoO_3$],在波长 400 nm 下进行比色测定。

此法测定结果为总磷含量,其中包括动物难以吸收利用的植酸磷。

三、主要仪器设备与试剂

(一) 仪器设备

(1) 实验室用样品粉碎机或研钵。
(2) 分析筛:孔径 0.42 mm(40 目)。
(3) 分析天平:感量 0.0001 g。
(4) 高温炉:电加热,有温度计且可控制炉温在 550~600 ℃。
(5) 坩埚:30 mL,瓷质。
(6) 容量瓶:50 mL、100 mL、1000 mL。
(7) 分光光度计:有 10 mm 比色池,可在 400 nm 波长下进行比色测定。
(8) 刻度移液管:1.0 mL、2.0 mL、3.0 mL、5.0 mL、10 mL。
(9) 可调温电炉:1000 W。
(10) 凯氏烧瓶:250 mL 或 500 mL。

(二) 试剂

(1) 盐酸溶液:1∶1(体积比)。

Note

(2) 浓硝酸。

(3) 高氯酸。

(4) 钒钼酸铵显色剂:称取偏钒酸铵(分析纯)1.25 g,加硝酸 250 mL,另取钼酸铵(分析纯)25 g,加蒸馏水 400 mL,加热溶解,在冷却条件下将此溶液倒入上溶液,且加蒸馏水调至 1000 mL,避光保存。如生成沉淀,则不能使用。

(5) 磷标准溶液,将磷酸二氢钾在 105 ℃干燥 1 h。在干燥器中冷却后称取 0.2195 g 溶解于蒸馏水中,转入 1000 mL 容量瓶中,加浓硝酸 3 mL。用蒸馏水稀释到刻度,摇匀,即成 50 μg/mL 的磷标准溶液。

四、测定步骤与方法

(一) 采样和试样制备

取具有代表性的试样,用四分法缩减至 200 g,粉碎至 40 目,装入密封容器中,防止试样成分发生变化或变质。

(二) 样品的测定

(1) 试样分解:

①干法:称取试样 2～5 g 于坩埚中(准确至 0.0002 g),在电炉上小心炭化,再放入高温炉中于 550 ℃下燃烧 3 h(或测定粗灰分后连续进行)。在测定灰分的坩埚内加入浓度为 1∶1 的盐酸 10 mL 和浓硝酸数滴,小心煮沸。将此溶液无损转入 100 mL 容量瓶中,并以热蒸馏水洗涤坩埚及漏斗中滤纸,洗液亦收集入容量瓶中,将此液冷却至室温,定容,摇匀,即为试样分解液。

②湿法:称取试样 0.5～5 g 于凯氏烧瓶中(精确至 0.0002 g),加入硝酸 10 mL,加热煮沸,至二氧化氮黄烟逸尽,冷却后加入高氯酸 10 mL,小心煮沸至溶液无烟,不得蒸干(危险),冷却后加蒸馏水 50 mL。煮沸驱逐二氧化氮,冷却后移入 100 mL 容量瓶中,用蒸馏水稀释至刻度,摇匀,即为试样分解液。

③盐酸溶解法(适用于微量元素预混料):称取试样 0.2～1 g(精确至 0.0002 g)于 100 mL 烧杯中,缓缓加入 1∶1 盐酸溶液 10 mL 使其全部溶解,冷却后转入 100 mL 容量瓶中,用水稀释至刻度,摇匀,即为试样分解液。

(2) 标准曲线的绘制:分别准确移取磷标准溶液 0 mL、1.0 mL、2.0 mL、4.0 mL、8.0 mL、16.0 mL 于 50 mL 容量瓶中,各加钒钼酸铵显色剂 10 mL,用蒸馏水稀释至刻度,摇匀,放置 10 min。以 0 mL溶液为参比,用 10 mm 比色池,在 400 nm 波长下,用分光光度计测定各溶液的吸光度。以磷含量为横坐标、吸光度为纵坐标绘制标准曲线。

(3) 试样的测定:准确移取试样分解液 1～10 mL(含磷量 50～800 μg)于 50 mL 容量瓶中,加入钒钼酸铵显色剂 10 mL,用蒸馏水稀释至刻度,摇匀,放置 10 min。以 0 mL 溶液为参比,用 10 mm 比色池,在 400 nm 波长下,用分光光度计测定溶液的吸光度。在标准曲线上查得试样分解液的含磷量。

五、结果计算

(一) 计算公式

$$\omega(\mathrm{P})=\frac{a\times 10^{-6}\times V}{m\times V_1}\times 100\% \tag{3-12}$$

式中:m 为试样质量,单位为 g;V 为试样分解液总体积,单位为 mL;V_1 为比色测定时所移取试样分解液体积,单位为 mL;a 为由标准曲线查得试样分解液含磷量,单位为 g;10^{-6} 是从 μg 换算为 g 的系数。所得结果应精确至 2 位小数。

(二) 重复性

每个试样称取 2 个平行样进行测定,以其算术平均值为结果。含磷量在 0.5%及以上,允许相对偏差 3%;含磷量在 0.5%以下,允许相对偏差 10%。

六、注意事项

(1) 比色时待测试样溶液中磷含量不宜过浓,最好控制在 1 mL 含磷 0.5 mg 以下。

（2）待测液在加入显色剂后需要静置 10 min，再进行比色，但不能静置过久。

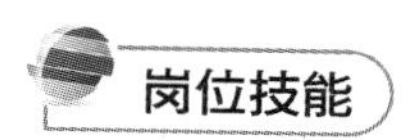

岗位技能

岗位技能 12　饲料中水溶性氯化物的测定(GB/T 6439—2007)

案例引导

某一小型猪场的猪发病，其症状为喜饮水、呕吐、腹泻，并伴有呆滞、耳聋、角弓反张、走动、转圈、抽搐、磨牙、流涎、肌肉震颤、肢体麻痹、阵发性惊厥、昏迷，2 天内死亡。经排查初步确定为食盐中毒，现需调查该猪场饲喂饲料的组成并测定饲料中氯化物的含量。

一、实训目的

（1）理解饲料中水溶性氯化物的测定原理。

（2）熟悉饲料中水溶性氯化物测定所需仪器、试剂。

（3）掌握饲料中水溶性氯化物的测定步骤。

二、实训原理

试样中的氯离子溶解于水溶液中，如果试样含有有机物质，需将溶液澄清，然后用硝酸稍加酸化，并加入硝酸银标准溶液使氯化物生成氯化银沉淀，过量的硝酸银溶液用硫氰酸铵或硫氰酸钾标准溶液滴定。

三、主要仪器设备与试剂

（一）仪器设备

（1）回旋振荡器：35～40 r/min。

（2）容量瓶：250 mL，500 mL。

（3）移液管。

（4）滴定管。

（5）分析天平：感量 0.0001 g。

（6）中速定量滤纸。

（二）试剂

所使用试剂为分析纯。

（1）水：应至少符合 GB/T 6682 中 3 级用水的要求。

（2）丙酮。

（3）正己烷。

（4）硝酸。

（5）活性炭：不含有氯离子，也不能吸收氯离子。

（6）硫酸铁铵饱和溶液：用硫酸铁铵[$NH_4Fe(SO_4)_2 \cdot 12H_2O$]制备。

（7）Carrez Ⅰ：称取 10.6 g 亚铁氰化钾[$K_4Fe(CN)_6 \cdot 3H_2O$]，溶解并用水定容至 100 mL。

（8）Carrez Ⅱ：称取 21.9 g 乙酸锌[$Zn(CH_3COO)_2 \cdot 2H_2O$]，加 3 mL 冰乙酸，溶解并用水定容至 100 mL。

（9）硫氰酸钾标准溶液：$c(KSCN)=0.1$ mol/L。

硫氰酸铵标准溶液：$c(NH_4SCN)=0.1$ mol/L。

（10）硝酸银标准滴定溶液：$c(AgNO_3)=0.1$ mol/L。

四、测定步骤

1. 不含有机物试样试液的制备 称取不超过 10 g 试样，精确至 0.001 g，试样中氯化物含量不超过 3 g，转移至 500 mL 容量瓶中，加入 400 mL 温度约 20 ℃的水，混匀，在回旋振荡器中振荡 30 min，用水稀释至刻度(V_i)，混匀，过滤，滤液供滴定用。

2. 含有机物试样试液的制备 称取 5 g 试样(质量 m)，精确至 0.001 g，转移至 500 mL 容量瓶中，加入 1 g 活性炭，加入 400 mL 温度约 20 ℃的水和 5 mL Carrez Ⅰ溶液，搅拌，然后加入 5 mL Carrez Ⅱ溶液混合，在振荡器中摇 30 min，用水稀释至刻度(V_i)，混匀，过滤，滤液供滴定用。

3. 熟化饲料、亚麻饼粉或富含亚麻粉的产品和富含黏液或胶体物质(例如糊化淀粉)试样试液的制备 称取 5 g 试样，精确至 0.001 g，转移至 500 mL 容量瓶中，加入 1 g 活性炭，加入 400 mL 温度约 20 ℃的水和 5 mL Carrez Ⅰ溶液，搅拌，然后加入 5 mL Carrez Ⅰ溶液混合，在振荡器中摇 30 min，用水稀释至刻度(V_i)，混合。

轻轻倒出(必要时离心)，用移液管吸移 100 mL 上清液至 200 mL 容量瓶中，加丙酮混合，稀释至刻度，混匀并过滤，滤液供滴定用。

4. 滴定 用移液管移取一定体积滤液至三角瓶中，25～100 mL(V_a)，其中氯化物含量不超过 150 mg。

必要时(移取的滤液少于 50 mL)，用水稀释到 50 mL 以上，加 5 mL 硝酸、2 mL 硫酸铁铵饱和溶液，并从加满硫氰酸铵或硫氰酸钾标准滴定溶液至 0 刻度的滴定管中滴加 2 滴硫氰酸铵或硫氰酸钾溶液。

注：剩下的硫氰酸铵或硫氰酸钾标准滴定溶液用于滴定过量的硝酸银溶液。

用硝酸银标准溶液滴定直至红棕色消失，再加入 5 mL 过量的硝酸银溶液(V_{s1})，剧烈摇动使沉淀凝聚，必要时加入 5 mL 正己烷，以助沉淀凝聚。

用硫氰酸钾或硫氰酸铵溶液滴定过量硝酸银溶液，直至产生红棕色能保持 30 s 不褪色，滴定体积为 V_{s1}。

5. 空白试验 空白试验需与测定平行进行，用同样的方法和试剂，但不加试样。

五、结果计算

设试样中水溶性氯化物的含量为 W_{WC}(以氯化钠计)，数值以%表示，按式(3-13)进行计算。

$$W_{WC}=\frac{M\times[(V_{s1}-V_{s0})\times c_s-(V_{t1}-V_{t0})]\times c_t}{m}\times\frac{V_i}{V_a}\times f\times 100 \tag{3-13}$$

式中：M 为氯化钠的摩尔质量，M=58.44 g/mol；V_1 为测试溶液滴加硝酸银溶液的体积，单位为 mL；V_{s0} 为空白溶液滴加硝酸银溶液的体积，单位为 mL；c_s 为硝酸银标准溶液(3.10)的浓度，单位为 mol/L；V_{t1} 为测试溶液滴加硫氰酸铵或硫氰酸钾溶液的体积，单位为 mL；V_{t0} 为空白溶液滴加硫氰酸铵或硫氰酸钾溶液的体积，单位为 mL；c_t 为硫氰酸钾或硫氰酸铵溶液的浓度，单位为 mol/L；m 为试样的质量，单位为 g；V_i 为试液的体积，单位为 mL；V_a 为移出液的体积，单位为 mL；f 为稀释因子。f=2，用于熟化饲料、亚麻饼粉或富含亚麻粉的产品和富含黏液或胶体物质的试样；f=1，用于其他饲料。

报告的结果如下：

水溶性氯化物含量小于 1.5%时，精确到 0.05%；水溶性氯化物含量大于或等于 1.5%时，精确到 0.10%。

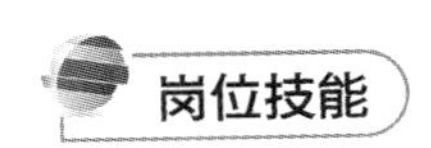

岗位技能 13　饲料中脲酶活性的测定

一、实训目的

(1) 理解饲料中脲酶活性的测定原理。

(2) 熟悉饲料中脲酶活性测定所需仪器、试剂。

(3) 掌握饲料中脲酶活性的测定步骤。

二、实训原理

脲酶活性是指在 30 ℃和 pH=7 的条件下,每分钟每克大豆制品分解尿素后所释放的氨态氮的体积。

脲酶水解尿素产生氨,使溶液的 pH 升高,通过测定样品溶液的 pH 和空白的 pH 之差来计算脲酶的活性。

三、主要仪器设备与试剂

(一) 仪器设备

(1) pH 计:灵敏度应达到 0.02 pH 单位,并带有与其配套使用的甘汞电极和玻璃电极。

(2) 恒温水浴箱:温度(30±0.5) ℃。

(二) 试剂

(1) 尿素:分析纯。

(2) 磷酸缓冲溶液:将 3.403 g 磷酸二氢钾(KH_2PO_4)和 4.355 g 磷酸氢二钾(K_2HPO_4)溶解并稀释至 1000 mL。临用前,以强酸或强碱调节其 pH 至 7.0,其使用期限不超过 90 天。

(3) 尿素缓冲溶液:将 15 g 尿素(NH_2CONH_2)溶于 500 mL 磷酸缓冲溶液中。加入 5 mL 甲苯,用于防腐和防止霉菌生长。按上法调节其 pH 至 7.0。

四、测定步骤

(1) 准确称取试样(过 40 目筛,且样品粉碎过程中应避免发热)0.200 g,放入带塞试管(A 管)内,加 10 mL 缓冲的尿素溶液,塞好橡胶塞,混匀。置于(30±0.5) ℃水浴中,记下时间。

(2) 另称试样 0.200 g,放入另一试管(B 管)内,加 10 mL 磷酸缓冲溶液,塞好橡胶塞,混匀,作为空白管。与上管间隔 5 min 置于同一水浴中。

(3) 每隔 5 min 将 2 支试管内容物都摇匀一次。水浴 30 min 后,将 2 支试管从水浴中取出,倒出上清液于小烧杯中。在从水浴中取出后恰好 5 min 时,测定 pH。

五、计算

$$X=\text{pH}(\text{A 管})-\text{pH}(\text{B 管})$$

式中:X 为脲酶活性指数;pH(A 管)为样液对尿素分解后的 pH;pH(B 管)为样液空白管的 pH。

项目四　饲料配方

学习目标

▲知识目标

1. 了解动物营养需要和饲养标准相关概念。
2. 了解影响营养需要的因素。
3. 掌握饲养标准的应用原则。
4. 掌握不同动物在不同生理条件下营养需要的特点。
5. 掌握饲料配方设计的原则及方法。

▲能力目标

1. 能合理选用饲养标准。
2. 能根据动物生产性能确定营养需要。
3. 能为饲喂对象设计科学的饲料配方。

▲课程思政目标

1. 科学的饲料配比能提高饲料利用效率，降低养殖业污染。
2. 通过学习饲料配方设计，培养学生的创新能力。
3. 加强学生生态环保意识。

思维导图

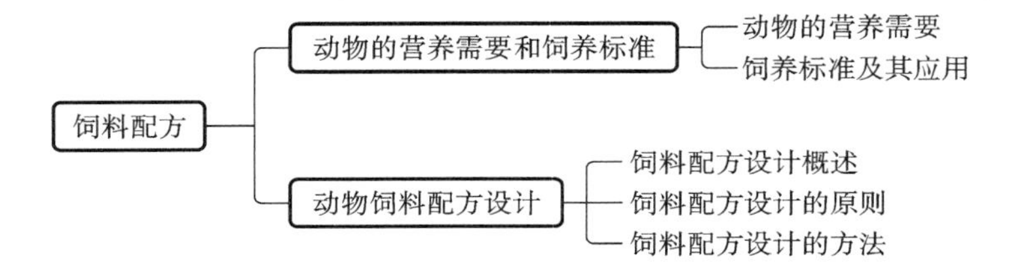

扫码学课件
4-1

任务一　动物的营养需要和饲养标准

任务目标

1. 了解动物营养需要的特点。
2. 了解饲养标准的种类及不同特点。
3. 掌握饲养标准的选用。

Note

同种动物，在相同的环境条件下，饲喂营养水平不一样的饲料，生产成绩是不一样的，而且并不是营养水平越高，饲喂效果越好。那什么样的饲料才能提高生产成绩，满足动物的需要呢？答案将在了解了动物营养需要的研究以及饲养标准的应用相关知识后自然得出。

一、动物的营养需要

1. 营养需要概述 营养需要也称营养需要量，是指动物在最适宜环境条件下，正常健康生长或达到理想生产成绩对各种营养物质种类和数量的最低要求。营养需要是一个群体平均值，不包括一切可能增加需要量而设定的保险系数。

了解动物的营养需要是合理饲喂动物的基础，不同的生产条件下对各种营养物质的需要量是有差异的。一般情况下，为保证需要量的参考价值，给出的主要营养物质的需要量为最低需要量，对一些微量添加的营养物质，可参考其耐受量和中毒量。实际生产中不直接按制定的营养需要供给动物营养，通常要考虑生产中可能会影响动物营养需要的因素，从而确定动物实际的需要量。

动物摄取营养物质后，饲喂效果在生产性能、饲料转化率、经济效益等生产指标中的表现并不相同，因而生产中营养需要的表示方法各有不同。例如：以每天每头动物需要量表示，即按一头动物在满足特定生产成绩下每天对各种营养物质的需要量进行表示的方法；以饲粮营养物质浓度表示，即在满足特定生产成绩下按单位饲粮所含营养物质的浓度进行表示的方法；以能量浓度表示，即按饲粮单位能量中的营养物质含量进行表示的方法；以体重与营养物质比例表示，即按营养物质需要量与体重或代谢体重的关系进行表示的方法；以生产力表示，即按动物生产单位畜产品的营养物质需要量进行表示的方法。

2. 确定营养需要的研究方法 确定畜禽营养需要的方法主要有两种，分别是综合法和析因法。

(1) 综合法：利用饲养实验、代谢实验及生物学方法粗略确定动物在特定的生理阶段及生产水平下，对某种营养物质的总需要量。

综合法可直接测知动物对营养物质的总需要量，其结果可用于指导生产，但综合法不能区分构成总需要量的各项需要，即不能把维持需要和生产需要分开，难于总结变异规律。

(2) 析因法：析因法是将动物对营养物质的总需要量分为维持需要和生产需要两部分。

营养物质总需要量＝维持需要＋生产需要

(3) 综合法与析因法比较：析因法更科学、合理，但所测得的需要量一般低于综合法。析因法原则上适用于推算任一体重和任一生产内容时畜禽对各种营养物质的需要量，但在实际应用中由于多种因素干扰某一生理阶段的生产内容，且饲料营养物质转化为产品的利用率难于准确测定，因此大多数情况下仍采用综合法确定。如妊娠母畜的营养需要多采用综合法确定。维生素、矿物质在体内代谢复杂，利用率难于准确测定，因而也采用综合法确定。

总之，在实际应用中，综合法和析因法都可用于确定需要量，并且两种方法相互渗透，使确定的需要量更为准确，如用综合法时常常借用析因法的原则和参数。随着方法的改进和资料的积累，析因法将会发挥更大的作用。

3. 维持的营养需要 动物将摄入的营养物质转化为肉、蛋、奶等动物产品的过程中，利用率并不是100%，研究发现，动物会消耗部分营养物质用来维持正常生命活动。这里说的维持是指动物保持体重不变、身体内的各种物质种类及数量不发生变化的一种动态平衡状态，在此状态下，动物对各种营养物质的需要量即为维持的营养需要，包括对能量、蛋白质、矿物质、维生素等的需要量。

生产中，动物只有先满足维持的需要量后，多余的营养物质才能用于生产畜产品。当动物摄取的营养物质仅能满足维持需要量时，动物将营养物质转化为畜产品的利用率为0。由此可见，维持需要是动物进行生产的基础，科学地满足动物的维持需要，对提高动物生产力具有重要意义。

Note

(1) 维持的能量需要。动物维持状态下的能量营养需要主要用于维持体温恒定,维持一定量的自由活动,维持身体器官的正常生理活动。维持能量需要包括绝食代谢的能量、随意活动增加的能量以及应对环境应激消耗的能量(表4-1)。

健康正常动物在适宜环境条件下,空腹、清醒、静卧、绝对安静、放松状态下,维持生命必需的最低限度能量代谢称为基础代谢。基础代谢只有在理想条件下才能测定,而理想条件在生产中很难提供。实际研究中,常测定绝食代谢。绝食代谢是指动物绝食一定时间后,达到空腹条件时所测定的能量代谢。动物绝食代谢的水平一般比基础代谢略高。

随意活动是指动物在绝食代谢基础上,为了维持健康的生命活动所必须进行的活动。随意活动的能量消耗难以准确测定,如家禽站立增加产热量20%~30%,采食活动的能量消耗占总热损耗量的30%。在确定维持能量需要时,活动量增减一般用绝食代谢来估计。牛、羊在绝食代谢基础上增加20%~30%可满足维持需要,猪、禽可增加50%。活动量随动物种类和具体情况变化较大。舍饲猪、牛、羊活动量增加20%,放牧则增加25%~50%,公畜另加15%,处于应激条件下的动物可增加100%,甚至更高。

表4-1 不同成年动物的维持能量需要

动物	绝食代谢(kJ/kg,以BW 0.75为基础)	随意活动量增加占比(%)	NEm(kJ/kg,以BW 0.75为基础)	MEm→效率(%)	MEm(kJ/kg,以BW 0.75为基础)	DEm→MEm效率(%)	DEm(kJ/kg,以BW 0.75为基础)
空怀母猪	300.00	10	330.00	80	412.50	96	429.69
母猪	300.00	20	360.00	80	450.00	96	468.75
种公猪	300.00	45	435.00	80	543.75	96	566.41
轻型蛋鸡	300.00	35	405.00	80	506.25	—	—
重型蛋鸡	300.00	25	375.00	80	468.75	—	—
奶牛	300.00	15	345.00	68	507.35	82	618.72
种公牛	300.00	25	375.00	68	551.47	82	672.52
母绵羊	255.00	15	293.25	68	431.25	82	525.91
公绵羊	255.00	25	318.75	68	468.75	82	571.65
鼠	300.00	23	369.00	80	461.25	96	480.69

注:NE_m,维持净能;ME_m,维持代谢能;DE_m,维持消化能。没有考虑环境温度变化所引起的能量消耗。

(2) 维持的蛋白质、氨基酸需要。蛋白质的维持需要可以通过基础氮代谢来进行估测。研究发现,饲喂无氮饲粮的动物,仍能从其粪、尿中检测出氮。动物维持正常生命活动过程中,体蛋白分解代谢从尿液排出的氮(内源尿氮(EUN))、消化道脱落的上皮细胞及胃肠道分泌的消化酶等从粪便排出的氮(代谢粪氮(MFN))、皮肤表皮细胞及毛发衰老脱落损失的氮(体表氮损失(SLN))的总和可用于估测动物维持蛋白质的需要量。

动物在维持状态下由于周转代谢不同,即使不同组织器官蛋白质的氨基酸组成相同,对氨基酸的需要量变化也较大。

(3) 维持的矿物质需要。矿物质代谢十分活跃,但与其他营养物质代谢特点有差异,矿物质内源代谢损失量较少。不同动物对矿物质的维持需要不同,同种动物对不同矿物质的维持需要也不同,但占总需要的比例较少。仔猪和生长育肥猪的内源钙损失平均每天每千克体重分别约为23 mg和32 mg,内源磷损失平均每天每千克体重约为20 mg。仔猪钙的维持利用率可达到65%,到育肥后期下降到50%左右;磷的维持利用率相应从80%下降到60%。猪每天每千克体重对钠的维持需要为1.2 mg。生长牛每天每千克体重损失内源钙16 mg、磷24 mg、钠11 mg、镁4 mg。成年奶牛每

Note

天钙、磷维持需要分别为 22～26 g,钠、镁分别为 7～9 g 和 11～13 g。

(4) 维持的维生素需要。维生素的内源损失也很少,但不同动物对维生素的维持需要量有很大差别。测定维生素的维持需要难度较大。实际生产中,将维生素的维持需要与生产需要分开意义不大。

(5) 影响维持需要的因素。影响动物维持需要量的因素很多,主要包括动物本身因素、饲粮营养水平组成因素、饲养因素及环境因素等。

①动物本身因素:包括动物种类、品种、年龄、性别、健康状况、活动能力、皮毛类型等。动物种类不同,维持需要明显不同,如牛每天维持需要的绝对量比禽高数十倍。将单位体重的维持需要由多到少排序:鸡＞猪＞马＞牛、羊。相同动物种类而不同品种的动物,维持需要也不一样,如产蛋鸡的维持能量需要比肉鸡高 10%～15%,奶用种牛的维持能量需要比肉用种牛高 10%～20%。不同生长阶段动物的维持需要差异亦较为明显,幼龄动物大于成年动物。动物遗传类型对维持需要同样有影响,瘦肉型猪比脂用型猪的维持需要高 10%以上。同一个体不同生理状态下体内激素分泌水平不同,对代谢的影响不同,维持需要也不同。有报道表明,肉牛的不同个体间维持能量需要的系数在 10%～12%之间变动。健康状况良好的动物维持需要明显比处于疾病状态下的动物低。雄性动物一般要大于雌性动物。皮厚毛多的动物,在冷环境条件下维持需要明显比皮薄毛少的动物少。

②饲料营养水平组成因素。饲粮种类对单胃动物维持需要的直接影响甚大,其中热增耗是一个重要影响因素。饲粮蛋白质含量高,其热增耗明显高于其他类型的饲粮。不同饲料或饲粮组成,三大有机营养物质的绝对含量和相对比例不同,热增耗也不同。反刍动物由于瘤胃特殊的营养生理作用,不同饲料或饲粮用于维持的利用率与代谢率呈正相关,因此,饲粮组成变化引起代谢率变化,最终将影响维持能量需要。饲料种类不同对维持蛋白质需要同样有很大影响。秸秆饲料比含氮量相同的干草产生的代谢粪氮更多,所以要相应增加维持总氮需要。在反刍动物饲粮中适当增加植物细胞壁成分比例,可自然减少维持需要。饲粮代谢能浓度增加也增加维持需要。

③饲养因素:动物维持需要明显受饲养影响。鸡在傍晚喂料,用于维持的部分相应减少。单胃动物可因饲养水平提高、生长加快或生产水平提高,使体内营养物质周转代谢加速,增加维持需要。过量饲喂或瘤胃过度发酵会增加反刍动物维持需要。

④环境因素:动物维持需要也受环境影响。其中,温度是影响动物维持需要最重要的因素,动物体内营养物质代谢强度与环境温度直接相关,环境温度每变化 10 ℃,营养物质代谢强度将提高2 倍。因此,环境温度过高、过低均增加维持需要。反刍动物在低温条件下产热明显增加。不论处于哪个生长阶段,动物在温度适中区内能量的平衡和生产性能均处于最佳状态。在高于或低于温度适中区的温度下,都会增加动物维持自身体温恒定所需的维持需要。在下限临界温度以下,每降低 1～2 ℃,母猪维持代谢能需要增加 418.6 kJ。体重 20～100 kg 的生长猪,在低于温度适中区的温度下,环境温度每降低 1 ℃,每千克代谢体重将增加能量消耗 17 kJ。肉牛在环境温度 20 ℃基础上,每变化 1 ℃,维持净能需要相应变化 0.91%。

4. 生产的营养需要

(1) 生长育肥的营养需要。动物的生长从物理的角度看,是动物体尺的增长和体重的增加;从生理的角度看,是机体细胞的增殖和体积增大,组织器官的发育成熟和功能的日趋完善;从生物化学的角度看,是机体化学成分即蛋白质、脂肪、矿物质和水分等的积累过程。育肥一般是对肉用动物而言的,是指肉用畜禽生长后期经强化饲养而使蛋白质和脂肪在动物机体快速沉积的过程。

不同的动物、同种动物不同的生长阶段,生长发育的规律是有差异的,对营养物质的需要也不同。准确地确定动物的营养需要,对提高生长育肥效率具有重要意义。

在动物生长过程中,前期生长速度快,随年龄增加,生长速度逐渐减缓;不同组织器官的生长速度也不同,从胚胎开始,最先完成发育的是神经系统,其次为骨骼、肌肉,最后是脂肪。此外,动物各部位的生长速度也不一样,比如头部属于早熟部位,幼龄动物较成年动物占比较大,而腰部快速发育期则较晚。

Note

①生长育肥的能量需要：生长育肥动物能量的需要是为了维持生命活动，维持体组织生长及体脂、体蛋白的沉积。动物处于不同生长阶段，对能量的维持需要量也有所不同。

②生长育肥的蛋白质、氨基酸需要：动物对蛋白质的需要实际上是对氨基酸的需要。由于营养学的发展，对猪禽开始采用可消化（可利用）氨基酸体系，反刍动物则多为瘤胃降解与未降解蛋白体系，因此，确定动物维持加生长（或产奶、产蛋）的净蛋白质和氨基酸需要以及氨基酸模式比确定粗蛋白质需要更重要。根据各种动物一定体重和日增重的净蛋白质（或氮）沉积量和维持所需，可估计粗蛋白质需要。

对于氨基酸的需要可采用析因法先确定维持和沉积的单个氨基酸的需要。一般是先求得赖氨酸的需要，然后根据维持和沉积的蛋白质的氨基酸模式，推算出各个氨基酸的需要（相当于真可消化氨基酸），维持加上沉积即为氨基酸的总需要量。一般表示为每日需要量，根据每日采食饲料的量和DE或ME可折算出每千克饲料的百分含量。

③生长育肥的矿物质需要：对于生长动物，必需矿物质都不能缺少，但从缺乏程度、添加量以及饲粮平衡等因素考虑，钙、磷相对于其他矿物质更为重要。生长动物在肌肉和脂肪增长的同时，骨骼也迅速生长发育，对钙和磷的需要量较大，骨骼的钙化情况表明骨的发育正常与否。对于生长育肥动物，只要求骨骼的发育与最大成长速度相适应，而对于种用和乳用的生长动物，适宜的钙化速度是必要的。一般认为，能保证骨骼正常生长发育的饲粮钙、磷水平，可作为动物对钙、磷的需要量。

$$总的需要量=(沉积量+内源损失)/利用率=净需要量/利用率$$

由于确定钙、磷需要量的标志不统一，钙、磷体内周转代谢复杂，内源损失测定困难以及饲料钙、磷利用率的不一致，准确测定动物的钙、磷需要量较困难。各国饲养标准中所给出的钙、磷需要量都说明了估计值的利用率。特别是磷，一般都给出了有效磷的需要量。除钙、磷外，常量矿物质中常需考虑镁和钠。

其他矿物质的需要量都较少。其需要一般通过生长和屠宰实验，根据生长效应、组织中的含量及其功能酶的活性进行综合评定。由于微量矿物质添加量少，价格便宜，中毒剂量一般又超过需要量若干倍，在生产实际中，除饲料中个别含量已超过需要量的元素，一般将饲料中的含量忽略不计。

④生长育肥的维生素需要：对于生长动物，维生素的需要主要通过生长实验评定。单胃动物和反刍动物的脂溶性维生素都必须由饲粮提供，尤其是消化道功能尚未健全的幼龄动物。阳光照射充足的情况下，不需饲粮提供维生素D。成年家畜肠道微生物能合成维生素K。成年反刍动物能合成满足需要的全部水溶性维生素。工厂化养鸡和养猪应特别注意维生素的补充。在有青绿饲料喂养的情况下，维生素的添加量可适当降低。对于所有动物，每千克饲粮所需的维生素含量随年龄增长而下降。各种鱼类对维生素的需要量差异较大，不同于其他种类动物。

由于确定维生素需要的标准不同、维生素源效价的不同、饲料加工贮存中的损失以及饲养环境条件的差异，各国标准公布的维生素需要量差异较大。为保证畜产品的质量和延长保质时间，增强动物抗应激和免疫的能力，防止饲料的氧化以及考虑到在加工贮存中的损失，商业产品的推荐量一般都大于甚至远远超过需要量。因此，在实际生产中，与微量矿物质一样，一般没有考虑饲料中原有的维生素含量。

（2）泌乳的营养需要。泌乳是哺乳动物的重要生理机能，为哺育幼畜、繁衍种群所必需。现代乳用家畜特别是奶牛，经过长期选育和精心饲养，其产奶量已远远超过哺乳幼畜的需要。荷斯坦奶牛平均泌乳期305天，产量可达13000 kg。高产奶牛或奶山羊一年的产奶量，按干物质计算相当于自身体重的4～5倍，高者可达10多倍。因此，成年哺乳动物泌乳活动的代谢强度和所产生的营养应激比其他生产活动要高。营养对泌乳至关重要，营养不良时，轻者导致产奶量下降，体重损失，重者将影响胚胎发育和后期生产性能。

①泌乳的能量需要：1 kg乳脂4%的标准乳的净能含量在3.079～3.133 MJ。因此，产奶母牛每日的产奶净能需要量为日泌乳量乘以每千克奶的净能值。

母猪泌乳的能量需要也是根据猪乳的能值和泌乳量计算求得。根据实际测定，猪乳平均含能量5.38 MJ/kg。饲料代谢能转化为乳能的效率为65%.，故母猪每泌乳1 kg，需供给饲料代谢能8.28 MJ；按饲料消化能转化为代谢能的效率为94.5%，需消化能8.77 MJ。

②泌乳的蛋白质需要：

a. 母牛泌乳的蛋白质需要：母牛泌乳量和乳中蛋白质含量是确定泌乳对蛋白质需要的基本依据。根据乳蛋白含量及可消化蛋白质形成乳蛋白的效率，即可推算出泌乳对可消化粗蛋白质的需要量。根据可消化蛋白质需要量和消化率可计算出粗蛋白质需要量。

b. 母猪泌乳的蛋白质需要：母猪泌乳需要亦取决于泌乳量、乳蛋白质含量及饲料蛋白质的利用效率。母猪日泌乳可达5～7 kg，猪乳平均含蛋白质6%，故每日可分泌蛋白质300～400 g。根据测定，饲料粗蛋白质平均消化率为80%，可消化蛋白质转化为乳蛋白质的效率平均为70%。根据上述数据即可估计泌乳母猪蛋白质的需要量。

③泌乳的矿物质需要：为保证母畜正常泌乳，必须逐日提供适量矿物质，以供泌乳需要。一般植物性饲料中含量较少，不能满足泌乳母畜的矿物质（主要是钙、磷、钠和氯）需要。

现今各国乳牛饲养标准所规定的钙、磷需要量差异很大。我国《奶牛饲养标准》规定，体重600 kg、日泌乳30 kg（标准奶）的泌乳牛每日钙的需要量为171 g，磷的需要量是117 g。我国猪饲养标准中规定，哺乳母猪对钙、裤的需要量是在维持需要基础上，每哺育1头仔猪增加钙3 g、磷2 g。

泌乳母牛对钠的需要量为日粮干物质的0.18%，相当于0.45%食盐的含钠量。一般在妊娠母猪日粮中加0.4%的食盐，哺乳母猪日粮中加0.5%的食盐。

④泌乳的维生素需要：为保证泌乳动物生产力的充分发挥和健康，需要补充各种维生素。

⑤泌乳的其他物质的需要：在乳牛营养中，粗纤维具有特殊的意义。粗纤维含量以占日粮干物质的15%～20%为宜，最低不能少于13%。

不同动物的乳成分差异较大，并受到营养与非营养因素的影响。动物的乳成分受营养和非营养因素的影响，后者包括动物品种、泌乳期、胎次、环境及饲养管理。在各种乳成分中，乳汁含量变化最大。

①不同品种奶牛的乳成分含量。奶牛品种不同，乳的质量也不同。一般而言，产奶量越高，乳的品质相对越差。品种内不同品系间的乳成分含量也存在较大差异。

②同一泌乳周期不同泌乳阶段的乳成分含量。母畜分娩后，最初几天分泌的乳汁称为初乳，约5天后转化为常乳。初乳与常乳的成分含量有很大不同。除乳糖外，初乳中的各种成分含量均高于常乳，最明显的是免疫球蛋白，在初乳中含量高达5.5%～6.8%，占总蛋白量的38%～48%，而常乳中只有0.09%，占总蛋白的2.7%。初乳中的维生素含量也明显高于常乳。同一泌乳期内，牛乳成分的变化规律一般是分娩后的前2周非脂固形物和乳脂含量高，2周后逐渐下降，6～10周时降到最低，以后又逐渐上升。乳蛋白含量在泌乳初期和后期较高。乳糖含量在第6～7周时升到最高，以后缓慢下降。

③不同胎次（年龄）奶牛的乳成分含量。奶牛初产时乳脂率较高，以后随年龄增长渐减。非脂固形物也随年龄增加而下降，蛋白质含量下降很少，乳糖含量下降。

④营养对乳成分含量的影响。营养不仅影响产奶量，而且对乳成分含量也有明显影响。

（3）产蛋的营养需要。产蛋是雌禽的繁殖表现。对种禽而言，产蛋就意味着生命繁衍；对商品蛋禽而言，产蛋就是生产畜产品。蛋禽的生产能力很强，一只来航鸡年产蛋量约相当于自身体重的10倍，以干物质计，约是体重的4倍，营养物质在体内的代谢强度相当大。鸡、鸭、鹅、鹌鹑、鸽等动物对饲粮氨基酸的改造能力很弱，这就要求其饲粮氨基酸的平衡性好。产蛋率、蛋重、蛋成分、蛋品质显著地受营养因素影响。

蛋各组分，如蛋黄、蛋清、蛋壳膜和蛋壳其他组分，形成的部位和需要的时间不同。蛋黄来自卵子。在性成熟前，卵泡大小不等，生长缓慢。接近性成熟时，未成熟的卵子开始迅速发育。鸡的卵子在9～10天内成熟。排卵前7天，卵子的重量约增加16倍。在雌激素的作用下，肝中形成卵黄蛋白

Note

质和脂类，随后转运至卵巢，沉积于发育的卵泡中。卵泡成熟后，卵泡破裂，释放卵子，卵子被输卵管喇叭部纳入。蛋清在输卵管形成，约需 24 h。卵子被输卵管喇叭部纳入，约经 18 min，送至输卵管膨大部，此部位为蛋白分泌部，这里有很多腺体，分泌蛋白，包围卵黄。包围卵黄的稠蛋清因旋转而形成系带，随后形成稀蛋清层，然后再在表面形成稠蛋清层和外稀蛋清层。卵在蛋白质分泌部停留约 3 h。内外蛋壳膜在输卵管的峡部(管腰部)形成，并吸收水分。蛋壳其他组分在子宫部形成。卵进入子宫部，存留 18～20 h，由于渗入子宫液，使蛋白的重量增加一倍，同时使蛋壳膜鼓胀而形成蛋的形状。以碳酸钙为主要成分的硬质蛋壳和壳上胶护膜都在离开子宫前形成。卵在子宫部形成完整的鸡蛋。随后蛋到达阴部，存留 20～30 min，子宫肌肉收缩，使蛋自阴道产出。

蛋由蛋壳、蛋清和蛋白三部分组成。蛋的营养成分有以下特点：第一，蛋黄中的干物质含量和能量最高；第二，蛋清中水分、蛋白质和氨基酸含量最高；第三，几乎所有的脂类、大部分的维生素和微量矿物质都存在于蛋黄中；第四，绝大部分钙、磷和镁存在于蛋壳中。家禽种类不同，其蛋重有显著的差异。在同一种禽内，蛋重受品种、产蛋年龄、产蛋季节、环境温度及营养因素的影响。

①产蛋前的能量需要：为使蛋鸡尽早达到开产体重，开产前的蛋鸡应快速生长。通常，每千克日粮应含有代谢能 11.5～12.5 MJ，若少于 11.0 MJ，则达不到最高生产率。为防止体脂沉积而影响开产后的产蛋率，可将日粮能量控制在随意采食量的 90%，以便使其所摄食的能量仅供正常生长发育所需。肉用品种后备种鸡的日粮能量可控制在每千克含代谢能 10.0～11.5 MJ，或限制其采食量为正常量的 75%～80%。

②产蛋期的能量需要：产蛋家禽的能量需要主要取决于体重、平均日增重和日产蛋重。据实际测定，轻型蛋用品种如来航鸡等在采食平衡日粮条件下，需代谢能 1.25～1.35 MJ/(羽·天)。通常，产蛋母鸡在炎热夏季采食有所减少，而在严寒冬季采食却有所增加。因此，宜将饲粮代谢能水平控制在 12.5～13.0 MJ/kg 范围内，以保证产蛋鸡能量的摄入。中型蛋用品种如洛岛红鸡、洛克鸡及其他中型杂交鸡等，因体重较大和维持能量需要较多，故能量需要量高于轻型品种鸡，每日每羽平均约需 1.5 MJ 代谢能。重型肉用品种种母鸡，由于体重大，维持能量需要多。每日每羽需代谢能 1.7～1.9 MJ，饲粮代谢能水平宜限制在 11.0～11.5 MJ/kg 范围内。

③产蛋的蛋白质需要：蛋白质是禽体和禽蛋的重要成分。母鸡开产后，其产蛋前期(22～42 周龄)，所需蛋白质用于维持、增重(包括羽毛)和产蛋等。随着生长进程，蛋白质用于增重的比例逐渐降低，而用于维持和产蛋的比例却相应增高；成年(42～48 周龄)后，则所需蛋白质全部供维持和产蛋之用。

产蛋的蛋白质需要是根据蛋中的蛋白质含量确定的。一枚 50 g 的鸡蛋含蛋白质 5.8 g，产蛋后期一枚蛋含蛋白质 7.4 g。蛋中蛋白质沉积的效率约为 0.50，所以产蛋前、后期产一枚蛋的蛋白质需要为 11.6～14.8 g。以产蛋率 80%计，前后期每天产蛋的蛋白质为 9.28～11.84 g。

此外，家禽产蛋对蛋白质品质(即饲粮中所含各种必需氨基酸的种类、数量及配比)亦有要求。

④产蛋的矿物质需要：天然饲料常不能满足鸡对某些矿物质的需要，通常要靠在饲粮中补加矿物质饲料和添加剂来满足。钙是产蛋鸡的限制性营养物质，足够数量的钙能保证优质蛋壳。产蛋鸡对钙的需要量特别大，每产一枚蛋约需 2 g 钙用于形成蛋壳。在饲喂全价日粮条件下，每日每羽母鸡给予 3～4 g 钙，即可充分满足产蛋的需要，为此，日粮含钙量不应低于 3%。产蛋母鸡对磷的需要量远低于钙的需要重。一般认为，产蛋母鸡日粮中含磷量应在 0.6%左右，但其中 80%应为无机磷。为保证家禽对钙磷的良好吸收，饲粮内的钙、磷量应按(3%～4%)：0.6%的比例保证供应。如供钙过少，或钙、磷比例不当，或缺乏维生素 D，都会影响产蛋。

⑤产蛋的维生素需要：产蛋母鸡对维生素营养反应颇为敏感，缺乏维生素不仅会影响产蛋率和孵化率，严重时可引起多种疾病。常用饲料中易感缺乏的维生素有维生素 A、维生素 D、维生素 E、核黄素、尼克酸、泛酸和 B 族维生素等。现今各国饲养标准规定的产蛋母鸡维生素需要量，一般均是最低保证量。由于诸多因素，如饲料加工和贮存条件，日粮组成和采食水平，环境温度和疾病等应激因素，均可影响产蛋母鸡对维生素的需要，因而生产实践中往往采用超量供给方式以确保产蛋母鸡对

Note

维生素的需要。

(4) 产毛的营养需要：

①产毛的能量需要：产毛的能量需要包括合成羊毛消耗的能量和毛含有的能量。每克净干毛含能量 22.18～24.27 kJ。

体重 50 kg、年产毛 4 kg 的美利奴绵羊，每天基础代谢能为 5024.16 kJ，沉积于毛中的能量为 30.12 kJ，占基础代谢的 4.58%。美利奴羊每产 1 g 净干毛需耗 628.024 kJ 代谢能。代谢能用于产毛的效率大约为 3.9%。年产 800 g 毛的兔，每产 1 g 净毛约需消化能 711.288 kJ，消化能转化为兔毛的效率约为 3.1%。

②产毛的蛋白质和氨基酸需要：随着蛋白质供给量增加，体内沉积氮和羊毛中氮含量占供给氮量的比例均增加，美利奴绵羊将牧草中氮转变成羊毛氮的效率不超过 10%。

合成羊毛需供给全部氨基酸，限制羊毛生长的通常是含硫氨基酸。在不含饼粕类蛋白质饲料的绵羊日粮中，添加占粗蛋白质 1.0%～1.5% 的 DL-蛋氨酸，可提高产毛量。长毛兔饲粮含硫氨基酸由 0.4% 提高到 0.6%～0.7%，产毛量可提高 10% 以上。

③产毛的矿物质需要：绵羊饲粮中矿物质含量低于适宜量时，绵羊采食量降低，体内营养物质代谢受影响，羊毛生长减慢。羊毛生长受摄取的锌、铜、硫、硒、钾、钠、氟、钴和磷等矿物质的影响。硫主要以—S—S—形式，几乎全部存在于含硫氨基酸中。角蛋白中硫最集中。羊毛含硫量占羊体内硫的 40%。供给羊非蛋白氮（NPN）代替部分蛋白质饲料时，应补充硫。日粮缺硫或加尿素时，补饲的无机硫化物以占饲粮干物质的 0.1%～0.2% 为宜，不应超过 0.35%。

④产毛的维生素需要：维生素 E 容易缺乏，必须注意供给。核黄素、生物素、泛酸、烟酸、叶酸和吡哆醇等，瘤胃微生物可以合成，但瘤胃尚未完全发育的羔羊必须注意供给这些维生素。

二、饲养标准及其应用

1. 饲养标准概述 饲养标准根据大量的饲养试验及动物饲养经验，规定了不同种类的动物在不同生理阶段（年龄、体重、生产阶段、生产性能等）对各种营养物质的需要量。通常情况下，把这些对各种动物所需要的各种营养物质的定额做出的系统总结及相关资料统称为饲养标准。饲养标准的出现时间并不长，仅一百多年的历史，但是随着动物饲养管理水平的提升，饲养标准的内容由粗到细，不断发展完善。

饲养标准演变至今，各国使用的名称不尽相同，但制定条件和内容却逐渐趋于一致。NRC1944 年以来相继制定了猪、牛、羊、禽、马等动物的饲养标准，ARC1963 年开始制定猪、鸡、反刍动物的饲养标准。我国起步较晚，在大量试验研究的基础上，参考国外资料，从 1978 年开始制定出我国鸡、猪、肉牛、奶牛的饲养标准，随着科学技术水平的提升，饲养标准得到不断修订与完善。

2. 饲养标准数值的表达方式 不同动物饲养标准的表达方式有所不同，大体上有以下几种表达方式。

(1) 按每头动物每天需要量表示。这是用传统饲养标准表述营养定额时所采用的表达方式。需要量明确给出了每头动物每天对各种营养物质所需要的绝对数量。对动物生产者估计饲料供给或对动物进行严格计量限饲很实用。现行反刍动物饲养标准一般以这种方式表达各种营养物质的确切需要量。单胃动物，特别是猪的饲养标准也并列这种表示方法。

(2) 按单位饲粮中营养物质浓度表示。这是一种用相对单位表示营养需要的方法，可按风干饲粮基础表示或按全干饲粮基础表示。饲养标准中一般给出按特定水分含量表示的风干饲粮基础浓度，如 NRC《猪营养需要》(2012) 按干物质浓度给出营养指标定额。

不同的饲养标准，表示营养需要的方法基本相同，能量用“MJ”或“J/kg”表示，粗蛋白质、氨基酸、常量矿物质用百分比或“g/kg”表示，维生素用“IU”“mg/kg”或“μg/kg”表示，微量矿物质一般用“mg/kg”表示。

(3) 其他表达方式。

①按单位能量浓度表示：这种表示法有利于衡量动物采食的营养物质是否平衡。

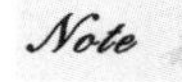

②按体重或代谢体重表示：此表示法在析因法估计营养需要或动态调整营养需要或营养供给中比较常用。按维持加生长或生产制定营养定额的饲养标准中也采用这种表达方式。饲养标准中表达维持需要通常用这种方式。

③按生产力表示：即动物生产单位产品(肉、蛋、奶等)所需要的营养物质数量。

反刍动物饲养标准可能还有其他表达方法。如 NRC《奶牛营养需要》中，能量常并列可消化总养分(TDN)表示，我国《奶牛饲养标准》中能量指标并列出了奶牛能量单位(NND)。

3. 饲养标准的应用 根据动物营养和饲料科学的研究成果和进展，饲养标准以动物为基础分类制定。现在已经制定出了猪、禽、奶牛、肉牛、绵羊、山羊、马、兔、鱼、实验动物、犬、猫、非灵长类动物等的饲养标准或营养需要，并在动物生产和饲料工业中得到广泛应用，对促进科学饲养动物起到了重要的指导作用，创造了显著的社会、经济效益。一些与人类生活密切相关的珍稀动物、观赏动物(包括动物园中的动物)等也在不同程度上有了一定的饲养标准和营养需要。随着动物生产不断发展、人类生活需要水平的提高和科学研究领域的扩大，更多种类动物的饲养标准或营养需要将不断被制定出来。

(1) 饲养标准的特性。

①科学性和先进性：饲养标准或营养需要是动物营养和饲料科学领域科学研究成果的概括和总结，高度反映了动物生存和生产对饲养及营养物质的客观要求，具体体现了本领域科学研究的最新进展和生产实践的最新总结。饲养标准的科学性和广泛的指导作用无可非议。此外，总结、概括纳入饲养标准或营养需要中的营养、饲养原理和数据资料，都是以可信度很高的重复实验资料为基础的，对重复实验资料不多的部分营养指标，饲养标准或营养需要中均有说明。这表明饲养标准是实事求是、严密认真科学工作的成果。

②权威性：饲养标准的权威性首先是由其内容的科学性和先进性决定的。其次以其制定的过程和颁布机构的地位看，也体现了权威性。饲养标准不但是大量科学实验研究成果的总结，而且它的全部资料都要经过有关专家定期或不定期的集中严格审定，其审定结果又以专题报告的文件形式提交有关权威行政部门颁布。这样，饲养标准不仅有权威性，其严肃性也显而易见。

我国研究制定的猪、鸡、牛和羊等的饲养标准，均由农业农村部颁布。世界各国的饲养标准或营养需要均由该国的有关权威部门颁布，其中有较大影响的饲养标准有 NRC 制定的各种动物的营养需要、日本的畜禽饲养标准等。它们都颇有代表性，并各有特点，值得参考。

③可变性：饲养标准不可能一成不变。就饲养标准本身而言，它不但随科学研究的发展而变化，也随实际生产的发展而变化。随着科学技术不断发展，实验方法不断进步，动物营养研究不断深入和定量实验研究更加精确，饲养标准或营养需要也更接近动物对营养物质摄入的实际需要。但一套标准的诞生需要多年的实验和总结，因此，标准总是落后于研究，需要不断更新、补充和完善。变化的目的是使饲养标准规定的营养定额尽可能满足动物对营养物质的客观要求。

应用饲养标准时，不能一成不变地按饲养标准规定供给动物营养，必须根据具体情况调整营养定额，认真考虑保险系数。只有充分考虑饲养标准的可变性特点，才能保证对动物的经济有效供给，才能更有效地指导生产实践。

④条件性和局限性：饲养标准是确切衡量动物对营养物质客观要求的尺度。饲养标准的产生和应用都是有条件的，它是以特定动物为对象，在特定环境条件下研制的满足其特定生理阶段或生理状态的营养物质需要的数量定额。但在动物生产实际中，影响饲养和营养需要的因素很多，诸如同品种动物之间的个体差异，各种饲料的不同适口性及其物理特性，不同的环境条件，甚至市场经济形势的变化等，都会不同程度地影响动物的营养需要和饲养。饲养标准产生和应用条件的特定性和实际动物生产条件的多样性及变化性，决定了饲养标准的局限性，即任何饲养标准都只在一定条件下、一定范围内适用。切不可不问时间、地点、条件，生搬硬套饲养标准。在利用饲养标准中的营养定额拟定饲粮、设计饲料配方、制定饲养计划等工作中，要根据不同国家、地区、环境情况和对畜禽生产性

Note

能及产品质量的不同要求，对饲养标准中的营养定额酌情进行适当调整，才能避免其局限性，增强实用性。

总之，我们既要肯定由饲养标准的科学性、先进性所决定的饲养标准的普遍性，即其在适用条件和范围内的普遍指导意义，又要看到条件差异形成的特殊性，在普遍性的指导下，从实际出发，灵活应用饲养标准。只有这样，才能获得预期效果。

（2）饲养标准的应用原则。饲养标准是发展动物生产、制定生产计划、组织饲料供给、设计饲粮配方、生产平衡饲粮、对动物实行标准化饲养管理的技术指南和科学依据。但是，照搬饲养标准中的数据，把饲养标准看成解决有关问题的现成答案，忽视饲养标准的条件性和局限性，则难以达到预期目的。因此，应用任何一个饲养标准，充分注意以下基本原则相当重要。

①选用饲养标准的合适性：必须认真分析饲养标准对应用对象的合适程度，重点把握饲养标准所要求的条件与应用对象实际条件的差异，尽可能选择最适合应用对象的饲养标准。首先应考虑饲养标准所要求的动物与应用对象是否一致或比较近似，若品种之间差异太大，则难使饲养标准适合应用对象，例如 NRC《猪营养需要》则难适合于我国地方猪种。除了动物遗传特性以外，绝大多数情况下均可以通过合理设定保险系数使饲养标准规定的营养定额适合应用对象的实际情况。

②应用定额的灵活性：饲养标准规定的营养定额一般只对具有广泛或比较广泛的共同基础的动物饲养有应用价值，对共同基础小的动物饲养则只有指导意义。要使饲养标准规定的营养定额变得可行，必须根据不同的具体情况对营养定额进行适当调整。选用按营养需要原则制定的饲养标准，一般都要增加营养定额。选用按营养供给量原则制定的饲养标准，营养定额增加的幅度一般比较小，甚至不增加。选用按营养推荐量原则制定的饲养标准，营养定额可适当增加。

③饲养标准与效益的统一性：应用饲养标准规定的营养定额，不能只强调满足动物对营养物质的客观要求，而不考虑饲料生产成本。必须贯彻营养、效益（包括经济、社会和生态等效益）相统一的原则。饲养标准中规定的营养定额实际上显示了动物的营养平衡模式，按此模式向动物供给营养，可使动物有效利用饲料中的营养物质。在饲料或动物产品的市场价格变化的情况下，可以通过改变饲粮的营养浓度，不改变平衡，而达到既不浪费饲料中的营养物质又实现调节动物产品的量和质的目的，从而体现饲养标准与效益的统一性原则。

知识拓展与链接

《猪营养需要量》
GB/T 39235—2020

思考与练习

一、名词解释

营养需要　维持需要　饲养标准

二、问答题

扫码看答案

1. 影响维持需要的因素有哪些？如何有效降低生产中动物的维持需要？
2. 如何灵活使用饲养标准？

扫码学课件
4-2

任务二　动物饲料配方设计

任务目标

了解饲料配方设计的原则和基本方法，能根据生产需要及饲料原料特性科学设计不同生产环境使用的饲料配方。

案例引导

某饲养场饲养肉鸡3000只，现有玉米、豆粕、鱼粉、骨粉、麦麸等饲料原料，但不知怎么配合才能满足肉鸡营养需要，才能健康生长？配合时要注意哪些事项？下面让我们一起带着问题进入本任务的学习。

一、饲料配方设计概述

合理地设计饲料配方是科学饲养动物的一个重要环节，科学合理地搭配饲料原料可以全面满足饲喂动物的营养需求，使动物的生产潜力得到充分发挥，生产适应各种消费需求的动物产品，同时也是育种工作和环境生态保护的需要。设计饲料配方时既要考虑动物的营养需要与生理特点，又应合理地利用各种饲料资源，才能设计出最低成本并能获得最佳饲养效果、经济效益和社会效益的饲料配方。设计饲料配方是一项技术性及实践性很强的工作，要求设计者不仅应具有较好的动物营养和饲料科学方面的知识，还要求有一定的饲养实践经验。因此，只有不断研究和改进饲料配方的设计工作，才能实施标准化饲养及经济合理地利用各种饲料资源，达到既能充分发挥动物的生产潜力，又能降低饲料成本和提高经济效益的目的。

二、饲料配方设计的原则

1. 饲料配方设计的科学性　饲料配方设计是一个复杂的过程，设计饲料配方不是各种原料的简单组合，而是根据实际情况，灵活运用饲养标准，同时考虑饲料的营养性、适口性、易消化性、抗逆性等，选择合适的原料按一定比例配合而成的，其营养指标接近饲养对象的营养需要。

2. 饲料配方设计的经济性　畜牧生产的目的是以最小的经济投入获得最大的经济回报。设计饲料配方不仅为了提高畜禽的生产力水平，同时还为了获得最佳的经济效益。设计饲料配方应注重饲料营养水平、生产性能和价格三者的平衡。

3. 饲料配方设计的安全性　饲料配方设计要遵守相关法律法规，动物食品的安全很大程度上依赖于饲料的安全。因此设计饲料配方时，要严格禁止使用有毒有害成分、各种违禁饲料添加剂、药物、促生长剂等，微生物污染的原料、未经科学试验验证的非常规饲料原料也不能使用。

三、饲料配方设计的方法

设计饲料配方的方法很多，原理都是根据动物的营养需要量，通过合理搭配饲料原料满足动物对营养物质的需求，达到一定的生产效益。传统的设计方法包括十字交叉法、联立方程法、试差法等。随着计算机应用技术的发展，使用Excel和专业的饲料配方软件越来越普遍。

饲料配方设计的主要步骤：第一步，确定动物的营养需要量；第二步，合理选用饲料原料，了解原料的营养组成及特性；第三步，结合生产实际，合理搭配原料；第四步，满足动物营养需要，得出饲料配方。

1. 十字交叉法（对角线法）　该方法常用于条件有限，饲料种类不多，同时考虑的营养指标少的

情况。

例：用玉米和大豆粕作为原料，为 50～75 kg 的瘦肉型生长育肥猪设计饲料配方。

第一步，查找饲养标准(《猪营养需要量》GB/T 39235—2020)，确定 50～75 kg 的生长育肥猪的营养需要。其中，饲粮中粗蛋白的需要量为 15%，消化能的需要量为 14.12 MJ/kg。

第二步，通过查找饲料营养价值成分表或化学分析实验确定饲料原料的营养成分。经查，猪常用饲料原料营养价值成分为：玉米粗蛋白质含量为 8.01%，消化能含量为 14.74 MJ/kg；大豆粕粗蛋白质含量为 43.82%，消化能含量为 15.52 MJ/kg。显然，玉米和大豆粕的消化能含量都高于其营养需要，此时只需要考虑粗蛋白质的需要量来确定玉米和大豆粕的用量。

第三步，画十字交叉图，将粗蛋白质的需要量放在十字交叉处，将玉米和大豆粕粗蛋白质的含量分别放在左上角和左下角处，然后用在同一对角线上数值中的大数减小数，其差值按照对角线方向对应放在对角线的另一端。

第四步，将右侧的两个差值分别除以两个差值之和求百分比，左右对应的百分比即为玉米和大豆粕对应的用量。

如下图：

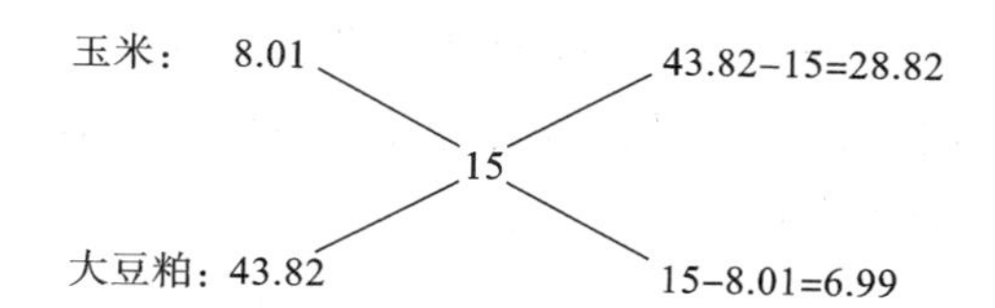

$$玉米的用量=28.82\div(28.82+6.99)\approx 80\%$$

$$大豆粕的用量=6.99\div(28.82+6.99)\approx 20\%$$

注意，使用该方法时饲料原料的营养成分含量必须分别高于或低于动物营养需要量。

2. 联立方程法(代数法) 该方法利用数学联立方程求解的原理设计饲料配方，原理简单，但当饲料原料种类较多时计算比较复杂。

同上例：

第一步，设配合饲料中玉米的用量为 $X\%$，大豆粕的用量为 $Y\%$。

$$X+Y=100$$

第二步，玉米粗蛋白质含量为 8.01%，大豆粕粗蛋白质含量为 43.82%，配合饲料粗蛋白质含量应达到 15%。

$$8.01\%X+43.82\%Y=15$$

第三步，联立方程。

$$\begin{cases} X+Y=100 \\ 8.01\%X+43.82\%Y=15 \end{cases}$$

第四步，解方程。

$$\begin{cases} X\approx 80\% \\ Y\approx 20\% \end{cases}$$

配合饲料中，玉米的用量为 80%，大豆粕的用量为 20%。

3. 试差法(凑数法) 该方法是根据经验初步拟定各种原料的大致比例，然后计算该比例下各营养成分的含量，与动物的营养需要量相比较，按照去多补少的原则，反复调整饲料配方，直到配方的营养成分含量符合或接近动物营养需要量为止。

第一步，确定动物营养需要量。根据动物的种类、品种、生理状况以及实际生产需要选择合适的饲养标准作为参考，给出动物的营养需要量。

第二步，合理选择饲料原料，并给出其营养价值成分。考虑饲料原料的供应情况、价格、动物消化特点等选择饲料原料，有条件的情况下通过化学分析确定饲料营养价值成分，或通过查阅饲料营养价值成分表确定原料的营养成分含量。

Note

第三步，初拟饲料配方。根据长期生产实践总结，初步确定配方中能量饲料及蛋白质饲料的比例，计算该比例下饲料配方的粗蛋白质含量和能量含量。

第四步，调整并完善饲料配方。首先在合理范围内调整能量饲料、蛋白质饲料的比例，直到能满足动物对能量和粗蛋白质的需求为止，然后补充其他少量及微量的营养成分。

第五步，整理出饲料配方。

运用试差法计算饲料配方计算量较大，可结合后面计算机计算饲料配方的方法一起使用，提高计算效率。

4. 用饲料配方软件设计饲料配方 前面几种设计饲料配方的方法各有优缺点，共同的缺点是需要人工计算。而且，在如今提倡科学饲养的背景下，仅考虑单一或少量主要营养物质的需要量已不能满足动物高效生产的需要，这就要求通过多种原料的配合使用以满足更多营养物质的需要，如果继续使用前几种方法，计算量大，工作效率低。随着计算机应用技术的发展，运用计算机设计饲料配方已成为大势所趋，该方法可克服人工计算的局限性，大大简化计算过程，提高配方设计的工作效率和准确性。

运用计算机设计饲料配方可以使用简单的办公软件（如 Excel）进行计算，也可使用专业的饲料配方软件，原理均与其他设计方法一致。计算机计算的优点是有可以建立强大的基础数据库，例如饲养标准、饲料原料营养价值成分、饲料价格等，通过建立数学模型设置约束条件，可计算出全面考虑营养需要与饲料成本的最优饲料配方。

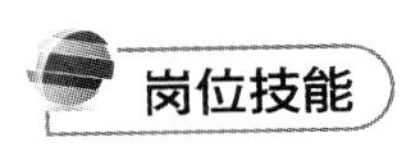

岗位技能 14　猪全价配合饲料配方设计

随着科学技术的进步，人们对饲料配方营养的全价性、价格的经济性、原料来源的广泛性等要求越来越高，手工配制饲料配方早已不能满足科学设计配方的需求。大型配合饲料厂已普及专业饲料配方软件，专业配方软件有设计配方所需的强大数据库支撑，计算功能全面，但是对于小型养殖场和农户来说，使用费用较高，可考虑使用常用办公软件中 Excel 里的规划求解功能加强饲料的科学配比。

例：应用 Excel 规划求解功能设计 20～50 kg 的瘦肉型生长育肥猪的日粮配方。

第一步，新建并打开 Excel 表格。

第二步，激活规划求解功能。在 Excel 菜单栏中找到“工具”选项，在下级菜单中选择“加载项”，出现下图所示界面后勾选“规划求解加载项”，点击确定（图 4-1）。

第三步，按照饲料配方的基本原理，在表格中建立表格模型。

按图 4-2 所示，在表格中对应的地方分别键入相应项目，完善动物营养需要量、饲料原料及其营养价值成分，键入经验规定饲料原料使用比例的最大值和最小值、饲料配方预计达到的营养物质含量的上限和下限。

第四步，利用 Excel 计算公式建立计算模型。

①原料用量合计计算，可利用求和公式进行自动计算。如图 4-3 在 B3 中键入“＝SUM(B3：B12)”。

②实际配方营养成分及配方成本计算。应用“SUMPRODUCT(　)”函数计算实际配方营养成分及配方成本。该函数的功能是求解相应区域数据的乘积之和。

在 E17 中键入“＝SUMPRODUCT($B3：$B12，E3：E12)/100”按回车键，F17 至 K17 可依次手动键入，手动键入可不用键入“$”，也可从 E17 拖动单元格自动向后填充，此时必须键入“$”（图 4-4）。

第五步，利用规划求解，设置相应约束条件以满足配方设计需要。生产中饲料原料来源、营养特

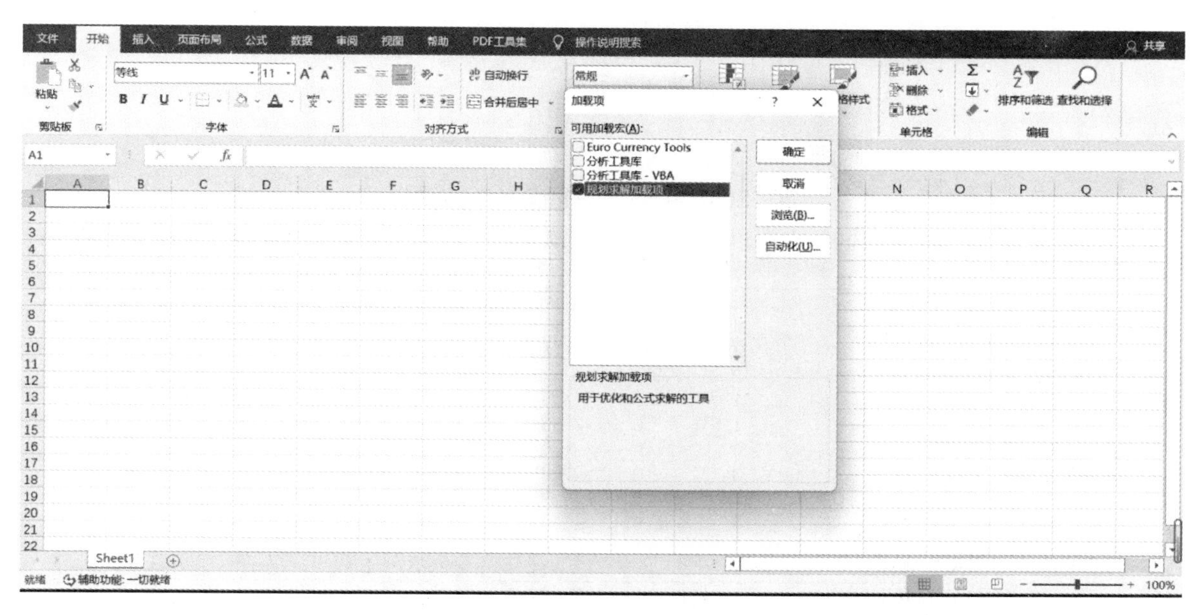

图 4-1 激活“规划求解”功能

	A	B	C	D	E	F	G	H	I	J	K
1	20~50kg生长育肥猪全价饲料配方										
2	营养成分/原料	配比(%)	配比最小值(%)	配比最大值(%)	消化能(MJ/kg)	粗蛋白质(%)	钙(%)	磷(%)	赖氨酸(%)	蛋氨酸+半胱氨酸(%)	价格(元/kg)
3	玉米		0	70	14.74	8.01	0.02	0.22	0.25	0.38	2.7
4	大豆粕		0	25	15.52	43.82	0.39	0.66	2.95	1.26	4.3
5	小麦麸皮		2	10	11.38	17.17	0.09	0.81	0.71	0.64	2
6	大豆油		0	2	37.12	0	0	0	0	0	8
7	L-赖氨酸		0	1	0	0	0	0	78	0	9
8	DL-蛋氨酸		0	1	0	0	0	0	0	98	20
9	石粉		0	4	0	0	35.84	0	0	0	0.1
10	磷酸氢钙		0	3	0	0	29.6	22.77	0	0	4
11	食盐		0.3	0.35	0	0	0	0	0	0	1
12	复合预混料		3	3	0	0	0	0	0	0	10
13	原料用量合计										
14	营养需要标准				14.2	16	0.63	0.53	0.97	0.55	配方成本(元/kg)
15	配方营养成分上限				14.4	17	0.64	0.6	0.99	0.57	
16	配方营养成分下限				14.2	16	0.63	0.53	0.97	0.55	
17	实际配方营养成分										
18											

图 4-2 键入基础数据

性、价格等因素会限制配方中原料的用量，设置约束条件时主要考虑原料的适口性、可消化性、毒性等。

①如图 4-5 所示，点击“数据”菜单下“规划求解”。

②显示“规划求解参数”窗口后，在“设置目标”单元格内键入“＄K＄17”，也可直接选择。选择“等于”选项为“最小值”，表示目标单元格为最低饲料成本配方。

在“通过更改可变单元格”中键入“＄B＄3：＄B＄12”，也可点击箭头拖选(图 4-6)。

③设置约束条件：点击添加，可按需求添加约束条件(图 4-7)。

该配方需满足的约束条件包括：所有原料用量之和应为 100%，饲料原料使用比例的最大值和最小值，饲料配方预计达到的营养物质含量的上限和下限，如图 4-8 所示。

第六步，点击求解，计算出饲料配方。如有满足条件的解，连续点击“报告”中的“运算结果报告”“敏感性报告”和“极限值报告”，点击确定，随后表格会出现运算结果和此 3 个报告，利用运算结果及报告可分析得出饲料配方。如求解后显示没有满足条件的解，可根据生产经验适当调整营养指标和原料使用量的上下限，从而得出最优解(图 4-9、图 4-10)。

Note

B13 =SUM(B3:B12)

	A	B	C	D	E	F	G	H	I	J	K
1	20~50kg生长育肥猪全价饲料配方										
2	营养成分/原料	配比（%）	配比最小值（%）	配比最大值（%）	消化能（MJ/kg）	粗蛋白质（%）	钙（%）	磷（%）	赖氨酸（%）	蛋氨酸+半胱氨酸（%）	价格（元/kg）
3	玉米		0	70	14.74	8.01	0.02	0.22	0.25	0.38	2.7
4	大豆粕		0	25	15.52	43.82	0.39	0.66	2.95	1.26	4.3
5	小麦麸皮		2	10	11.38	17.17	0.09	0.81	0.71	0.64	2
6	大豆油		0	2	37.12	0	0	0	0	0	8
7	L-赖氨酸		0	1	0	0	0	0	78	0	9
8	DL-蛋氨酸		0	1	0	0	0	0	0	98	20
9	石粉		0	4	0	0	35.84	0	0	0	0.1
10	磷酸氢钙		0	3	0	0	29.6	22.77	0	0	4
11	食盐		0.3	0.35	0	0	0	0	0	0	1
12	复合预混料		3	3	0	0	0	0	0	0	10
13	原料用量合计	0									
14	营养需要标准				14.2	16	0.63	0.53	0.97	0.55	配方成本（元/kg）
15	配方营养成分上限				14.4	17	0.64	0.6	0.99	0.57	
16	配方营养成分下限				14.2	16	0.63	0.53	0.97	0.55	
17	实际配方营养成分										

图 4-3　原料用量合计计算

E17 =SUMPRODUCT($B3:$B12,E3:E12)/100

	A	B	C	D	E	F	G	H	I	J	K
1	20~50kg生长育肥猪全价饲料配方										
2	营养成分/原料	配比（%）	配比最小值（%）	配比最大值（%）	消化能（MJ/kg）	粗蛋白质（%）	钙（%）	磷（%）	赖氨酸（%）	蛋氨酸+半胱氨酸（%）	价格（元/kg）
3	玉米		0	70	14.74	8.01	0.02	0.22	0.25	0.38	2.7
4	大豆粕		0	25	15.52	43.82	0.39	0.66	2.95	1.26	4.3
5	小麦麸皮		2	10	11.38	17.17	0.09	0.81	0.71	0.64	2
6	大豆油		0	2	37.12	0	0	0	0	0	8
7	L-赖氨酸		0	1	0	0	0	0	78	0	9
8	DL-蛋氨酸		0	1	0	0	0	0	0	98	20
9	石粉		0	4	0	0	35.84	0	0	0	0.1
10	磷酸氢钙		0	3	0	0	29.6	22.77	0	0	4
11	食盐		0.3	0.35	0	0	0	0	0	0	1
12	复合预混料		3	3	0	0	0	0	0	0	10
13	原料用量合计	0									
14	营养需要标准				14.2	16	0.63	0.53	0.97	0.55	配方成本（元/kg）
15	配方营养成分上限				14.4	17	0.64	0.6	0.99	0.57	
16	配方营养成分下限				14.2	16	0.63	0.53	0.97	0.55	
17	实际配方营养成分				0	0	0	0	0	0	0

图 4-4　实际配方营养成分及配方成本计算

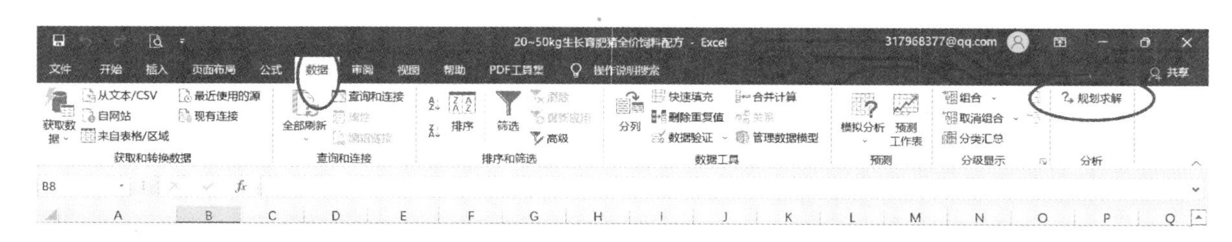

图 4-5　规划求解

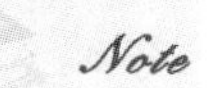

图 4-6　设置规划求解参数

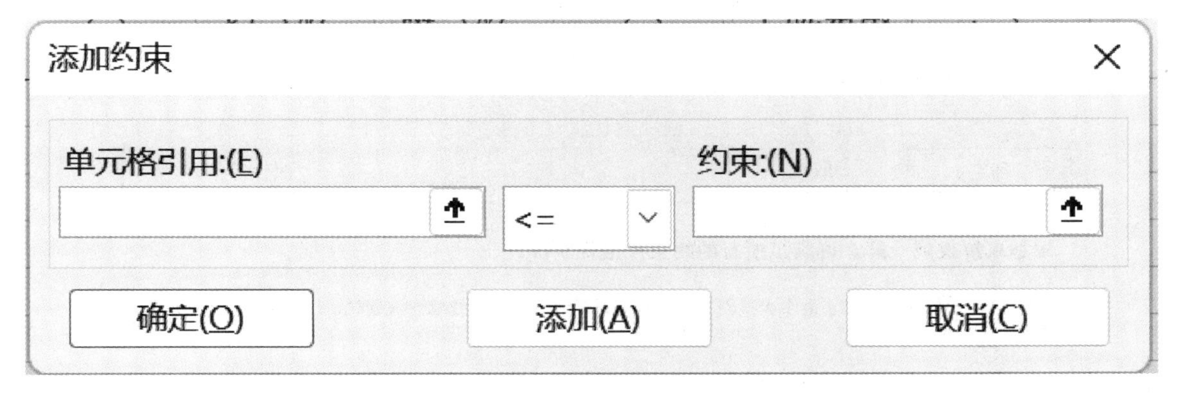

图 4-7　设置约束条件

Note

图 4-8　添加约束条件

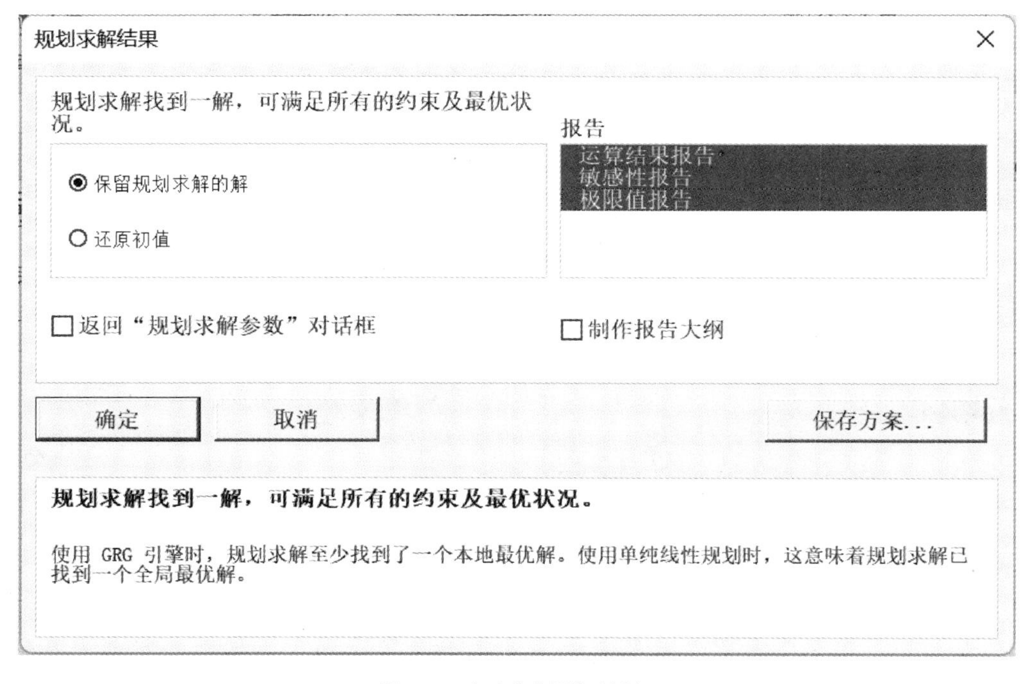

图 4-9　点击“求解”对话框

	A	B	C	D	E	F	G	H	I	J	K
1	20~50kg生长育肥猪全价饲料配方										
2	营养成分/原料	配比(%)	配比最小值(%)	配比最大值(%)	消化能(MJ/kg)	粗蛋白质(%)	钙(%)	磷(%)	赖氨酸(%)	蛋氨酸+半胱氨酸(%)	价格(元/kg)
3	玉米	62.02	0.00	70.00	14.74	8.01	0.02	0.22	0.25	0.38	2.70
4	大豆粕	21.26	0.00	25.00	15.52	43.82	0.39	0.66	2.95	1.26	4.30
5	小麦麸皮	10.00	2.00	10.00	11.38	17.17	0.09	0.81	0.71	0.64	2.00
6	大豆油	1.67	0.00	2.00	37.12	0.00	0.00	0.00	0.00	0.00	8.00
7	L-赖氨酸	0.15	0.00	1.00	0.00	0.00	0.00	0.00	0.00	0.00	9.00
8	DL-蛋氨酸	0.00	0.00	1.00	0.00	0.00	0.00	0.00	78.00	0.00	9.00
9	石粉	0.84	0.00	4.00	0.00	0.00	0.00	0.00	0.00	98.00	20.00
10	磷酸氢钙	0.76	0.00	3.00	0.00	0.00	35.84	0.00	0.00	0.00	0.10
11	食盐	0.30	0.30	0.35	0.00	0.00	29.60	22.77	0.00	0.00	4.00
12	复合预混料	3.00	3.00	3.00	0.00	0.00	0.00	0.00	0.00	0.00	1.00
13	原料用量合计	100.00			0.00	0.00	0.00	0.00	0.00	0.00	10.00
14	营养需要标准				14.20	16.00	0.63	0.53	0.97	0.55	
15	配方营养成分上限				14.40	17.00	0.64	0.60	0.99	0.57	配方成本(元/kg)
16	配方营养成分下限				14.20	16.00	0.63	0.53	0.97	0.55	
17	实际配方营养成分				14.20	16.00	0.63	0.53	0.97	0.57	3.27

运算结果报告 1 | 敏感性报告 1 | 极限值报告 1 | Sheet1

图 4-10　规划求解结果

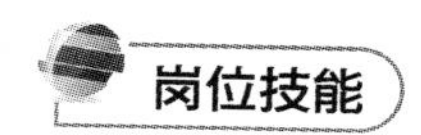

岗位技能

岗位技能 15　浓缩饲料配方设计

浓缩饲料的设计方法有两种：一种是先根据动物对营养物质的需要量设计出全价配合饲料的配方，然后去掉能量饲料后计算出浓缩饲料配方；另一种方法是根据养殖户能提供的能量饲料的种类和数量，先确定能量饲料和浓缩饲料的比例，然后结合动物的营养需要量确定浓缩饲料营养物质的浓度，最后计算出浓缩饲料配方。

(1) 根据全价配合饲料配方计算浓缩饲料配方。

例：设计生长育肥猪的浓缩饲料配方。

第一步，根据动物的营养需要量设计出全价配合饲料配方，如表 4-2 所示。

表 4-2　生长育肥猪全价配合饲料配方

饲料原料	配比/(%)	营养成分	含量
玉米	38.00	消化能	12.89 MJ/kg
麸皮	18.00	粗蛋白质	16.37%
红薯干	20.00	赖氨酸	0.78%
豆粕	6.00	蛋氨酸+胱氨酸	0.66%
菜籽粕	5.00	苏氨酸	0.51%
棉籽粕	5.42	异亮氨酸	0.50%
芝麻饼	5.00	钙	0.60%
贝壳粉	1.00	磷	0.50%
食盐	0.24		
L-赖氨酸盐酸盐	0.34		

续表

饲料原料	配比/(%)	营养成分	含量
复合添加剂预混料	1.00		
合计	100		

第二步,确定浓缩饲料在全价配合饲料中的比例。

上述配方中能量饲料(玉米、麸皮、红薯干)占76%,浓缩饲料占24%。

第三步,计算浓缩饲料配方。

去除能量饲料,浓缩饲料原料有豆粕、菜籽粕、棉籽粕、芝麻饼、贝壳粉、食盐、L-赖氨酸盐酸盐、复合添加剂预混料。

原料在浓缩饲料中的比例=该原料在全价配合饲料中的比例/浓缩饲料在全价配合饲料中的比例

经计算:浓缩饲料中原料占比分别为豆粕25%、菜籽粕20.83%、棉籽粕22.58%、芝麻饼20.83%、贝壳粉4.17%、食盐1%、L-赖氨酸盐酸盐1.42%、复合添加剂预混料4.17%。

第四步,标明浓缩饲料的名称、规格和使用方法。

浓缩饲料不能直接饲喂动物,要与适量能量饲料配合后才能使用。

该浓缩饲料与能量饲料混合占比分别为24%、76%(玉米38%、麸皮18%、红薯干20%)。

(2) 先确定浓缩饲料比例,然后计算浓缩饲料配方。

第一步,查找饲养标准,确定饲喂对象的营养物质添加量。

第二步,确定能量饲料和浓缩饲料的比例。

第三步,根据饲养经验、饲料原料供应特点等因素确定能量饲料能达到的营养水平。

第四步,根据营养物质添加量及能量饲料的营养物质含量,计算出浓缩饲料里营养物质应达到的浓度。

第五步,确定浓缩饲料的原料种类,查出原料的营养价值成分。

第六步,用试差法计算出浓缩饲料的配方。

第七步,标明浓缩饲料的名称、规格和使用方法。

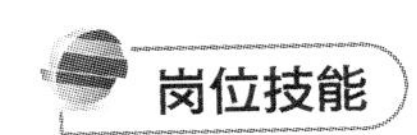

岗位技能16 添加剂预混料饲料配方设计

添加剂预混料是由一种或多种微量组分与载体或稀释剂按一定比例混合的饲料产品。单一添加一种组分的是单一型添加剂预混料,添加多种组分的是复合型添加剂预混料。

1. 单一型添加剂预混料配方设计

第一步,根据饲养标准、饲料添加剂使用指南确定各种饲料添加剂原料的含量。

第二步,根据原料的生物学效价、加工工艺、价格等综合选用,确定使用的添加剂原料及其营养物质含量。

第三步,根据原料种的营养物质含量、有效成分、生物学效价、预混料占比计算添加剂商品原料的用量。

商品添加剂原料用量=某元素的需要量÷纯原料中的元素含量÷商品原料纯度

第四步,确定载体的用量。根据预混料在配合饲料中的占比,先计算出预混料的用量,载体用量为预混料用量与商品添加剂原料用量之差。

第五步,列出预混料配方。

2. 复合型添加剂预混料配方设计

(1) 复合维生素添加剂预混料配方设计。

例:设计笼养蛋鸡复合维生素添加剂预混料配方。

第一步,确定添加剂预混料的浓度。维生素预混料一般占配合饲料风干重的0.1%~0.2%。设定该笼养蛋鸡复合维生素预混料浓度为0.2%。

第二步,确定要添加的维生素种类和数量。添加种类一般按照饲养标准的规定进行设计。由于氯化胆碱呈碱性,与其他维生素共同添加时会影响其他维生素的效价,一般单独添加。维生素添加量的确定还需综合考虑维生素的特性、常用饲料维生素含量、动物的生产环境、原料的价格、加工工艺等。

第三步,计算维生素添加剂原料及载体用量,见表4-3。

表4-3 笼养蛋鸡0.2%复合维生素添加剂预混料配方

原料	饲养标准(每千克饲料含量)	确定添加量(每千克饲料含量)	原料规格	计算原料用量		
				每千克全价饲料用量/mg	每吨全价饲料用量/g	每吨预混料用量/kg
维生素A	4000 IU	8000 IU	50万IU/g	8000/50000×1000=16	16	8
维生素D_3	500 IU	650 IU	50万IU/g	650/50000×1000=1.3	1.3	0.65
维生素E	5 mg	10 mg	50%	10/50%=20	20	10
维生素K_3	0.5 mg	0.6 mg	96%	0.6/96%=0.625	0.625	0.3125
维生素B_1	0.8 mg	1.0 mg	96%	1.0/96%=1.04	1.04	0.52
维生素B_2	2.2 mg	4.0 mg	80%	4.0/80%=5	5	2.5
维生素B_6	3.0 mg	2.0 mg	96%	2.0/96%=2.08	2.08	1.04
维生素B_{12}	0.009 mg	0.012 mg	1.00%	0.012/1.00%=1.2	1.2	0.6
泛酸钙	2.2 mg	10 mg	98%	10/98%=10.2	10.2	5.1
烟酸	10 mg	20 mg	100%	20/100%=20	20	10
叶酸	0.25 mg	0.5 mg	98%	0.5/98%=0.51	0.51	0.255
生物素	0.10 mg	0.15 mg	2%	0.15/2%=7.5	7.5	3.75
载体	—	—	—	1914.545	1914.545	957.2725

(2) 复合矿物质添加剂预混料配方设计。

例:设计肉用仔鸡微量元素预混料配方。

第一步,根据饲养标准确定肉用仔鸡微量元素的需要量。

第二步,选择微量元素原料,确定原料的元素含量和纯度。

第三步,计算商品原料的用量并列出饲料配方。

如表4-4所示。

表4-4 肉用仔鸡0.2%微量元素预混料配方

微量元素	每千克饲料需要量/mg	原料	原料中元素含量/%	原料纯度/%	每吨饲料中原料用量/g	生产1吨预混料用量/kg
铜	8	硫酸铜($CuSO_4 \cdot 5H_2O$)	25.5	98	8/25.5%/98%=32	32/0.2%/1000=16
铁	80	硫酸亚铁($FeSO_4 \cdot 7H_2O$)	20.1	98	80/20.1%/98%=406	406/0.2%/1000=203

续表

微量元素	每千克饲料需要量/mg	原料	原料中元素含量/%	原料纯度/%	每吨饲料中原料用量/g	生产1吨预混料用量/kg
锌	40	硫酸锌($ZnSO_4 \cdot 7H_2O$)	22.75	98	40/22.75%/98%=179	179/0.2%/1000=89.5
锰	60	硫酸锰($MnSO_4 \cdot H_2O$)	32.5	98	60/32.5%/98%=188	188/0.2%/1000=94
碘	0.35	碘化钾(KI)	76.45	98	0.35/76.45%/98%=0.47	0.47/0.2%/1000=0.24
硒	0.2	亚硒酸钠(Na_2SeO_3)	45.6	98	0.2/45.6%/98%=0.45	0.45/0.2%/1000=0.235
—	—	载体	—	—	—	597

知识拓展与链接

饲料配方师行业标准

思考与练习

1. 饲料配方设计的原则是什么？
2. 饲料配方设计的方法有哪些？优缺点分别是什么？

扫码看答案

Note

项目五　配合饲料加工

学习目标

▲知识目标

1. 了解配合饲料的发展现状及前景。
2. 了解配合饲料的优点，掌握配合饲料的概念、分类及营养特点。
3. 熟悉配合饲料加工设备。
4. 掌握配合饲料加工工艺并能合理使用。
5. 掌握配合饲料质量管理相关知识。

▲能力目标

1. 能读懂配合饲料生产加工工艺图。
2. 能说出配合饲料质量控制指标。
3. 会操作配合饲料生产所使用的设备，以便更好地指导和服务生产。

▲课程思政目标

1. 通过配合饲料生产工艺的学习，培养学生职业生涯规划意识、精益求精的“工匠”精神，使其具备正确的价值观和职业发展观。

2. 通过配合饲料质量管理的学习，使学生熟悉本专业相关的法律法规，具有社会责任感，能做到自觉履行职业道德准则和行为规范，塑造良好的职业道德素养。

思维导图

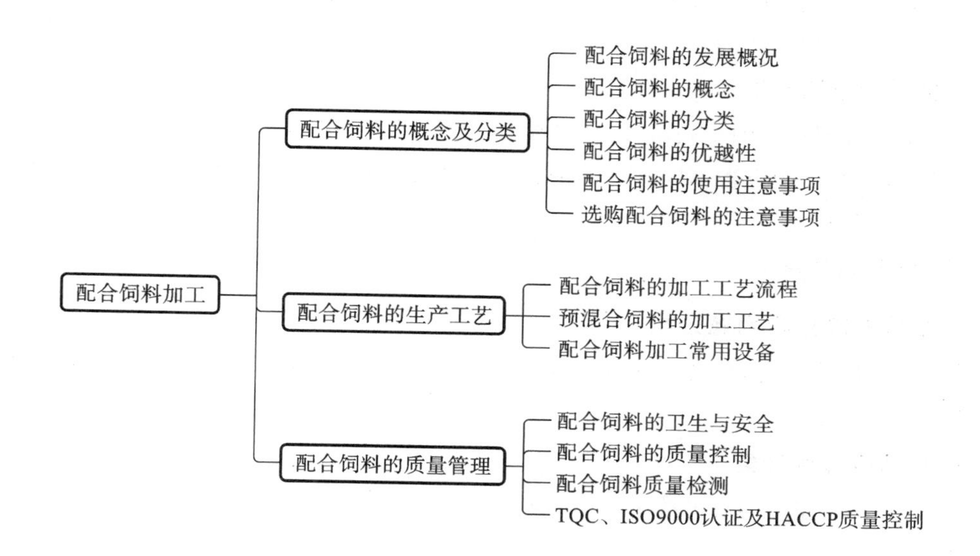

Note

扫码学课件
5-1

任务一　配合饲料的概念及分类

任务目标

- 了解配合饲料的概念及分类。
- 熟悉配合饲料的优缺点。
- 掌握配合饲料的营养特点及使用特点。

案例引导

请大家看看图片上两只生长状况差异较大的猪，它们同品种同月龄，但是所饲喂的饲料不同，请同学们想想，为什么会有如此大的差距呢？

扫码看彩图

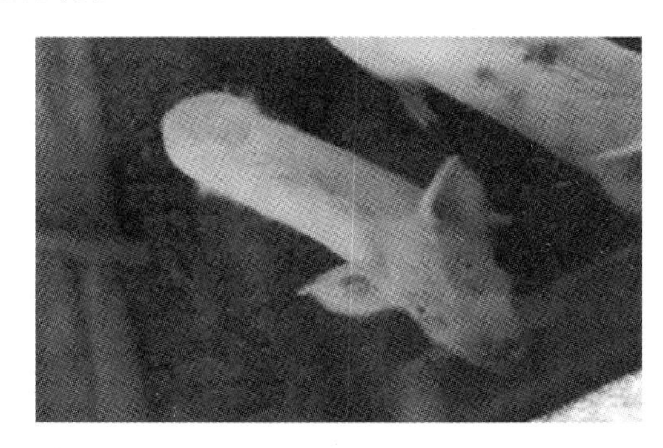

一、配合饲料的发展概况

配合饲料生产肇始于20世纪初。20世纪50年代以后，由于对家畜的氨基酸、维生素和微量元素需要量的日益确切了解，加上抗生素和磺胺类药物等被作为添加剂纳入饲料领域，配合饲料的生产突飞猛进。它的应用先在欧美普及，并很快推广到亚洲和其他地方。

二、配合饲料的概念

配合饲料是指根据动物的生长阶段、生理要求、生产用途的营养需要，以饲料营养价值评定的实验和研究为基础，按科学配方把不同来源的饲料，按一定比例均匀混合，经规定的工艺流程生产出适于动物实际需要的饲料。

三、配合饲料的分类

（一）按营养成分和用途分类

按营养成分和用途分类，配合饲料可分为全价配合饲料、浓缩饲料、精料混合料、添加剂预混料、人工乳或代乳料。

（二）按饲料形状分类

按饲料形状分类，配合饲料可分为粉料、颗粒料、破碎料、膨化饲料、扁状饲料、液体饲料、漂浮饲料、块状饲料。

（三）按基本类型分类

Note

按基本类型分类配合饲料可分为全价配合饲料、添加剂预混料、浓缩饲料、精料补充饲料。

1. 全价配合饲料 由能量饲料和浓缩饲料混合而成，能全面满足饲喂对象的营养需要，不用另外添加任何营养物质的配合饲料。按动物种类、年龄、生产用途等分为各种型号，可直接用来饲喂动物。配合饲料所含养分及其比例越符合动物营养需要，越能最大限度地发挥动物生产潜力及经济效益。

2. 添加剂预混料 由一种或多种饲料添加剂加上载体或稀释剂按适当比例配制而成的均匀混合物，简称预混料。通常要求其在配合饲料中的添加量为0.01%～5%，一般按最终配合饲料产品的总需求为依据设计。因其含有的微量活性组分是配合饲料饲用效果的决定因素，常称其为配合饲料的核心，不能单独饲喂动物。其基本原料大体可分为营养性和非营养性两类：前者包括维生素类、微量元素类、必需氨基酸类等；后者包括抗氧化剂、防霉剂、抗虫剂、酶制剂等。载体和稀释剂一般有麸皮、稻壳粉、玉米芯粉、石灰石粉等，二者的作用都在于扩大体积和有利于混合均匀。

3. 浓缩饲料 由添加剂预混料、蛋白质饲料、钙、磷以及食盐等按配方制成，又称平衡配合料或维生素-蛋白质补充料，是全价配合饲料的组分之一。因须加上能量饲料组成全价配合饲料后才能饲喂，配制时必须知道拟搭配的能量饲料成分，方能保证营养平衡。如饲养肉用仔鸡，肥育前期浓缩饲料通常占全价配合饲料的30%，能量饲料占70%，俗称三七料；到了肥育后期，则前者占20%，后者占80%，俗称二八料。反刍家畜的浓缩饲料可采用尿素类饲料，如尿素、双缩脲等，以节省蛋白质饲料。

4. 精料补充饲料 由浓缩饲料加上能量饲料配成，是饲喂反刍家畜的一种饲料。但饲用时要另加大量青、粗饲料，且精料补充料与青、粗饲料的比例要适当，目的在于补充某些营养物质，提高整个饲料的营养平衡效能。

（四）按饲喂对象分类

按饲喂对象分类，配合饲料可分为鸡用配合饲料、牛用配合饲料、羊用配合饲料、猪用配合饲料、鱼用配合饲料等。

四、配合饲料的优越性

（一）提高饲料的营养价值和经济效益

配合饲料是根据科学试验并经过实践验证设计和生产的，以动物的营养和生理特征为基础，根据其在不同情况下的营养需要、饲料法规和饲料管理条例，有目的地选取不同饲料原料，均匀混合在一起，使饲料中的营养成分可以充分发挥互补作用，集中了动物营养和饲料科学的研究成果，保证活性成分的稳定性，从而提高饲料的营养价值和经济效益。

（二）合理高效利用各种饲料资源

配合饲料是由粮食、各种加工副产品、植物茎叶、矿物质饲料及微量添加剂等配合而成，还可以充分利用当地牧草、榨油、酿酒等的下脚料，促进饲料资源的开发，节约粮食。

（三）充分利用各种饲料添加剂

配合饲料能运用各种饲料添加剂，加速动物生长，减少疾病发生，提高饲料利用率。

（四）预防动物疾病和保健助长

配合饲料通常是采用现代化的成套设备，经特定加工工艺生产。由机械的强力搅拌，将饲料中微量成分混合均匀。价值完善的原料、质量控制体系及成品检测手段，使饲料具有预防疾病、保健助长的作用。

（五）可促进现代化养殖业的发展

由专门的生产企业集中生产配合饲料，实现机械化养殖，简化养殖者的生产劳动，节省畜牧场劳动力与设备投入。

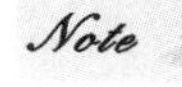

五、配合饲料的使用注意事项

使用配合饲料时，根据动物自身条件和需要选用适宜的配合饲料，严格遵守配合饲料生产厂家使用说明书，不得随意大幅度变更使用剂量。

（一）根据饲养对象选择配合饲料

应考虑饲料配方的科学性和营养性。根据饲料原料营养成分含量、不同动物的营养需要及饲养标准，在满足动物对能量需要的基础上确定各类营养物质的需要量。注意能量与蛋白质、能量与氨基酸、钙磷等比例适宜，原料中粗纤维的含量及有毒物对不同动物的限量等。

（二）调整饲料营养水平

根据动物体况、季节、气候、应激等因素，在原有标准基础上，适当调整饲料营养水平，尤其是敏感成分如氨基酸、维生素等，在保证饲喂安全系数范围内满足动物对不同营养的需要。

（三）配合饲料体积适宜

若配合饲料容体过大，动物采食有限，则导致营养缺乏，相反则动物缺乏饱腹感，生产效果亦不佳。故应根据实际情况做相应调整。由于生理生产水平的限制，役畜、公畜、家禽（尤其是肉禽）的配合饲料具有体积小、浓度高的特点，反刍动物、猪则具有营养全面、体积大、浓度低的特点，目的是增加其饱腹感。一般以干物质的数量作为衡量饲料体积的指标。按 100 kg 体重计算各种家畜每日需要干物质量，猪为 2.5～4.5 kg、奶牛为 2.5～3.5 kg。

（四）保证原料质量

配合饲料原料要求新鲜、无发霉变质、质地良好、未受农药及其他有毒有害物质污染。对一些本身含毒的饲料，应限制在动物能耐受的范围内，同时不能影响畜产品的卫生指标。配合饲料中的水分不得超过 14%，以防发霉变质。其中微生物、重金属的含量应低于规定含量。

（五）查看饲喂效果

通过查看饲喂效果，可以判断出配合饲料的好坏。选择一批机能相近的实验动物，饲喂不同的配合饲料，一段时间后对其增重、产肉、产蛋、单位产品的耗料量等具体指标进行测定，对比分析数据结果，从而得出饲喂效果。

六、选购配合饲料的注意事项

（一）查看包装

须保证饲料产品包装质量安全卫生，便于贮存、运输和使用。选购时，要注意外包装袋的新旧程度和包装缝口线路。若外观陈旧、粗糙、字迹图案褪色、模糊不清，说明饲料贮存过久或转运过多，或者是假冒产品，不宜购买。

（二）查看标记

根据国家饲料产品质量监督管理的要求，凡质量合格的商品饲料，应有完备的标签、说明书、检验合格证和注册商标。标签的基本内容应包括注册商标、生产许可证号、产品名称、饲用对象、产品成分分析保证值及原料组成、净重、生产日期、产品保质期、厂名厂址、电话号码、产品标准代号等。产品说明书的内容应包括产品名称、型号、饲用对象、使用方法及注意事项。检验合格证必须加盖检验人员印章和检验日期。注册商标除标注在标签上外，还应标注在外包装和产品说明书上。

（三）查看质量

选购时，可先用手提缝口及包装袋四角，若感觉袋内不松散，有成团现象，可能贮存过久或运输途中被水淋湿过，不宜购买。必要时，应打开包装闻味、观色、捏拭，质量好的饲料产品气味芳香，没有异味，手用力握捏时，粉状料不成团，颗粒料硬度大，不易破碎，且表面光滑，将饲料从手中缓缓放出时，流动性好，颗粒状饲料落地有清脆的响声。

Note

知识拓展与链接

关于养殖者自行配制饲料的有关规定
（中华人民共和国农业农村部公告第 307 号）

思考与练习

扫码看答案

一、名词解释

配合饲料　全价配合饲料　添加剂预混料　精料补充饲料　浓缩饲料

二、填空题

1. 预混料可分为单项预混料和__________预混料。

2. 配合饲料按基本类型分类可分为__________、__________、__________、__________。

三、选择题

1. 下列能单独饲喂动物的饲料是（　　）。

A. 全价配合饲料　B. 添加剂预混料　C. 浓缩饲料　D. 精料补充饲料

2. 下列能饲喂反刍家畜的饲料是（　　）。

A. 全价配合饲料　B. 添加剂预混料　C. 浓缩饲料　D. 精料补充饲料

任务二　配合饲料的生产工艺

扫码学课件
5-2

任务目标

- 能掌握配合饲料的加工工艺流程。
- 熟悉预混合饲料的加工工艺流程。
- 熟悉配合饲料加工常用设备。

案例引导

请同学们看一段配合饲料加工的视频，了解配合饲料生产工艺。

一、配合饲料的加工工艺流程

配合饲料加工流程主要包括原料接收、原料清理、原料及成品贮存、原料粉碎、配料、混合、制粒等，其中部分工序可根据饲料厂的生产要求增添或删减。

（一）原料接收

1. 散装原料的接收　将饲料厂所需各种原料用一定运输工具运送到厂，经质量检验、称重计量、初清入库存放或直接投入使用。

2. 包装原料的接收　分为人工搬运和机械接收两种。

3. 液体原料的接收 进行检验(颜色、气味、浓度等)后瓶装、桶装可直接由人工搬运入库。

(二) 原料清理

饲料原料中的杂质,不仅影响到饲料产品质量且直接关系到饲料加工设备及人身安全,严重时可致整台设备遭到破坏,影响饲料生产的顺利进行,故应及时清除。

1. 筛选法 圆筒初清筛,清除大的杂质;圆锥粉料清理筛,清除粉状原料;回转振动分级筛,对粉状物料或颗粒饲料进行筛选和分级,也可用于二次粉碎后中间产品分级。

2. 磁选法 磁选设备主要去除金属类杂质。

(三) 原料及成品贮存

饲料中原料和物料的状态较多,须使用各种形式的料仓。饲料厂的料仓有筒仓和房式仓两种。可根据贮存物料的特性及地区特点,选择仓型;根据产量、原料及成品的品种、数量计算仓容量和个数。主原料如玉米、高粱等谷物类原料,流动性好,不易结块,多采用筒仓贮存;副料如麸皮、豆粕等粉状原料,散落性差,易结块,不易出料,采用房式仓贮存。

(四) 原料粉碎

原料粉碎可显著提高饲料的转化率,有利于饲料混合、调制、制粒和膨化等。饲料粉碎的工艺流程是根据要求的粒度、饲料的品种等条件而定。按原料粉碎次数,可分为一次粉碎工艺和循环粉碎工艺或二次粉碎工艺。

1. 一次粉碎工艺 最简单、最常用、最原始的一种粉碎工艺,无论是单一原料、混合原料,均经一次粉碎后即可。按使用粉碎机的台数可分为单机粉碎和并列粉碎,小型饲料加工厂大多采用单机粉碎,中型饲料加工厂采用两台或两台以上粉碎机并列使用,缺点是粒度不均匀,电耗较高。

2. 二次粉碎工艺 有三种工艺形式,即单一循环二次粉碎工艺、阶段二次粉碎工艺和组织二次粉碎工艺。

(1)单一循环二次粉碎工艺:用一台粉碎机将物料粉碎后进行筛分,筛上物再回流到原来的粉碎机再次进行粉碎。

(2)阶段二次粉碎工艺:工艺设置采用两台筛片不同的粉碎机,两台粉碎机上各设一道分级筛,将物料先经第一道筛筛理,符合粒度要求的筛下物直接进入混合机,筛上物进入第一台粉碎机,粉碎的物料再进入分级筛进行筛理。符合粒度要求的物料进入混合机,其余筛上物进入第二台粉碎机粉碎,粉碎后进入混合机。

(3)组合二次粉碎工艺:该工艺是在两次粉碎中采用不同类型的粉碎机,第一次采用对辊式粉碎机,经分级筛筛理后,筛下物进入混合机,筛上物进入锤片式粉碎机进行第二次粉碎。

(五) 配料

目前常用的工艺流程有人工添加配料、多仓数秤配料、一仓一秤配料、多仓一秤配料等。

1. 人工添加配料 用于小型饲料加工厂和饲料加工车间。这种配料工艺是人工称量参加配料的各种组分,然后倾倒入混合机中。因为全部采用人工计量、人工配料、工艺极为简单,设备投资少,产品成本低,计量灵活、精确,但人工的操作环境差、劳动强度大、劳动生产率很低,尤其是操作工人劳动较长时间后,容易出差错。

2. 多仓数秤配料 将所计量的物料按照其物理特性或称量范围分组,每组配上相应的计量装置。

3. 一仓一秤配料 在有 8～10 个配料仓的小型饲料加工机组中,每个配料仓下配置一台重量式台秤。各台秤的称量可以不同,作业时各台秤独立完成进料、称量和卸料的配料周期动作。这种工艺的优点是配料周期短、准确度高。缺点是设备多、投资大、使用维护复杂。

4. 多仓一秤配料 在 6～10 个配料仓的小型饲料加工厂中,全部配料仓下仅配置一台电子配料秤。因配料仓需要依次称量配料,降低了生产效率,更重要的是小配比(5%～20%)的原料称量时误差较大,会降低产品质量和增加生产成本,故目前应用不广。

（六）混合

1. 分批混合工艺 将各种混合组分根据配方比例混合在一起，并将它们送入周期性工作的“批量混合机”分批进行混合，优点是改换配方较方便，每批之间相互混杂较少，多采用自动程序控制，目前应用较普遍；缺点是启闭操作较频繁。

2. 连续混合工艺 对各种饲料组分同时分别进行连续计量，并按比例配合成一股含有各种组分的料流，当这股料流进入连续混合机后，则连续混合而成一股均匀的料流。优点是连续性进行，与粉碎及制粒等连续操作工序衔接紧密，不需频繁操作；缺点是流量调节麻烦，物料残留多，两批饲料之间的互混较严重。

（七）制粒

通过机械作用将单一原料或配合混合料压实并挤压出模孔形成颗粒状饲料称为制粒。目的是将细碎、易扬尘、适口性差和难于装运的饲料，通过制粒加工过程中热、水分和压力作用制成颗粒料。

1. 调质 调质是制粒过程中最重要的环节。调质的好坏直接决定着颗粒饲料质量。

2. 制粒

（1）环模制粒：调质均匀的物料先通过保安型电磁铁去杂，然后被均匀地分布在压辊和压模之间，这样物料由供料区、压紧区进入挤压区，被压辊钳入模孔而连续被挤压分开，形成柱状饲料，随着压模回转，被固定在压模外面的切刀将其切成颗粒状饲料。

（2）平模制粒：混合后的物料进入制粒系统，位于压粒系统上部的旋转分料器均匀地把物料撒布于压模表面，然后由旋转的压辊将物料压入模孔并从底部压出，经模孔出来的棒状饲料由切辊切成需要长度。

3. 冷却 在制粒过程中通入高温、高湿的蒸汽，物料被挤压过程中产生大量的热，使得颗粒饲料刚从制粒机出来时，含水量达16%～18%，温度高达75～85 ℃。在这种条件下，颗粒饲料容易变形破碎，贮藏时会产生黏结和霉变现象，须使其水分降至14%以下，温度降低至比气温高8 ℃以下。这就需要冷却。

4. 破碎 在颗料机生产过程中为了节省电力，增加产量，提高质量，往往是将物料先制成一定大小的颗粒，然后再根据畜禽饲用时的粒度用破碎机破碎成合格的产品。

5. 筛分 颗粒饲料经粉碎工艺处理后，会产生一部分粉末凝块等不符合要求的物料，因此破碎后的颗粒饲料需要筛分成颗粒整齐、大小均匀的产品。

二、预混合饲料的加工工艺

（一）生产工艺流程

我国预混合饲料厂大多都不进行原料处理，因此我国预混合饲料加工工序主要包括原料接收、清理、配料、混合、打包、除尘等。

（二）生产中应注意的问题

1. 以饲养标准为主要依据 饲养标准中营养需要量是满足动物所需的最低需要量，在设计配方时应根据实际条件有所增加，以保证动物在不同条件下对营养物质的实际需要；最好使用直接测定成分后的预混料原料，同时应考虑各种营养物质之间存在的协同和拮抗作用。

2. 注重稳定性因素 大多数维生素稳定性较差，若遇金属离子更甚，如饲料中铜、铁、锌等存在的情况下可贮存3个月，维生素A损失80%，维生素B_6损失20%，所以生产中存放时间不能过长，并注意密封、避光等措施。

3. 注意基础饲料中的抗营养因子 在许多能量饲料和蛋白质饲料原料中含有一些抗营养因子，它们对饲料中的营养因子有一定拮抗作用。如亚麻饼中含有抗维生素B_6因子，大豆中脂肪氧化物对维生素A有破坏作用等。

4. 考虑工艺及加工损耗 在预混料加工过程中，首先应保证严格按照配方要求准确投料；其次

要根据各种组分特性，采用不同添加方法；最后要保证混合均匀。在饲料加工过程中（如粉碎、制粒等），一些维生素等营养成分会受到损害，因此在研制配方时，要考虑这类因素。

5. 微量组分的粒度及配伍问题 微量组分的粒度要求取决于它们的性质以及在全价配合饲料中所占的比例，对于添加比例小而又难以分散的物料则要求粉碎得细一些，否则将影响混合均匀度。微量组分作用广泛且易失活。

6. 安全性与高效性 微量元素大多是化学品，添加时不仅要考虑其有效量，同时还要考虑中毒量。如铜是一种有效的微量元素，高剂量对动物有促生长作用，但在做配方时，应更多地考虑其普通用途，因其特殊功效的量与中毒量很接近。

三、配合饲料加工常用设备

（一）原料接收设备

饲料原料接收设备主要有刮板输送机、带式输送机、螺旋输送机、斗式提升机、气力输送机以及一些附属设备和设施（如台秤、自动秤等称量设备，存仓及卸货台、卸料坑等）。

饲料接收设备应根据原料特性、数量、输送距离、能耗等来选用。例如：刮板输送机和螺旋输送机一般都用于水平输送，前者多用于远距离，后者宜用于短距离；气力输送机用于轻容重物料的水平和垂直输送，特别适用于船舶的粉、粒料装卸工作，优点是粉尘少、劳动强度低，缺点是动力消耗大。容重大的原料以机械输送为好，斗式提升机主要用于提升散装物料。

（二）原料清理设备

原料清理设备主要是筛选设备和磁选设备，磁选宜设置在筛选之后。

筛选设备常用的有圆筒初清筛、粉料初清筛。圆筒初清筛结构简单，筛网开孔率大，单位筛理面积产量大，主要用于清除大杂质如稻草、麦秆、麻绳、纸片、土块、玉米叶、玉米棒等，进而改善车间环境，保护机械设备，减少故障或损坏。粉料初清筛筒体呈锥体，进口小、出口大，内带毛刷或刮料板，适用于清理粉状原料。

磁选设备主要有永磁筒、溜管磁板、永磁滚筒和初清磁选机。其中较为常用的是永磁筒和永磁滚筒，吸铁效果好，永磁滚筒能自动除铁。初清磁选机是圆筒筛和永磁滚筒的组合设备，兼有两者的功能。

（三）原料贮存设备

原料贮存仓通常采用立筒仓、房式仓等形式。前者用于存放粒状原料，后者用来存放各种包装原料。微量矿物质原料及某些添加剂，则要求存于小型贮藏室中，因其价格贵、存放环境要求高，要原装存放，专人保管；对于液态饲料，一般采用液罐存放。

（四）原料粉碎设备

按粉碎机的结构特征不同，可将其分为锤片式粉碎机、无筛式粉碎机、齿辊式粉碎机和卧式超微粉碎机等。

1. 锤片式粉碎机 机体分上机体和下机体两部分，上机体内安有齿板，并设有切向进料口；下机体内安装有筛片，用螺钉固定在下机体两端，可以更换，且设有排料口。转子位于机体的中间，围成的空间称为粉碎室。

2. 无筛式粉碎机 主要用于粉碎贝壳等矿物质原料。贝壳先经过对辊破碎机破碎后进入粉碎机，贝壳由喂入口进入粉碎室后，受到高速转动的转子与锤块和粉碎室内的侧齿板、弧形齿板的作用，而被击碎、剪切碎和磨碎，成品粒度通过调节控制轮与衬套间的间隙而得到控制，即合格的粉粒通过控制轮而被风吸出，不合格的粗粒被控制叶片挡回粉碎室重新粉碎。也可以通过调节锤块与齿板间隙来控制成品粒度。

3. 齿辊式粉碎机 主要用于油粕饼的破碎。工作时，油粕饼从顶部喂入口进入粉碎室，由于两个齿辊的转速不同，对油粕饼产生锯切作用，将其粉碎成40～50 mm的碎块，碎块由底部的出料口排出。

4. 卧式超微粉碎机 卧式超微粉碎机是一种卧轴、双室、气流分级式粉碎机，主要依靠冲击粉碎原理工作，在粉碎的同时能够进行分级和清除杂质。

Note

（五）配料计量装置

配料计量装置可分为重量式计量和容积式计量两类，容积式计量已被淘汰。重量式配料秤有秤车式、字盘定值式、电子秤和微量配料秤四种，常用后两种，见图 5-1、图 5-2。

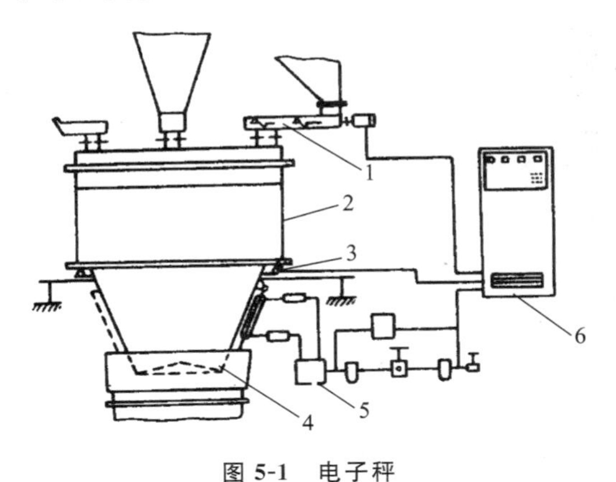

图 5-1　电子秤

1. 螺旋给料器；2. 秤斗；3. 称重传感器；
4. 卸料门机构；5. 气控系统；6. 控制柜

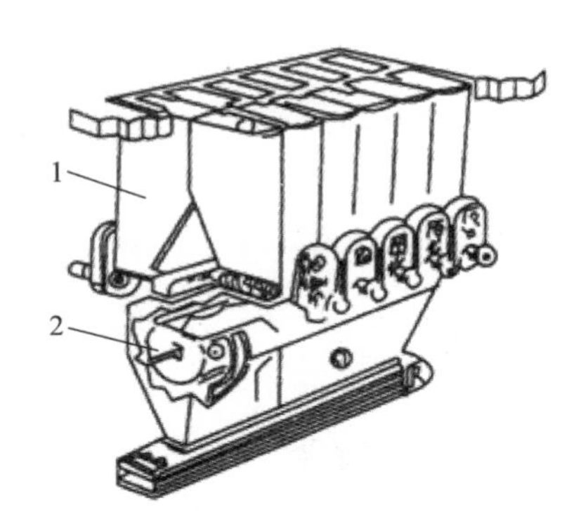

图 5-2　微量配料秤

1. 小料仓；2. 螺旋输送机

（六）饲料混合设备

饲料混合机是配合饲料厂的关键设备之一，它的生产能力决定着饲料厂的生产规模。生产中最常用的型式为立式螺旋混合机、卧式螺带混合机和卧式双轴桨叶混合机三种。

1. 立式螺旋混合机　又称立式绞龙混合机，主要由料筒、内套筒、垂直螺旋、电机和皮带轮等构成。料筒下部为锥形，倾角不小于 60°，壁上设有出料口，底部有料斗。优点：配备动力小、占地面积小、结构简单和造价低。缺点：混合均匀度低、时间长、效率低、残留量大，一般适用于小型饲料厂的粉状配合饲料的混合。其结构见图 5-3。

2. 卧式螺带混合机　卧式螺带混合机是配合饲料厂的主流混合机，由机体、转子、进料口、出料口和传动机构等部分组成。机体为 U 形槽状，进料口在机体顶部，可根据进料位置要求不同选用 1～2 个进料口，出料口在底部，排料门的形式有全长排料、端头排料或中部排料几种。全长排料又称大开门，其特点是排料速度快、排料残留量少。其结构见图 5-4。

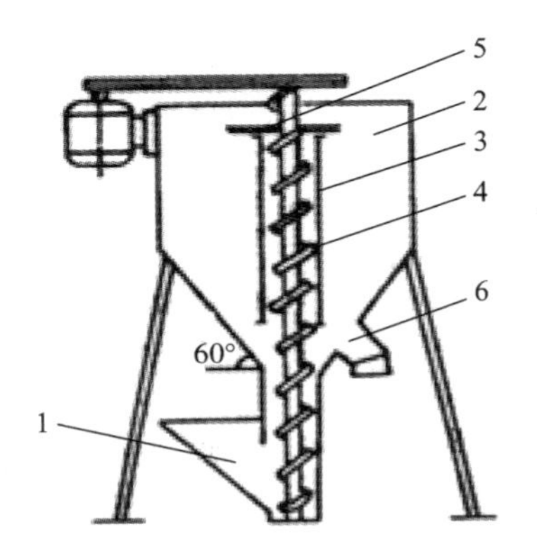

图 5-3　立式螺旋混合机

1. 料斗；2. 料筒；3. 内套筒；
4. 垂直螺旋；5. 拨料板；6. 出料口

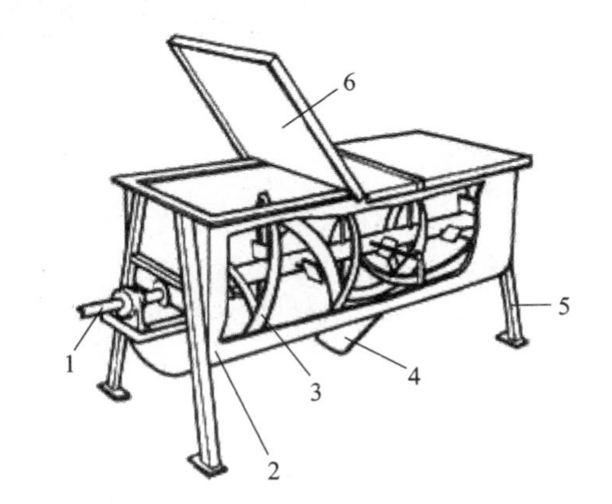

图 5-4　卧式螺带混合机

1. 轴；2. 槽体；3. 螺带；4. 出料口；5. 支架；6. 盖

（七）制粒设备

制粒设备主要是指硬颗粒制粒设备，包括饲料制粒机、冷却器、碎粒机、分级筛和喷涂设备等。目前饲料加工中应用较多的硬颗粒饲料制粒机主要有环模制粒机和平模制粒机两种。饲料制粒机由给料器（又称喂料器）、调质器和制粒器三部分组成。

Note

知识拓展与链接

配合饲料加工工艺对产品质量的影响

思考与练习

扫码看答案

一、名词解释

制粒

二、填空题

饲料制粒机由__________、__________和__________三部分组成。

三、选择题

1. 下列哪个适用于小型饲料厂的粉状配合饲料的混合？（　　）

A. 立式螺旋混合机　　B. 卧式螺带混合机

C. 卧式桨叶连续混合机　　D. 卧式双轴桨叶混合机

2. 下列主要用于油粕饼破碎的是（　　）。

A. 齿辊式粉碎机　　B. 锤片式粉碎机

C. 无筛式粉碎机　　D. 卧式超微粉碎机

四、简答题

简述全价配合饲料的加工工艺流程。

扫码学课件
5-3

任务三　配合饲料的质量管理

任务目标

- 了解配合饲料质量管理的基本措施。
- 熟悉相关行业标准和质量管理体系。

案例引导

畜产品安全的基础是饲料安全，饲料作为生产动物性食品的主要投入品和安全监管的源头，已成为动物性食品安全的前提和关键。因而，要想吃上绿色肉、蛋、奶、鱼，首先必须有符合要求的安全饲料。饲料安全问题不容忽视。

配合饲料的质量问题，是饲料行业技术和管理水平的综合反映，对于畜牧业和饲料企业的生存至关重要。在国外，配合饲料工业发达的国家，饲料市场的激烈竞争，主要表现为质量竞争。能否经常保证和不断提高产品质量，已经成了决定企业命运的大事，直接关系到企业的经济得失。

一、配合饲料的卫生与安全

配合饲料的质量是配合饲料生产厂家的生命，直接反映了企业的技术水平、管理水平和整体素质。产品质量不仅关系到配合饲料生产厂家的信誉和市场竞争力，更主要的是直接影响广大养殖户的生产效益，影响养殖业的发展。因此，保证和不断提高配合饲料产品的质量是饲料企业赖以生存和发展的基础。质量管理是企业管理的中心，贯穿了原料验收、配方设计、生产、产品质量检测、产品包装和销售服务整个过程。

1. 配合饲料的质量指标 衡量配合饲料质量的指标主要包括感官指标、水分含量、加工质量指标、营养指标和卫生质量指标等。

(1) 感官指标。感官指标主要指配合饲料的色泽、气味、口味和手感、杂质、霉变、结块、虫蛀等，通过这些指标可对配合饲料和一些原料进行初步的质量鉴定。配合饲料的感官检查是养殖户选用配合饲料时首先需要做的，并由此判断配合饲料优劣，是比较容易的鉴定方法。配合饲料的饲喂效果与其色泽、气味、口味、手感的轻微变化，没有必然的联系。这是因为饲料原料的产地和生产工艺不同，生产的配合饲料的感官有所不同，使用香味素的种类和香型的差异会影响到气味，而这些差异在饲料生产企业之间确实存在，所以养殖户选择配合饲料最主要的是看配合饲料的饲喂效果和经济效益。但同一企业的同一品种的饲料产品应保持一定的感官特征。

(2) 水分含量。水分含量是判断配合饲料质量的重要指标之一。如果配合饲料的水分含量太高，不仅降低了配合饲料的营养价值，更重要的是容易引起配合饲料的发霉变质。配合饲料的水分含量一般北方不高于14%，南方不高于12.5%，复合预混料水分不高于10%。浓缩饲料的水分含量，一般北方不高于12%，南方不高于10%。

(3) 加工质量指标。加工质量指标主要是指为了保证配合饲料质量，满足动物营养需要，平衡供给养分，而确定的必须达到的质量要求。主要有配合饲料的粉碎粒度、混合均匀度、杂质含量以及颗粒饲料的硬度、粉化率、糊化度等。

(4) 营养指标。营养指标是配合饲料质量的最主要指标，主要包括粗蛋白质、粗脂肪、粗灰分、钙、磷、食盐、氨基酸以及维生素、微量元素等。另外消化能、代谢能虽不易测定，也是重要的营养指标。氨基酸指标指的主要是必需氨基酸的含量，通常主要考虑的是赖氨酸和蛋氨酸。营养指标直接影响到畜禽的生长和生产，影响到饲料的转化效率和经济效益。

(5) 卫生质量指标。卫生质量指标主要是指配合饲料中所含的有毒有害物质及病原微生物等，如砷、氟、铅、汞等有毒金属元素的含量，农药残留量，黄曲霉毒素含量，游离棉酚含量，大肠杆菌数等。

2. 配合饲料质量标准与饲料法规

(1) 配合饲料质量标准：为逐步实现配合饲料质量管理标准化，我国先后颁布了一系列国家标准。这些标准中有强制执行的国家标准，也有推荐执行的国家标准。如饲料标签标准、饲料卫生标准和饲料检验化验方法标准等为国家强制执行标准。国家强制执行标准是从事科研、生产、经营的单位和个人，必须严格执行的，不符合强制性标准的产品，禁止生产、销售和进口。如饲料卫生标准无需由企业制定，而是饲料企业必须执行的、具有法规作用的标准。饲料名词术语标准、饲料产品标准、饲料原料标准、饲料添加剂质量标准等属于推荐执行标准。推荐执行标准，国家鼓励企业自愿采用。现今饲料企业使用的饲料产品标准是根据国家推荐标准制定的企业标准，是为了提高产品质量和技术进步而制定的。国家颁布饲料质量标准为饲料企业的标准化管理奠定了基础，同时也为饲料产品用户合理选择饲料产品、保护自身权益提供了依据。

(2) 饲料法规：也称饲料法，具有法律效力。制定和实施饲料法规的目的在于通过法律手段确保饲料(包括饲料添加剂)的饲用品质和饲用安全，使饲料的生产、加工、销售、贮存、运输和使用等环节处于法律的监督之下，确保动物的健康和营养需要，确保饲料品质有利于养殖业的发展。同时，禁止使用某些危及人类健康和安全的饲料，保障人类食用动物产品的安全。所以，生产中应严格遵守这些法规，做到合法经营，确保产品质量和信誉。饲料法规是在使用过程中不断补充、完善和修订

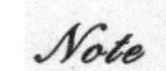

的,饲料企业和养殖户应注意时效性。

二、配合饲料的质量控制

为了不断提高配合饲料产品质量,适应养殖业的发展要求,必须对配合饲料质量进行全面管理。其基本措施包括以下几个方面。

1. 加强质量教育工作 提高职工的素质,认真开展质量教育工作,使全体职工具有牢固的质量意识,树立"质量第一"的基本理念,明确饲料产品的质量与自己的切身利益紧密相关,是企业生存、发展和兴旺的根本所在。另外,企业要有计划地组织职工进行技术培训,不断提高职工的岗位知识水平和技能,从思想上和业务能力上确保配合饲料的质量。

2. 建立健全质量管理制度体系 配合饲料质量管理工作要顺利开展,必须建立严格的质量管理制度,明确职工的具体任务、职责和权限。配合饲料质量管理制度通常包括原料购入和贮存制度、配方设计管理制度、生产管理制度、产品质量保证制度、产品留样观察制度和原料、产品质量检验化验制度等。

3. 加强原料质量管理 原料是产品生产的基础,只有高品质的原料才能生产高质量的产品,因此原料质量管理是保证产品质量的关键。原料质量管理包括原料采购管理、原料入库管理和原料保管管理等环节。原料采购必须严格按照原料标准进行;原料进厂后,保管人员必须立即通知品管部门取样检测,品管部门经检验化验后及时出具检验报告,并对原料做出判断性结论,所有原料必须在收到品管部门同意入库的通知后才能办理入库手续;经检验合格的原料入库后,按类别、品种、批次分类存放,堆码整齐,并填好原料入库卡,标明品种、数量、规格、生产厂家、经营单位、生产日期和购入日期等,然后将入库卡挂在原料上;原料在原料库内要注意防水、防潮、防晒、防虫、防霉等,对于特殊原料(如维生素、氨基酸、药物等),要专门保管;此外,原料应按入库先后顺序发放,做到先进先出,当某一种原料用到一定数量时,要及时通知采购部门准备购入下一批原料。

4. 优化配合饲料配方 饲料配方是配合饲料生产的依据。科学合理地优化饲料配方是提高产品质量、降低成本、提高饲料转化效率、提高养殖业经济效益的重要途径。科学合理的饲料配方设计主要表现在:达到规定的营养指标和良好的适口性;符合饲料卫生标准;产品成本合理;充分利用当地饲料资源;符合生产工艺要求;良好的饲养效果。

5. 加强配合饲料生产过程的管理 加强配合饲料生产过程的质量管理,严格按设备要求操作,按配方要求进行配料生产,正确处理产量与质量的关系,坚持"质量第一"的理念。生产过程中要做到原料粉碎或预处理合理,配料精确;科学合理地确定投料顺序和混合时间,保证混合均匀;产品包装计量准确,密封性好。每个包装物上要有标签,且产品要与标签标示的品种、批号、生产日期等一致;配合饲料产品入库后,质量管理部门必须对其质量进行检测,对不合格的产品封存,另作处理,不准与合格产品混放;销售出库的产品必须是合格产品。出库要做到先入先出,并随时检查库存的产品,若发现有超过保质期或发霉变质的产品,仍应封存,另作处理。加强生产设备的维护,保证生产设备始终处于最佳状态,以降低电耗,降低生产成本,保证产品质量。

6. 严格实施质量检验化验管理 质量检验化验是判断和保证原料与产品质量的重要手段,对原料进厂检验化验是制定科学配方的主要依据。对产品的检测化验是确定产品是否合格、建立产品信誉和企业形象的重要保证。质量检验化验时要严格按照质量检验化验的内容与方法进行检验化验,要求检验化验准确,并具有代表性。

7. 不可忽视配合饲料使用过程的管理 配合饲料不同于一般商品,销售出去后,还应做好售后服务工作。配合饲料的质量好坏与用户使用是否得当密切相关。一方面,优质的配合饲料只有科学使用才能充分发挥其饲喂效果,才能给用户带来良好的经济效益,才能树立良好的产品信誉和企业形象,才能建立相对稳定的供求关系。另一方面,通过用户反馈的信息,不断改进配方、改进工艺、提高质量,才能始终立于不败之地。因此,配合饲料生产厂家要认真对待售后服务工作,定期或不定期地探访用户,指导用户正确使用配合饲料。

三、配合饲料质量检测

配合饲料质量检测是企业实施全面质量管理的重要环节，是保证配合饲料产品质量的必备手段。

1. 质量检测的必要条件

(1) 质量检测人员：质量检测人员必须经过专门的技能培训和技能考核，具备和掌握饲料检验化验的基本知识和操作技能，并由农业农村部主管部门发给检验化验员证书后才能上岗行使职权。质量检验化验人员行使职权时，要坚持原则，秉公办事，不得玩忽职守，徇私舞弊。

(2) 专门的化验室：饲料质量检验化验是一项比较精细的操作，需要有专门的化验室。

(3) 必备的药品试剂和仪器设备：饲料质量检测化验内容较多，检测的手段各异，所用的药品试剂及仪器设备也不尽相同。配合饲料厂家应根据检测内容与方法，饲料管理部门的要求，配备相应的试剂和仪器设备，至少要配备饲料常规营养成分检测及加工质量检测所必需的药品试剂和仪器设备。如果需要比较精密的仪器设备来检测，如检测矿物质、维生素、氨基酸等，可到国家指定的饲料质量检测机构或科研教学单位进行检测化验。

(4) 原料及饲料产品的质量标准和检验方法标准：标准是从事生产和商品流通的一种共同的技术依据。我国先后制定了一系列的原料和配合饲料质量标准及检测化验方法的国家标准，进行原料和产品质量检测化验时必须严格遵守。

2. 质量检测化验的基本内容

(1) 原料检测化验：主要是判断原料的真伪，测定其有效成分的含量，判断原料质量是否合格，或作为饲料配方设计的依据。

(2) 加工质量检测化验：主要测定原料的粉碎粒度、配合饲料混合均匀度、颗粒饲料的硬度和粉化率等。

(3) 配合饲料产品质量检测化验：主要是对配合饲料产品的感官性状、水分含量、有效成分含量等进行检测化验。

3. 质量检测化验的基本方法

(1) 感官鉴定：通过感官来鉴别原料和饲料产品的形状、色泽、味道、结块、杂质等。好的原料和产品应该色泽一致，无发霉变质、结块和异味。感官鉴定法使用普遍，特别是在原料检测上用得较多，但要求质量检测人员具有一定的素质和经验，否则容易出错。

(2) 物理性检测：通过物理方法对饲料的堆密度、密度、粒度、混合均匀度和颗粒饲料的硬度、粉化率等进行检测，以此来判断饲料原料或产品是否掺假，水分含量是否正常，产品加工质量是否达到要求，为进一步确证饲料原料或产品中物质组成提供帮助。

(3) 化学定性鉴定：利用饲料原料或产品的某些特性，通过化学试剂与其发生特定的反应，来鉴别饲料原料或产品的质量及真伪。

(4) 显微镜检测：借助显微镜对饲料的外部色泽和形态(用体视显微镜)以及内部结构(用生物显微镜)特征进行观察，并通过与正常样品进行比较从而判断饲料原料或产品的质量是否正常，特别是掺假情况。这种方法具有快速准确、分辨率高等优点，并能检测出用化学方法不易检测的项目，如某些掺杂物的检测。它是商品化饲料加工企业和饲料质量检测部门的一种有效的手段，如果同其他方法结合使用，对检测结果的判断就更加可靠。

(5) 化学分析法：饲料检测的主要方法，是主要用来检测饲料原料或产品的水分及有效成分含量的定量分析法。可利用这种方法对饲料原料或产品进行定量检测，显示被分析样品的真实成分含量。资料可直接用于配方设计和判断原料或产品是否合格。此法需要完善的化验设备和高素质的质量检验人员，并且对于一些纯养分样品的分析费用相对较高，不是每个企业都能具备的。

将上述方法结合起来运用，基本上能保证对饲料原料或产品进行综合评定，准确判断其质量的优劣。

4. 质量检测的步骤 质量检测化验的步骤主要包括采样、制样和分析三个步骤。

四、TQC、ISO 9000 认证及 HACCP 质量控制

1. TQC TQC 是(total quality control)"全面质量管理"的英文缩写,我国许多饲料生产厂多运用 TQC 管理模式。TQC 起源于 20 世纪 20 年代的美国,是以组织全员参与为基础、以数理统计为手段进行质量管理的一种科学方法。20 世纪 80 年代后期以来,全面质量管理得到了进一步的扩展和深化,逐渐由早期的 TQC 演化成为 TQM(total quality management),其含义远远超出了一般意义上的质量管理的领域,而成为一种综合的、全面的经营管理方式和理念。全面质量管理的内容和特点,概括起来是"三全""四一切"。"三全"是指全面质量管理、全部过程管理和全员参加管理。"四一切"是指:一切为用户着想,树立质量第一的思想;一切以预防为主,设计和生产好的产品;一切以数据说话,用统计的方法来处理数据;一切工作按 PDCA 循环进行,即一切管理工作要经过计划、实施、检查、处理四个阶段八个步骤(找问题、分析原因、找出主要原因、提出改进措施、执行措施、检查执行情况、总结经验以制定相应标准、将遗留问题转入下一个 PDCA 循环去解决)。如此循环不止,每个循环相对上一循环都有一个提高。从试验研究、生产工艺、物资动力、质量检验、仓储运输到人员培训等方面,形成一个完善的质量保证体系。实际上 TQC 是把生产现场与销售市场联系在一起的一种经验管理,是使企业做到最好质量、最优生产、最低消耗、最佳服务,从而获得较大利益的方式方法。在配合饲料生产中主要包括原料控制、生产过程控制和成品控制三个方面。

2. ISO 9000 认证

(1) ISO 9000 的产生和发展。ISO(International Organization for Standardization)是"国际标准化组织"的英文缩写。

1979 年国际标准化组织成立了质量管理和质量保证技术委员会,负责制定质量管理和质量保证标准;1986 年发布了 ISO 8402《质量——术语》,1987 年 3 月发布了 ISO9000《质量管理和质量保证标准——选择和使用指南》、ISO 9001《质量体系——设计、开发、生产、安装和服务的质量保证模式》、ISO 9002《质量体系——生产、安装和服务的质量保证模式》、ISO 9003《质量体系——最终检验和试验的质量保证模式》、ISO9004《质量管理和质量体系要素——指南》等 6 项标准,统称为 ISO9000 系列标准。

这套标准具有科学性、系统性、实践性和指导性,具有对世界范围质量管理和质量保证的规范、统一、基础、指导作用,因此,在工业和经济部门获得普遍承认,并被广泛采用。

(2) 饲料工业建立 ISO 9001 质量管理体系的意义。饲料工业建立 ISO 9001 质量管理体系,引入国际先进的管理经验,对饲料工业的原料控制、粉碎、配料、混合、成形加工、包装、贮存、运输和售后服务等全过程进行有效控制,从而保证饲料产品质量。饲料工业建立 ISO 9001 质量管理体系,在企业里进行的是一场管理思想的更新和加强管理的普遍教育,适应现代化企业管理的需要,对外对内都有重大意义。

3. HACCP 质量控制 危害分析及关键控制点(hazard analysis and critical control point, HACCP)是国际上认可的确保食品安全的一种预防性管理控制体系。1959 年,美国 Pillsbury 公司与国家航空航天局为生产安全的宇航食品创建了该质量管理体系。1971 年在美国食品保护学术会议上 HACCP 系统得到首次公布,1985 年,美国国家科学院(NAS)推荐用 HACCP 系统预防和控制食品及食品配料中的微生物危害。HACCP 系统强调以预防为主,将产品质量管理的重点从依靠终产品检验来判断其卫生与安全程度的传统方法向生产管理因素转移,通过对原料、加工工艺条件、处理、贮藏、包装、销售和消费过程进行系统危害分析,确立容易发生产品安全问题的环节与关键控制点(CCP),建立与 CCP 相对应的预防措施,将不合格的产品消灭在生产过程中,减少了产品在生产线终端被拒绝或丢弃的数量,消除了生产和销售不安全产品的风险。随着 HACCP 系统的发展与完善,它已成为最大限度增加产品安全性的最有效的方法,是现代食品和饲料安全管理中最先进的手段。我国从 1990 年开始对 HACCP 进行研究,目前 HACCP 原理广泛应用于食品以及饲料加工企

Note

业，对保证饲料安全和产品质量起到了一定的监督作用。

知识拓展与链接

饲料质量安全管理规范

思考与练习

1. 如何对配合饲料进行全面质量管理?
2. 简述配合饲料质量检测的基本内容和方法。
3. 什么是 HACCP 质量控制?

扫码看答案

Note

附　　录

1. NY/T 3645—2020《黄羽肉鸡营养需要量》

2. NY/T 816—2004《肉羊饲养标准》

3. 中国饲料成分及营养价值表(2020 年第 31 版)中国饲料数据

4.《饲料原料目录》

5.《饲料添加剂品种目录》

6.《饲料添加剂安全使用规范》

7.《饲料标签》

8.《饲料卫生标准》

线上评测

动物营养与饲料试题库

[1] 陶琳丽,高婷婷,高映红,等.应用SPC分析蛋白质原料配料保真加工现状及误差产生原因[J].中国畜牧兽医,2018,45(7):1813-1823.

[2] 段海涛,李军国,秦玉昌,等.调质温度及模孔长径比对颗粒饲料加工质量的影响[J].农业工程学报,2018,34(11):278-283.

[3] 李烈柳,乔芹芹.配合饲料加工原料损耗的原因与对策[J].科学种养,2017(12):59-60.

[4] 冯定远.配合饲料学[M].北京:中国农业出版社,2003.

[5] 单安山.饲料与饲养学[M].2版.北京:中国农业出版社,2020.

[6] 陈代文,余冰.动物营养学[M].4版.北京:中国农业出版社,2020.

[7] 刁其玉.饲料配方师培训教材[M].北京:中国农业科学技术出版社,2018.

[8] 张力.杨孝列.动物营养与饲料[M].2版.北京:中国农业大学出版社,2012.